JN4432432

경관계획
방법론

경관계획방법론

1판 1쇄 인쇄 2023년 11월 15일
1판 1쇄 발행 2023년 11월 20일

지은이 | 주신하, 김경인

발행인 | 김병계
발행처 | 도서출판 보문당
등록 | 1990년 6월 5일(제1-1066호)
주소 | 서울시 마포구 토정로 222 한국출판콘텐츠센터 417호
전화 | 02) 704-7025
팩스 | 02) 704-2324
홈페이지 | http;//www.bomoondang.co.kr
전자우편 | bmdpub@naver.com

값 24,000 원

ISBN 978-89-8413-247-4 (93530)

※ 파본이나 잘못된 책은 교환하여 드립니다.
※ 이 책은 저작권법에 의해 보호받는 저작물입니다.
저자와 출판사 허락 없이 내용의 일부를 인용하거나 발췌하는 것을 금합니다.

경관계획 방법론

주신하, 김경인 지음

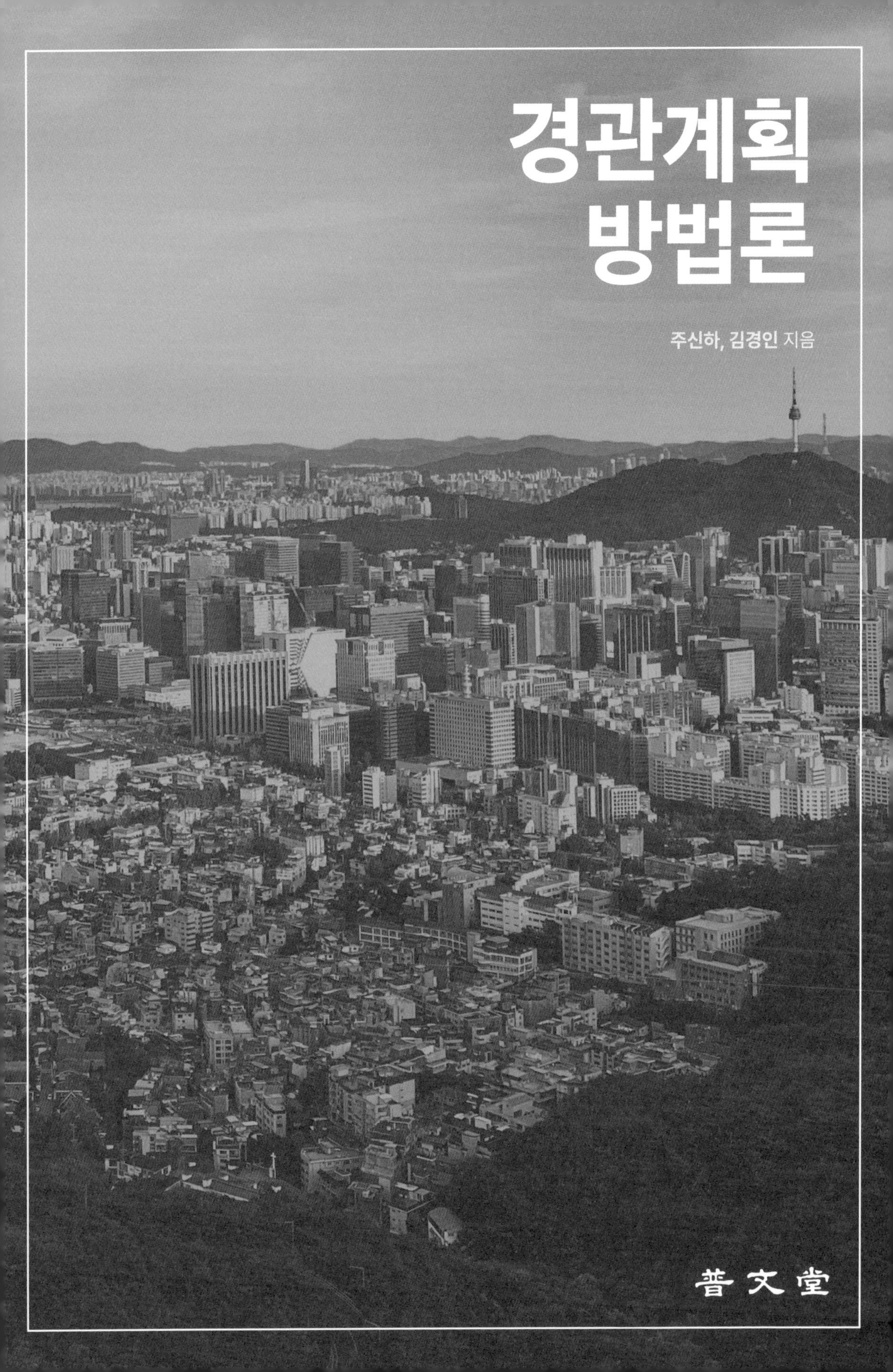

普文堂

머리말

경관법의 제정 이후 지방자치단체들은 지속적으로 경관계획을 수립해 오고 있습니다. 특히 2013년 경관계획 수립이 의무화되고 경관심의가 본격적으로 도입되면서 경관계획과 경관행정은 제도로서 안정되어 가는 모양새입니다. 정부차원에서도 경관정책기본계획을 수립하면서 정책적인 지원을 하고 있습니다.

그러나 아직 우리나라의 경관 분야는 양적, 질적인 측면에서 충분한 토양이 마련되었다고 보기에는 무리가 있는 것 같습니다. 여전히 경관행정 담당자나 경관 전문가들도 경관계획 수립과 경관심의 운영에 대한 이해가 부족한 경우가 많기 때문입니다. 관련 학술단체와 연구기관에서 꾸준히 교육을 진행하고 있지만, 경관행정이 정상적인 궤도에 올랐다고 보기에는 부족한 부분이 많이 있습니다.

저희 저자들은 2015년 '경관법 해설'을 집필한 바 있습니다. 경관법에 제시하고 있는 경관계획, 경관사업, 경관협정, 경관심의, 경관위원회 등에 대해서 알기 쉽게 해설하는 것이 필요하다고 판단하였습니다. 비록 많이 부족한 결과물이었지만, 경관법에 대한 해설서가 전무한 상황에서 나름 역할을 했다고 생각합니다.

경관법 해설 이후에 필요한 내용은 무엇일까 고민해 보았습니다. 현재 지자체 경관행정에서 비중이 높은 분야를 꼽아 본다면, 역시 경관계획 수립과 경관심의 운영일 것입니다. 빈도를 기준으로 보자면 매달 운영되는 경관심의가 중요하다고도 생각할 수 있겠지만, 역시 지자체 경관행정의 근간이 된다는 점에서 경관계획에 대한 해설을 우선 진행하는 것이 좋겠다는 생각하였습니다.

현재 경관계획수립지침에는 경관계획 단계별 지침이 제시되고 있으나 이 지침만으로 현장에서 경관계획을 수립하는 데에는 무리가 있습니다. 지침 내용이 추상적이거나 구체적인 언급이 부족하여 계획수립자가 정확한 취지를 이해하지 못하는 경우도 많습니다. 또 잘못 작성된 내용을 다른 지자체들에서 참고하여 일반화되는 상황도 종종 발생하고 있습니다. 이런 상황에서 단계별 경관계획 수립을 위한 구체적이고 상세한 해설이 필요하다고 판단하여 이 책을 집필하게 되었습니다.

이 책은 크게 3편으로 구성되어 있습니다. 제1편에서는 경관법과 경관계획수립지침의 주요 내용을 다루었습니다. 경관관련 제도의 변화, 경관법 체계, 경관계획 절차와 내용을 다루고 있어서 경관계획을 수립하는데 기본적인 이해를 돕고 있습니다. 제2편은 본격적인 경관계획 수립방법에 대한 해설입니다. 경관계획의 개요, 경관현황조사 및 분석, 경관기본구상, 경관기본계획, 경관부문별계획 및 경관가이드라인, 실행계획 등의 작성방법에 대한 설명과 함께 다양한 사례를 제시하여 경관계획을 수립하는데 실질적인 도움이 되고자 하였습니다. 마지막 3편 부록에서는 경관계획 승인과정과 경관자원조사에 대해 다루고 있습니다. 경관계획 승인 과정에서 발주기관과 수행기관이 알아야 할 내용을 상세하게 설명하고 있는데, 특히 경관행정 담당자에게 도움이 되리라 기대합니다. 또한 최근 관심이 높아지고 있는 경관자원 조사과정에 대해서도 설명하고 있습니다.

전편 '경관법 해설'과 마찬가지로 집필할 때 가장 중요하게 생각한 부분은 독자분들께서 쉽게 이해하실 수 있도록 하는 것이었습니다. 가능한 상세한 설명과 글로 전달이 부족한 부분은 사례를 제시하여 이해하기 쉽도록 노력하였습니다. 법이나 지침에서 제시되지 않은 부분에 대해서는 다양한 경관계획을 수립하면서 얻은 필자들의 경험과 노하우를 제시하기도 하였습니다. 부족한 부분이 많이 있겠지만, 이 책으로 우리나라 경관계획과 경관행정 분야에 작은 보탬이 되었으면 하는 바람입니다.

끝으로 이 책의 출판을 쾌히 승낙하고 지원해 주신 보문당의 김병계 사장님과 김태우 실장님, 편집부 여러분과 (사)한국경관학회의 배웅규 회장님과 임원진 여러분들께 감사드립니다. 이 책이 출판되기까지 여러 가지 굳은 일을 도맡아 준 서울여자대학교 경관계획연구실의 구새얀, 김민지, 신서영, 백주희, 맹시유에게도 진심으로 고마운 마음을 전합니다.

2023년 11월
공동집필 주신하, 김경인

목차

제1장

-

경관법과 경관계획수립지침

사진: 주신하

1. 경관법과 경관계획

1.1 경관 관련 제도의 변화

우리나라는 2007년 5월에 경관법을 제정하였다. 종래에 미적인 개념에 머물렀던 '경관'이 구체적인 공공재로서 법과 행정의 실질적 대상이 된 것이다(경관협의회, 2008). 경관법이 제정된 이후 지자체들을 중심으로 많은 변화가 일어났다. 가장 큰 변화로는 경관계획을 수립하는 지방자치단체가 늘어난 것을 들 수 있다. 도시경쟁력 확보를 위해서 지자체들은 해당 지역의 경관 보전·관리 및 형성을 위한 계획을 수립하고 있다. 경관을 담당하는 별도의 조직을 갖추고 경관정책 운영을 위해 경관조례를 제정하며 경관관련 심의나 자문을 위해 경관위원회를 설치하는 등 많은 수의 지자체에서 경관관련 행정이 운영되고 있다.

2008년 경관법 제정 이후 경관계획을 수립한 지자체는 17개 광역 지자체 모두와 인구 10만 명 초과 기초 지자체 68곳 모두인 것으로 나타났으며, 임의수립 대상인 인구 10만 이하 지자체 160곳 중 47개가 수립한 것으로 조사되었다(건축공간연구원, 2022). 이 중 52개 지자체에서는 경관계획 재정비 또는 2차 재정비를 완료하였거나 진행 중인 것으로 나타나서 상당수의 지자체에서 경관계

경관계획 수립 현황

의무수립 대상 : 광역지자체(17곳), 인구 10만명 초과 기초지자체(68곳) 경관계획 수립
임의수립 대상 : 인구 10만 명 이하 기초지자체 중 29.4%만 경관계획 수립

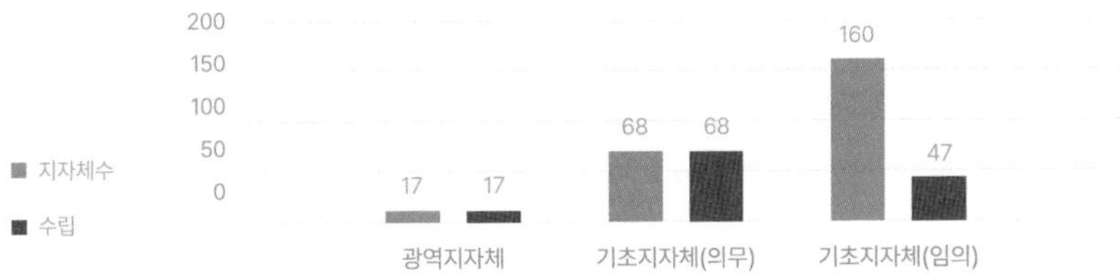

경관계획 재정비 현황

52개 지자체에서 경관계획 재정비 실시(이 중 7개 지자체는 2차 재정비 완료 또는 진행 중), 전면 개정 이후 2016년부터 재정비 실시 지자체 증가

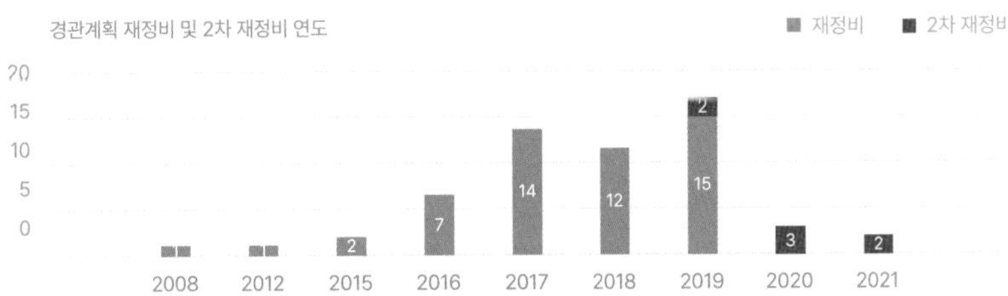

그림 I-1 경관계획 수립 및 재정비 현황 (건축공간연구원, 2022)

획을 수립하여 경관행정의 기틀을 마련하고 있는 것으로 판단된다.

초기 경관법에 대해 제기된 중앙정부의 역할 부재, 경관계획과 경관심의의 내실화 필요성 등의 지적들은 2014년 경관법 전부개정을 통해 보완되었다. 2014년 경관법 개정의 주요 변화는 경관정책기본계획을 수립하는 등 중앙정부의 역할 강화, 경관계획 의무화, 경관계획 수립권자 확대로 지자체 경관계획 내실화, 사회기반시설·개발사업 및 건축물 등에 대한 경관심의제도 도입, 우수한 경관형성 유도 및 경관위원회의 원활한 운영을 위한 제도 보완 등을 들 수 있다.

2007년 **경관법** 제정

지방자치단체 경관계획 수립, 경관사업 시행, 경관협정 체결, 경관위원회 설치 근거 마련

경관계획수립지침 제정

경관계획의 수립방향, 계획체계 등 경관계획을 수립할 때 필요한 사항

2012년 **경관계획수립지침** 전부개정

경관계획 수립주체 별(광역/기초) 역할 구분 및 계획 내용 차별화

2014년 **경관법** 전부개정

- 경관정책기본계획의 수립 및 시행
- 경관계획 수립 의무화 및 수립권자의 확대
- 도지사의 시·군 경관계획 승인절차 폐지
- 주요 사회기반시설 사업, 개발사업 및 건축물에 대한 경관심의제 도입
- 국가 및 지방자치단체의 경관관리 기반 마련

경관계획수립지침 개정

특정경관계획 수립 대상 한정, 중점경관표뀐|구역 설정 명혹탤}를 위한지형도면 작성 추가

경관심의 운영지침 제정

심의대상 건축물 및 시설물에 관한 검토·심의를 수행하는 데 필요한 사항

2015년 **제1차 경관정책기본계획**(2015-2019) 최초수립

비전 : 국민과 함께 만드는 100년의 국토경관

목표 : 국민이 공감하는 경관가치 정립, 지속가능한 국토경관 형성체계 정립

2017년 **경관심의 운영지침** 제정

심의대상 기준이 되는 총 사업비 개념 구체화, 공동위원회 구성·운영 합리화 등

2018년 **경관계획수립지침** 개정

경관계획의 재정비 시 포함되어야 할 내용 및 절차구체화 미관지구폐지에 따른 변경

2020년 **제2차 경관정책기본계획**(2020-2024) 수립

비전 : 국민과 함께하는 100년의 국토경관 국토를 가치있게, 국민을 행복하게, 미래를 아름답게

목표 : 국민체감 국토경관 형성, 지역주도 관리기반 확립, 국토경관 미래가치 창출

2021년 **경관법** 개정추진중(2021.12.16. 개정안 발의)

그림 I-2 경관법 제정 및 관련 제도 도입 과정 (건축공간연구원, 2022)

1.2 경관법 체계와 경관계획수립지침

현재 경관법은 2014년 전면 개정을 포함한 수차례 개정과정을 거쳐 총칙, 경관계획, 경관사업, 경관협정, 경관심의, 경관위원회, 보칙 등 7개의 장으로 구성되어 있다. 지자체 경관행정 전반에 관한 사항과 이를 적절히 지원하기 위한 내용을 포함하고 있다(그림 I-3 참조).

경관계획과 관련한 세부내용은 국토교통부에서 고시한 별도의 경관계획수립지침에서 제시하고 있다. 경관계획수립지침 역시 경관법과 함께 2007년 제정되었으며, 수차례 개정을 걸쳐 현재에 이르고 있다. 경관계획수립지침은 9개의 장으로 구성되어 있는데, 총칙, 경관계획의 내용과 작성원칙, 수립절차, 도 경관계획, 시·군 경관계획, 특정경관계획, 실행계획, 도서 작성, 기타 행정 사항

제1장 총칙

제1조 목적
제2조 정의
제3조 경관관리의 기본원칙
제4조 국가 및 지 방자치 단체 등의 책무
제5조 다른 법률과의 관계

제2장 경관계획

제6조 경관정책기본계획의 수립 등
제7조 경관계획의 수립권자 및 대상 지역
제8조 경관계획 수립의 제안
제9조 경관계획의 내용
제10조 경관계획의 수립 또는 변경을 위한 기초조사
제11조 공청회 및 지방의회의 의견청취
제12조 경관계획의 수립절차
제13조 경관계획의 승인
제14조 경관지구의 지정 및 관리
제15조 경관계획의 정비

제3장 경관사업

제16조 경관사업의 대상 등
제17조 경관사업추진협의체
제18조 경관사업에 대한 재정지원 등

제4장 경관협정

제19조 경관협정의 체결
제20조 경관협정운영회의 설립
제21조 경관협정의 인가
제22조 경관협정의 변경
제23조 경관협정의 폐지
제24조 경관협정의 준수 및 승계
제25조 경관협정에 관한 지원

제5장 사회기반시설 사업 등의 경관 심의

제26조 사회기반시설 사업의 경관 심의
제27조 개발사업의 경관 심의
제28조 건축물의 경관 심의

제6장 경관위원회

제29조 경관위원회의 설치
제30조 경관위원회의 기능
제31조 경관위원회의 구성 · 운영

제7장 보칙

제32조 인력 양성 및 지원
제33조 경관관리정보체계의 구축 · 운영
제34조 벌칙 적용 시의 공무원 의제

그림 I-3 경관계획 수립 및 재정비 현황 (건축공간연구원, 2022)

등의 내용이다(그림 I-4 참조). 경관법에서는 경관행정 전반에 관한 내용을 다루고 있다면, 경관계획수립지침에서는 실제 경관계획을 수립할 때 참고해야 하는 구체적인 사항을 제시하고 있다. 따라서 경관계획 담당자와 계획수립자는 경관계획수립지침 내용에 따라 계획을 수립하여야 한다.

제1장 총칙

- 제1절 지침의 목적
- 제2절 경관계획의 지위 및 성격
- 제3절 법적 근거
- 제4절 계획수립 대상지역
- 제5절 경관계획의 유형

제2장 경관계획의 내용과 작성원칙

- 제1절 경관계획의 내용
- 제2절 경관계획 수립의 기본원칙
- 제3절 계획 작성 시 유의사항

제3장 경관계획의 수립절차

- 제1절 경관계획의 입안
- 제2절 주민 등의 의견청취

제4장 도 경관계획

- 제1절 경관계획의 개요
- 제2절 경관현황조사 및 분석
- 제3절 경관기본구상
- 제4절 경관기본계획
- 제5절 경관 부문별 계획
- 제6절 실행계획

제5장 시 · 군 경관계획

- 제1절 경관계획의 개요
- 제2절 경관현황조사 및 분석
- 제3절 경관기본구상
- 제4절 경관기본계획
- 제5절 경관가이드라인
- 제6절 실행계획

제6장 특정경관계획

- 제1절 특정경관계획의 개요
- 제2절 특정경관계획의 경관자원조사 및 분석
- 제3절 특정경관계획의 기본구상
- 제4절 특정경관계획의 수립
- 제5절 특정경관계획의 경관설계지침
- 제6절 실행계획

제7장 실행계획

- 제1절 실행계획의 성격 및 내용적 범위
- 제2절 경관관련 지역 지구 및 구역 등의 적용 및 연계방안
- 제3절 경관조례의 제정 및 개정 등의 제안
- 제4절 지구단위계획 등 관련 계획과의 연계방안
- 제5절 경관사업 추진에 관한 사항
- 제6절 경관협정의 적용 및 운영에 관한 사항
- 제7절 경관관련 자문 및 심의에 관한 사항
- 제8절 단계별 추진계획 수립
- 제9절 예산계획 수립
- 제10절 경관관리 실행조직 및 실행체계에 관한 사항

제8장 도서의 작성

- 제1절 규격 및 작성기준
- 제2절 도면의 작성수준

제9장 행정사항

- 재검토기한

그림 I-4 경관계획수립지침의 구성

2. 경관계획수립지침의 주요 내용

지자체 경관행정에서 가장 기본이 되는 사항은 역시 경관계획이라고 할 수 있다. 경관법 제정 초기에는 특정경관계획과 구분하기 위해 기본경관계획이라는 용어를 사용했으나, 현재는 경관계획으로 명칭을 변경하였으며, 도 경관계획과 시·군 경관계획으로 세분하고 있다.

경관계획은 지자체 경관의 특성을 파악하여 적절한 경관행정의 방향과 구체적인 계획내용 그리고 실현을 위한 실행방안을 포함한 그야말로 지자체 경관행정의 핵심이다. 경관계획의 내용은 경관법 제9조 경관계획의 내용에서 제시되고 있는데(제1장 2-3 경관계획의 내용 참고), 구체적인 계획수립방법은 경관계획수립지침에서 다루고 있다. 상세한 경관계획의 내용과 수립 방법에 대해서는 제2장에서 다루기로 하고, 이 절에서는 우선 경관계획수립지침의 구조와 주요 내용에 대해서 살펴보고자 한다.

2.1 경관계획의 유형

경관법에서는 경관계획의 유형에 대한 언급은 없으나 경관계획수립지침에는 경관계획을 몇 가지 유형으로 구분하고 있다. 최초 2007년 제정된 경관계획수립지침에서는 경관계획을 '기본경관계획'과 '특정경관계획'으로 구분하였으나, 광역 지자체와 기초 지자체 경관계획의 역할과 내용을 차별화하기 위해서 기본경관계획을 '도 경관계획'과 '시·군 경관계획'으로 세분하고 있다. 여기에 특정한 경관유형이나 경관요소에 대해 수립하는 '특정경관계획'과 2014년 개정된 경관법에서 추가된 중앙정부가 수립하는'경관정책기본계획'까지 모두 네 가지의 경관계획의 유형이 있다고 할 수 있다(그림 I-5 참조).

1) 경관정책기본계획

경관정책기본계획은 국토경관과 각 지자체 경관행정을 총괄하는 중앙정부의 역할을 정립하고 국가 차원에서 지속적이고 체계적인 경관정책을 추진하기 위해 수립하는 계획이다. 2014년 경관법 전면개정에 포함된 사항으로 경관법 제6조 경관정책기본계획의 수립에 따라 5년마다 수립하도록 규정되어 있다. 주요

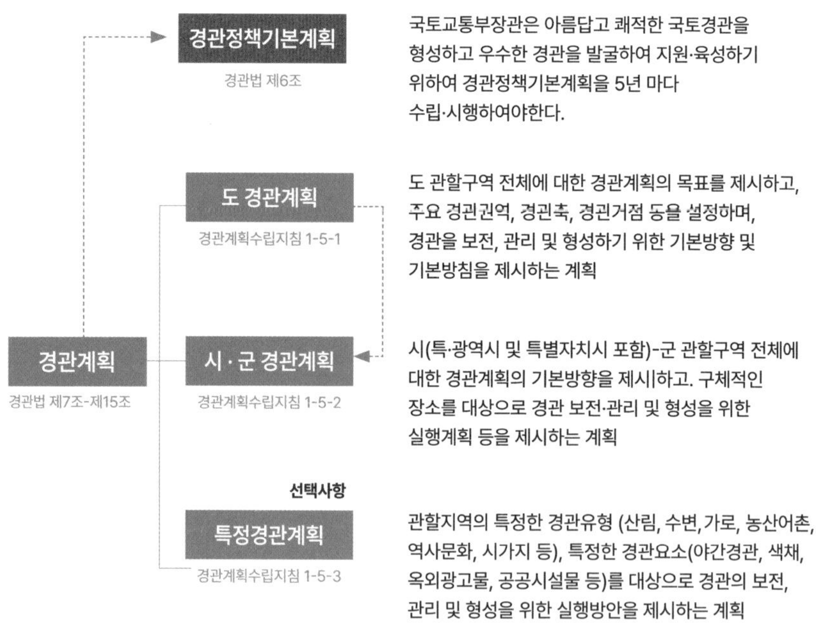

그림 I-5 경관계획의 유형

내용은 국토경관의 현황 및 여건 변화, 경관정책의 기본 목표와 바람직한 국토경관의 미래상 정립, 국토경관의 종합적이고 체계적인 관리에 관한 사항 등 전반적인 국토경관의 정책과 비전을 제시하는 내용을 다루고 있다.

[경관법] 제6조 (경관정책기본계획의 수립 등)

① 국토교통부장관은 아름답고 쾌적한 국토경관을 형성하고 우수한 경관을 발굴하여 지원·육성하기 위하여 경관정책기본계획을 5년마다 수립·시행하여야 한다.

② 경관정책기본계획에는 다음 각 호의 사항이 포함되어야 한다.

1. 국토경관의 현황 및 여건 변화 전망에 관한 사항
2. 경관정책의 기본목표와 바람직한 국토경관의 미래상 정립에 관한 사항
3. 국토경관의 종합적·체계적 관리에 관한 사항
4. 사회기반시설의 통합적 경관관리에 관한 사항
5. 우수한 경관의 보전 및 그 지원에 관한 사항
6. 경관 분야의 전문인력 육성에 관한 사항
7. 지역주민의 참여에 관한 사항8. 그 밖에 경관에 관한 중요 사항

2015년에 제1차 경관정책기본계획이 수립된 이후 2020년 제2차 경관정책기본계획이 수립되었다. 2015년 수립된 제1차 경관정책기본계획에서는 '국민과 함께 만드는 100년의 국토경관'이라는 비전으로 경관가치 인식확산, 경관관리 역량강화, 경관행정 기반구축 이라는 세 가지 추진전략과 여덟 가지 정책과제를 제시하였다(그림 I-6 참조).

제2차 경관정책기본계획은 변화된 경제사회적 여건을 반영하여 1차 계획을 내실화하고 활성화하기 위해 국민 주도의 경관관리 실천, 경관사업 확대 시행, 기술개발 보급 및 확산, 경관행정 및 경관분야 전문성 제고 등을 목표로 작성되었다. '국민과 함께 하는 100년의 국토경관'이란 비전으로 경관관리체계 실행력 강화, 우수경관 형성과 관리, 경관문화 창출과 확산의 추진전략과 6개의 정책과제를 제시하고 있다(그림 I-7 참조)

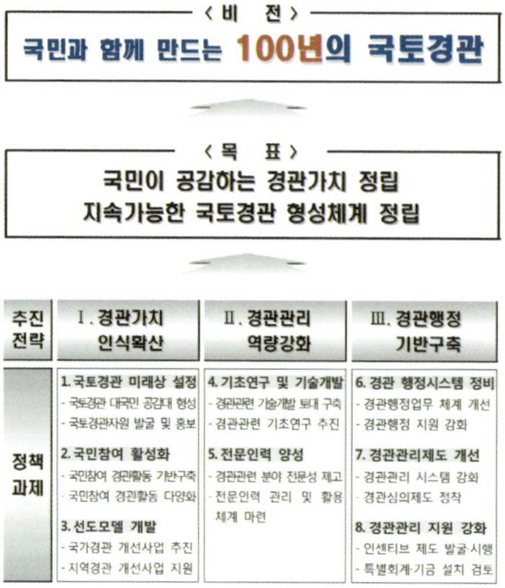

그림 I-6 제1차 경관정책기본계획의 목표와 과제 (국토교통부, 2015)

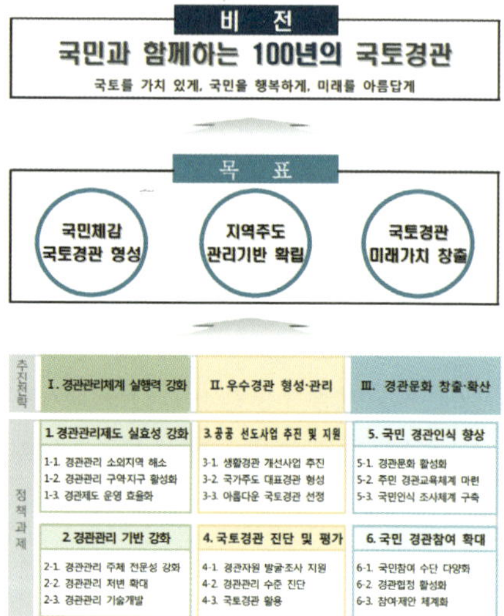

그림 I-7 제2차 경관정책기본계획의 목표와 과제 (국토교통부, 2020)

2) 도 경관계획

도 경관계획은 도 관할구역 전체의 경관을 보전, 관리 및 형성하기 위한 기본 방향 및 기본방침을 설정하며, 도 차원에서 중요한 경관유형이나 경관요소에 대한 부문별 관리계획을 제시하는 계획이다. 도 경관계획은 관할구역 내의 시·군 경관계획의 큰 틀을 마련하고 정책적인 계획내용을 다루어야 한다. 따라서 구체적인 실행계획보다는 관할 지자체의 경관행정 지원이나 경관정책 등의 큰 틀에서 필요한 사항을 작성하는 것이 바람직하다. 다만, 관할 지자체 중 인구가 적어 의무수립대상이 아닌 지자체가 경관계획을 수립할 수 없는 경우에는 해당 지역에 대한 구체적인 계획을 작성하고 지원방안을 제시할 수도 있다.

3) 시·군 경관계획

시·군 경관계획은 시·군 관할구역 전체에 대한 경관계획의 기본방향을 제시하고, 이를 근거로 구체적인 장소에 대해서 경관 보전, 관리 및 형성을 위한 실행 방안을 제시하는 계획이다. 즉, 실행할 수 있는 구체적인 계획내용을 제시하여

경관기본구상도

하천경관축
- 하천, 담수지, 호수 등의 보존 및 관리
- 하천축 주변 경관 연출 관리
- 하천 및 친수문화공간 등으로 지역활성 유도

해안경관축
- 해안으로의 통경축을 통한 조망권 확보
- 상징적 이미지 연출
- 해안문화축 형성

도로경관축
- 철도 및 각종 도로 경관관리 및 정비 · 개선
- 연경관 단절에 대한 경관 관리 및 개선
- 예정 철도 및 도로 신설에 대한 경관 대응

녹지경관축
- 주요 녹지자원 보전
- 그린네트워크 조성
- 녹지 주변 경관 관리 및 정비

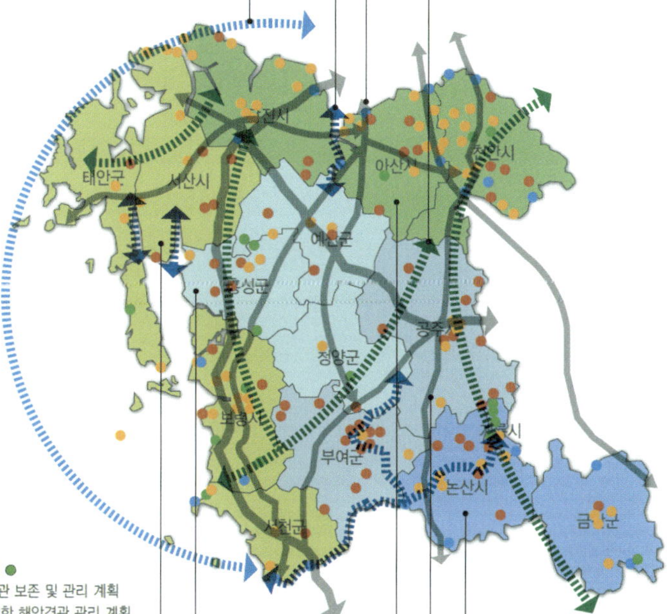

자연경관거점
- 산림 · 해안경관 보존 및 관리 계획
- 상업지와 인접한 해안경관 관리 계획
- 호수 · 공원 인근 특성 고려 경관 관리 및 형성 계획

진입관문경관거점
- 도시군이 연계한 진입부 경관사업
- 통경축 확보 및 건축물, 시설물 관리
- 다양한 볼거리 제공

역사문화경관거점
- 역사문화자원의 보존 및 관리
- 문화재 주변 경관 정비 및 관리
- 역사문화자원과 관광자원의 연계

도시문화경관거점
- 도시 특성별 경관 형성 및 관리 계획
- 경관적 이질감 최소화 및 조화 유도
- 산업단지 주변 경관관리 및 개선

중부권역
- 내포신도시 미래경관 형성 및 지속적 관리
- 주변 지역의 경관 관리 및 개선
- 주요 자원과 연계성 확보

서해안권역
- 서해안 생태보전지역 보전 및 주변 경관관리
- 해안 · 경관도로 경관 형성
- 해안 관광지와 주변 상업지 경관 개선 · 관리

북부권역
- 국제무역 녹색산업단지 경관 조성
- 산업시설 경관정비 및 개선
- 주요 진입부, 경계부 도로경관 개선

내륙권역
- 역사문화자원 보존 및 연계성 강화
- 역사자원 주변 및 도로 경관 정비 · 개선
- 역사문화자원과 관광자원 간 연계 · 활성화

남부권역
- 금강 주변 경관 정비
- 녹지축 연계 및 조망권 확보
- 근대역사문화자원의 보전

그림 I-8 도 경관계획 예시 (충청남도, 2019)

야 한다. 또한 경관계획에서는 경관을 긍정적으로 개선할 수 있는 구체적이고 실천 가능한 계획을 제시하는 것이 바람직하다. 특히 집중적인 경관관리가 필요한 곳에서는 중점경관관리구역 계획이나 경관가이드라인을 통한 경관심의와 같이 실천력이 높은 수단을 잘 활용하는 것이 바람직하다.

4) 특정경관계획

특정경관계획은 관할 지역의 특정한 경관유형(산림, 수변, 가로, 농산어촌, 역사문화, 시가지 등)이나 특정한 경관요소(야간경관, 색채, 옥외광고물, 공공시설물 등)를 대상으로 경관의 보전·관리 및 형성을 위한 실행방안을 제시하는 계획이다. 지자체 전역에 대해 수립했던 과거 기본경관계획(현재 도 경관계획과 시·군 경관계획)의 상대적인 개념으로 특정한 대상(유형, 요소)에 대해 상세한 계획을 작성하는 것을 말한다. 특정경관계획 역시 개요, 경관자원조사 및 분석, 경관기본구상, 특정경관계획의 수립, 경관가이드라인, 실행계획의 단계로 구성

그림 I-9 시·군 경관계획 예시 (의정부시, 2017)

되는데, 이 중 경관가이드라인을 건축물, 오픈스페이스, 옥외광고물, 공공시설물, 색채, 야간경관 등으로 구분하여 제시하고 구체적인 실행계획을 함께 작성하여 경관을 관리하도록 한다.

본래 취지는 전체 지역에 대한 경관계획을 수립한 이후에 상세한 계획이 필요한 경우 수립하는 것을 염두하고 마련한 계획 유형이다. 그래서 초기 경관계획수립지침에서는 특정경관계획을 기본경관계획과 별도로 작성하도록 하였다. 그러나 지자체에서 경관계획을 수립한 이후에 다시 특정경관계획을 수립하는 것이 재정적이나 행정적으로 쉽지 않아서 별도의 특정경관계획이 수립되는 사례는 그리 많지 않았다. 이러한 상황을 고려하여 현 지침에서는(경관계획수립지침 1-5-1) 특정경관계획의 수립이 필요할 때에는 도 경관계획 또는 시·군 경관계획에 포함하여 동시에 수립할 수 있도록 하고 있다.

5) 경관계획 위계 조정에 대한 논의

도 경관계획과 시·군 경관계획의 구분은 대상지의 위계에 따른 구분이라고 할 수 있다. 초기의 지침에서는 이러한 위계별 구분이 없이 모두 기본경관계획으로 구분하였으나, 실제 지자체별로 경관계획을 수립하면서 도 단위의 경관계획과 시·군 단위의 경관계획 간의 내용의 중복성이나 효율성, 인접 지자체 경관계획 간의 정합성 등의 문제가 대두되었다. 이러한 문제점을 반영하여 현행 지침에는 도 경관계획과 시·군 경관계획의 내용을 위계별로 구분하여 역할을 하도록 하였다. 도 경관계획은 큰 방향과 정책적 사항을 다루고, 시·군 경관계획에서는 도 경관계획의 방향을 반영하여 구체적인 실행계획을 작성하도록 하는 구조이다.

이상의 구분에 따르면 기초 지자체를 포함하는 특·광역시와 제주특별자치도는 현행 시·군 경관계획보다는 도 경관계획으로 구분하는 것이 더 합리적이라고 할 수 있다. 특·광역시, 제주특별자치도의 경관계획과 자치구 및 소속 군, 행정시의 경관계획이 서로 연계가 되어야 하기 때문이다. 그러나 현 지침에서는 자치도나 특·광역시는 〈그림 I-10〉에서 보는 바와 같이 시·군 경관계획으로 구분되어 있어 상위 지자체와 하위 지자체 모두 같은 지침에 따라 유사한 내용이

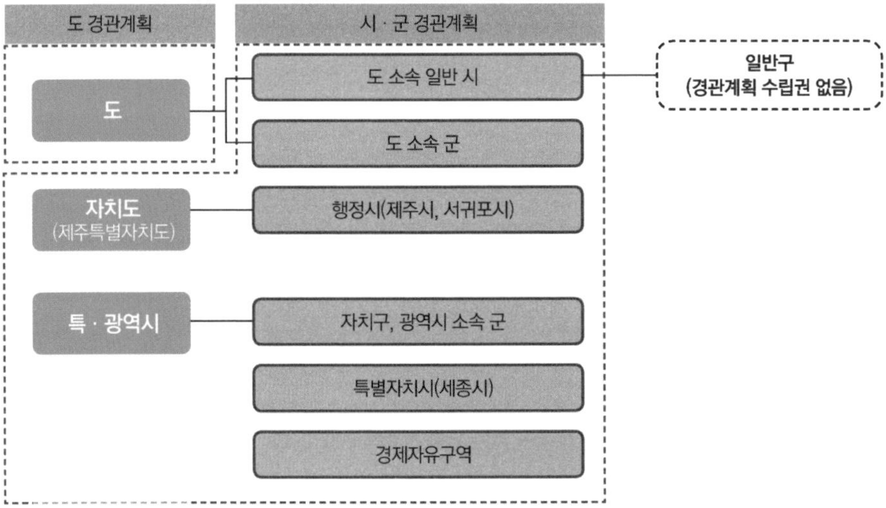

그림 I-10 지자체 위계에 따른 도 경관계획과 시·군 경관계획의 구분 (주신하와 김경인, 2015)

중복될 수 있는 구조이다.

이렇게 된 이유는 행정시, 자치구, 광역시 소속의 군에서 경관계획을 수립하지 않을 경우 경관계획 공백이 생길 우려가 있기 때문이다. 행정시나 자치구, 광역시 소속의 군은 인구 규모에 따라서 경관계획 의무수립대상이 아닐 수 있는데, 이 때 해당 자치구나 군에서 경관계획을 수립하지 않는다면 해당 지역에서 경관행정의 공백이 발생한다는 것이다. 따라서 자치도나 특·광역시의 계획에 경관계획이 필요한 지역 모두를 아우를 수 있도록 구체적인 수준의 경관계획 내용을 포함하는 것이 바람직한 것으로 판단하여 현재와 같이 자치도와 특·광역시 경관계획을 시·군 경관계획으로 구분하고 있다.

그러나 이러한 구조는 자치도나 특·광역시 경관계획의 부담이 커질 수 있고 광역 지자체에서 기초 지자체의 상세한 환경을 다루기 어렵다는 지적이 제기되고 있다. 또한 더 많은 자치구나 광역시 소속의 군·구의 경관계획 수립이 활성화될 것으로 예상해 본다면, 자치도와 특·광역시 경관계획은 '도 경관계획' 수준으로 구분하거나 최소한 별도의 유형으로 분리하여 소속 기초 지자체와의 경관계획의 연계성을 높이는 것이 훨씬 더 효율적일 것으로 판단한다. 따라서 현

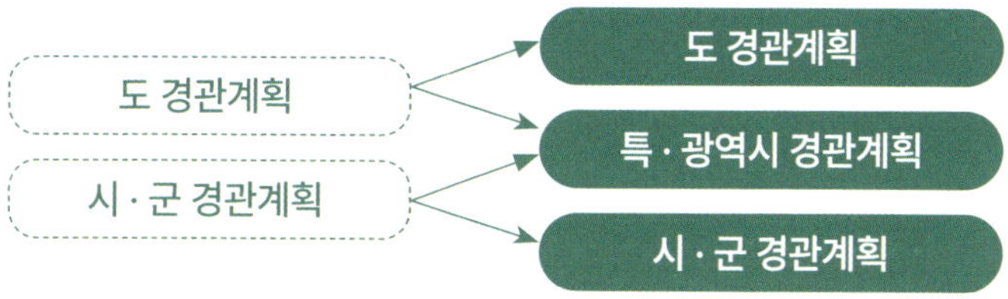

그림 I-11 특·광역시 경관계획을 추가한 경관계획 유형 조정 제안

행 도 경관계획과 시·군 경관계획의 구분에 특·광역시 경관계획 유형을 추가하는 방안을 심도 있게 검토할 필요가 있다(그림 I-11 참조). 이러한 내용은 향후 경관법 개정에 반영되길 기대해 본다.

2.2 경관계획 수립 과정

1) 경관계획 수립주체

2007년 경관법이 제정되면서 법적인 구속력이 없음에도 불구하고 여러 지자체들은 해당 지역의 경관 향상을 위해 경관계획을 수립하였다. 그러한 과정을 거치면서 경관계획을 수립하는 전문 인력이 확대되고 관련 기술도 향상되어 경관계획을 확산할 수 있을 토대가 마련된 것으로 판단하였다. 이러한 변화를 바탕으로 2014년 경관법 개정에서 경관계획 수립의 의무화를 적극적으로 검토하게 된 것이다(경관법 제7조 제1항). 2014년 개정 경관법에서는 시·도지사 및 인구 10만을 초과하는 시장·군수의 경관계획 수립을 의무화하여 각 지역 경관을 체계적으로 관리할 수 있도록 하였다.

한편, 기존 경관법의 규정으로는 특별시나 광역시의 자치구, 광역시의 자치군, 경제자유구역, 특별자치도의 행정시 등은 경관계획 수립권한이 없어서 경관에 대한 관심과 열의가 있어도 계획수립을 할 수 없는 상황이었다. 실제 특별시나 광역시의 자치구 중에는 일반시의 인구 규모보다 훨씬 더 큰 경우도 많고, 경관적 현안도 많은 곳도 있다. 이러한 문제를 개선하기 위해 개정 경관법에서는 경관계획 수립권자의 범위를 특별시의 자치구, 광역시의 자치군, 경제자유구역청 등도 포함하여 법정계획으로서 경관계획을 수립할 수 있도록 법적 근거를 마련하였다(경관법 제7조 제2~3항).

[경관법] 제7조(경관계획의 수립권자 및 대상 지역)

① 다음 각 호의 자는 관할구역에 대하여 경관을 보전·관리 및 형성하기 위한 계획(이하 "경관계획"이라 한다)을 수립하여야 한다.

1. 시·도지사
2. 인구 10만명을 초과하는 시[「제주특별자치도 설치 및 국제자유도시 조성을 위한 특별법」 제15조제2항에 따른 행정시(이하 "행정시"라 한다)는 제외한다. 이하 같다]의 시장
3. 인구 10만명을 초과하는 군(광역시 관할구역에 있는 군은 제외한다. 이하 이 조 제2항 및 제4항에서 같다)의 군수

② 인구 10만명 이하인 시·군의 시장·군수, 행정시장, 구청장등 또는 경제자유구역청장은 관할구역에 대하여 경관계획을 수립할 수 있다.

③ 특별시장·광역시장·특별자치시장·도지사, 시장·군수, 행정시장, 구청장등 또는 경제자유구역청장은 둘 이상의 특별시·광역시·특별자치시·도, 시·군·구(자치구를 말한다. 이하 같다), 행정시 또는 경제자유구역청의 관할구역에 걸쳐 있는 지역을 대상으로 공동으로 경관계획을 수립할 수 있다.

④ 도지사는 시장·군수가 요청하거나 그 밖에 필요하다고 인정하는 경우에는 둘 이상의 시 또는 군의 관할구역에 걸쳐 있는 지역을 대상으로 경관계획을 수립할 수 있다.

2) 경관계획 수립절차

경관계획 수립절차는 경관법 제8조부터 13조에 자세히 설명되어 있으며 이 과정을 흐름도로 정리하면 〈그림 I-12〉와 같다. 경관계획은 지자체장이 수립하는 것을 원칙으로 하고 있으나 주민이 경관계획을 제안할 수도 있다. 주민이 경관계획을 제안하게 되면 지자체장은 그 처리 결과를 제안자에게 알려야 한다. 이 경우에도 수립권자는 지자체장이 된다. 현실적으로 주민제안에 의해 경관계획이 수립되는 경우는 많지 않으나, 주민참여가 보다 활발히 진행된다면 주민의견을 보다 적극적으로 담을 수 있는 바람직한 수단이 될 수 있을 것이다.

법에서 규정한 경관계획 내용을 모두 작성한 이후에도 법적인 효력을 갖기 위해서는 반드시 법에서 규정한 행정절차를 거쳐야 한다. 우선 경관계획안이 작성되면 우선 주민의 의견을 청취하는 공청회를 거쳐야 한다. 경관계획을 주로 외부 전문기관에게 의뢰하여 작성하기 때문에 주민의 의견이 계획수립 과정에서 반영되지 못하는 문제점을 보완하는 단계라고 할 수 있다. 주민들에게 공청회 개최를 알리고 주민들을 모아 계획수립자 또는 경관행정 부서에서 계획내용을 설명하고 의견을 듣는 방식으로 진행된다. 여기에 외부 전문가를 토론자 형태로 초청하여 의견을 듣기도 한다.

공청회에서 주민의견을 들은 후에는 예산 관련 검토가 필요하므로 지방의회 의견을 청취하여야 한다. 일반적으로 지방의회 개최일에 맞추어 경관담당 부서에서 의회에 보고하는 형식으로 진행된다. 우선 경관계획 내용 중 예산이 필요한 부분에 대해 검토하지만, 지방의회 의원들이 지역 주민을 대변하기 때문에 다양한 의견이 나올 수 있다. 이때 제시된 의견에 대해서는 최대한 계획에 반영하도록 한다.

도 경관계획의 경우에는 해당 기초 지자체와 관련된 사항이 많으므로 하위 행정구역인 기초 지자체장의 의견을 들어야 한다. 이 단계는 주로 서면으로 진행되어 관할 구역 내 기초 지자체에 경관계획안을 송부한 후 의견을 서면으로 받는 식으로 진행된다. 반대로 시·군 경관계획의 경우에는 도 경관위원회의 심의를 거치지 않아도 되나, 도 경관계획과의 관련성을 확인하기 위해서 의견청취를 진행하는 것이 바람직하다.

다음 단계는 관계 행정기관과의 협의이다. 관계 행정기관에 대해서는 법으로 명확하게 규정하고 있지는 않으나 일반적으로 환경부, 해양수산부, 산림청, 문화재청 등의 중앙정부와 한국도로공사, 한국수자원공사, 한국철도공사 등과 같은 공기업 등이 해당된다. 그러나 관계 행정기관의 범위는 앞서 언급한 대상 외에도 경관계획 내용 중에 다른 부서와 협의가 필요하다고 판단되는 행정기관은 모두 포함하는 것이 바람직하다. 예를 들어, 광역시의 경우에도 관할 구역 내의 구의 의견을 듣는 것이 바람직하다. 관계 행정기관의 의견청취 역시 일반적으

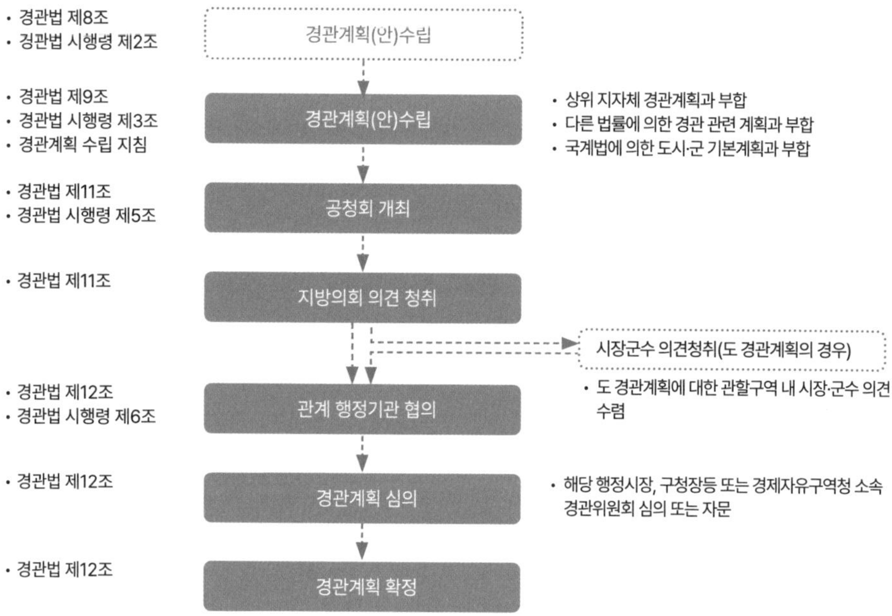

그림 I-12 경관계획 수립절차 (직접 확정하는 경우) (주신하와 김경인, 2015)

로 서면으로 이루어지게 된다.

이런 과정을 모두 거친 후에는 최종적으로 해당 지자체의 경관위원회에 상정하여 경관심의를 받게 된다. 경관위원회에는 다양한 분야의 전문가가 포함되어 있어서 이때 나오는 의견 역시 다양하다. 경관계획에 대한 보완 요구가 있는 경우에는 재심의를 하게 되는데, 지자체 경관위원회가 보통 한 달에 한 번 정도로 개최되므로 심의과정이 길게 소요되기도 한다.

행정시(제주시, 서귀포시), 특별시와 광역시 소속 구와 군(일반시의 구는 포함되지 않음), 경제자유구역은 상위 지자체 계획과 정합성을 유지하기 위해 상위 지자체 경관위원회의 심의를 받도록 규정하고 있다. 이때 심의의 중복성을 피하기 위해 해당 지자체의 경관위원회에서는 자문형태로 의견을 받을 수 있도록 하고 있다. 예를 들어, 인천광역시의 중구가 경관계획을 수립한다고 하면, 중구에서는 경관위원회의 자문을 받은 후에 인천광역시 경관위원회의 심의를 받아야 한다. 상위 지자체의 승인을 받은 후에는 주민들에게 알리는 과정을 다시 한 번

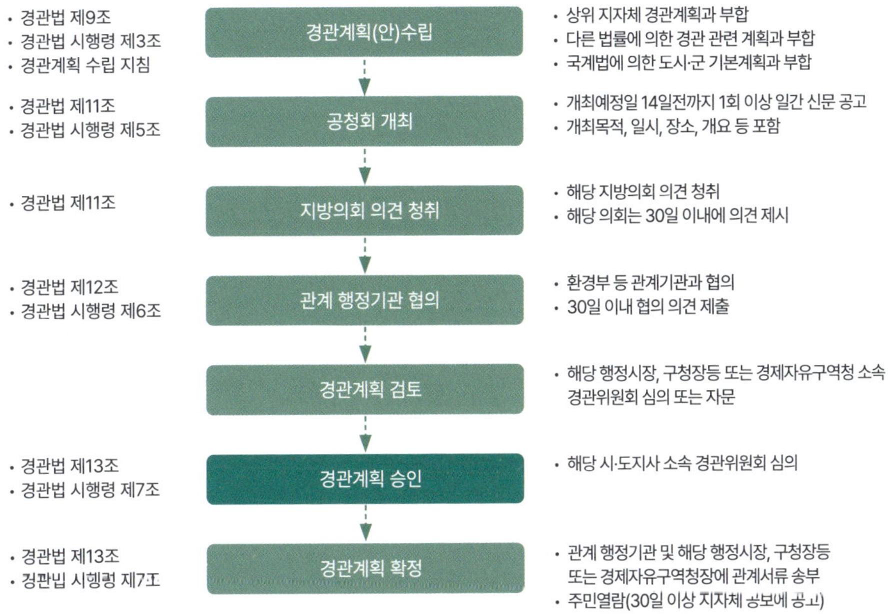

그림 I-13 경관계획 수립절차 (상위 지자체가 승인하는 경우) (주신하와 김경인, 2015)

거쳐야 한다. 이런 과정을 모두 거쳐야 비로소 법적인 효력을 발생하게 된다.

일반적으로 경관계획의 수립 기간을 12개월에서 18개월 정도로 하는 경우가 많은데, 위에서 살펴본 것처럼 법적 승인을 위한 행정절차에도 많은 시간이 필요하기 때문에 충분한 기간은 아니다. 통상 행정절차는 짧게는 5개월에서 길게는 7개월 이상 소요될 수도 있으므로 경관계획의 승인을 전제로 수립기간을 12개월로 잡는 것은 현실적으로 무리인 셈이다. 용역을 중지시키고 행정절차를 이행한 후 재개하는 방법을 사용하기도 하지만, 이는 바람직한 방식은 아니다. 따라서 처음부터 행정절차를 고려하여 18개월 이상의 충분한 기간을 설정하는 것이 바람직하다.

2.3 경관계획의 내용

경관계획에서 다루어야 하는 내용에 대해서는 경관법 제9조와 경관계획수립지침에서 상세하게 다루고 있다. 기본방향 및 목표에서부터 재원조달 및 단계적 추진에 관한 사항까지 제시되어 있다. 경관법에서는 아래와 같이 기본방향 및 목표, 경관자원 조사 및 평가, 경관구조, 중점경관관리구역, 경관지구, 경관사업, 경관협정, 경관행정, 경관요소, 재원조달 등과 같은 주요 항목을 제시하고 있으며, 구체적인 계획내용에 대해서는 '경관계획수립지침'에서 다루고 있다. 경관계획수립지침은 경관법 제9조 제5항을 근거로 작성된 것으로 지자체 경관계획 작성 기준이 된다.

경관법 제9조에는 경관계획의 내용으로 모두 11개 항목을 제시하고 있는데, 도 경관계획과 시·군 경관계획의 필수사항은 구분하고 있다. 도 경관계획에서는 ①경관계획의 기본방향 및 목표에 관한 사항, ②경관자원의 조사 및 평가에 관한 사항, ③경관구조의 설정에 관한 사항 등을 필수사항으로 경관계획에 포함하도록 하였으며, 시·군 경관계획에서는 ①~③내용에 추가적으로 ④중점적으로 경관을 보전·관리 및 형성하여야 할 구역(이하 "중점경관관리구역"이라 한

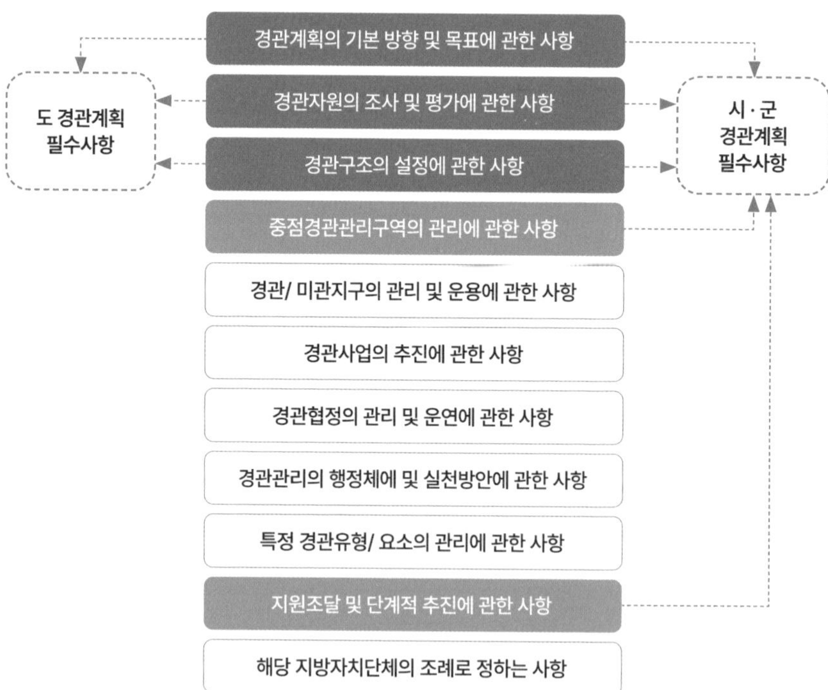

그림 I-14 경관계획 유형별 계획의 내용 (주신하와 김경인, 2015)

다)의 관리에 관한 사항과 ⑩경관계획의 시행을 위한 재원조달 및 단계적 추진에 관한 사항을 필수적으로 포함하도록 하고 있다(그림 I-14 참조).

[경관법] 제9조(경관계획의 내용)

① 경관계획에는 다음 각 호의 사항이 포함되어야 한다. 다만, 도지사가 수립하는 경관계획에는 제4호부터 제11호까지의 사항을 생략할 수 있고, 특별시장·광역시장·특별자치시장·특별자치도지사, 시장·군수, 행정시장, 구청장등 또는 경제자유구역청장이 수립하는 경관계획에는 제5호부터 제9호까지 및 제11호의 사항을 생략할 수 있다. <개정 2017.4.18.>

1. 경관계획의 기본방향 및 목표에 관한 사항
2. 경관자원의 조사 및 평가에 관한 사항
3. 경관구조의 설정에 관한 사항
4. 중점적으로 경관을 보전·관리 및 형성하여야 할 구역(이하 "중점경관관리구역"이라 한다)의 관리에 관한 사항
5. 「국토의 계획 및 이용에 관한 법률」 제37조제1항제1호에 따른 경관지구(이하 "경관지구"라 한다)의 관리 및 운용에 관한 사항
6. 제16조에 따른 경관사업의 추진에 관한 사항
7. 제19조에 따른 경관협정의 관리 및 운영에 관한 사항
8. 경관관리의 행정체계 및 실천방안에 관한 사항
9. 자연 경관, 시가지 경관 및 농산어촌 경관 등 특정한 경관 유형 또는 건축물, 가로(街路), 공원 및 녹지 등 특정한 경관 요소의 관리에 관한 사항
10. 경관계획의 시행을 위한 재원조달 및 단계적 추진에 관한 사항
11. 그 밖에 경관의 보전·관리 및 형성에 관한 사항으로서 해당 지방자치단체의 조례로 정하는 사항

② 경관계획이 이미 수립된 특별시·광역시·특별자치시·도·특별자치도(이하 "시·도"라 한다)의 관할구역에서 수립하는 시·군·구·행정시·경제자유구역청의 경관계획은 해당 시·도의 경관계획에 부합되어야 하며, 시·군·구·행정시·경제자유구역청의 경관계획 내용과 시·도의 경관계획의 내용이 다른 경우 시·도의 경관계획이 우선한다.

③ 시·도지사, 시장·군수, 행정시장, 구청장등 또는 경제자유구역청장(이하 "시·도지사등"이라 한다)은 경관계획을 수립하는 경우에는 이미 수립된 다른 법률에 따른 경관 관련 계획에 부합되게 하여야 하고, 경관계획이 수립된 이후 다른 법률에 따른 경관 관련 계획을 수립하는 경우에는 이미 수립된 경관계획에 부합되게 하여야 한다.

> ④ 경관계획은 도시·군기본계획(「국토의 계획 및 이용에 관한 법률」 제2조제3호에 따른 도시·군기본계획을 말한다. 이하 같다)에 부합되어야 하며, 경관계획의 내용과 도시·군기본계획의 내용이 다른 경우 도시·군기본계획이 우선한다.
>
> ⑤ 국토교통부장관은 경관계획의 수립기준 등에 관하여 대통령령으로 정하는 바에 따라 관계 중앙행정기관의 장과 공동으로 정하여 고시하여야 한다.

시·군 경관계획에서는 필수 항목으로는 중점경관관리구역의 관리에 관한 사항과 재원조달 및 단계적 추진에 관한 사항이 있다. 즉, 도 경관계획에서는 경관계획의 방향과 목표, 경관자원조사, 경관구조설정과 같은 거시적이고 장기적인 경관계획의 방향과 방침을 제시하고, 시·군 경관계획에서는 중점경관관리구역에 관한 내용과 재원조달과 단계적 추진계획을 포함하여 구체적인 실행방안을 제시하도록 하는 취지이다.

그 밖에 경관지구, 경관사업, 경관협정, 경관행정, 특정경관계획 관련 사항, 지자체 조례 등과 관련한 사항은 각 지자체의 상황에 맞게 필요한 것만 계획에 포함하도록 하고 있다. 그러나 많은 지자체들은 과업내용서에 이러한 내용을 모두 포함하는 경향이 있는데, 이는 본래 법 취지에 맞는 것은 아니다. 오히려 경관법 취지로 볼 때에는 지자체에 필요한 사항에 대해서 집중적으로 계획을 수립하는 것이 더욱 바람직하다.

한편, 경관계획수립지침 상에서는 경관계획을 ①경관계획의 개요, ②경관현황 조사 및 분석, ③경관기본구상, ④경관기본계획, ⑤경관부문별계획(시·군 경관계획의 경우 경관가이드라인), ⑥실행계획 등으로 단계별 계획을 수립하도록 하고 있다. 법에서 제시하고 있는 11개 항목과 체계가 조금 다르게 보인다. 법에서는 주로 계획에서 다루어야 하는 내용을 중심으로 서술한 것이라면, 지침에서는 실제 계획을 수립하는 단계를 기준으로 구분한 것으로 본질적인 내용은 같다고 보는 것이 타당하다. 따라서 계획 수립과정에 대해서는 경관계획수립지침의 틀을 따르되, 내용적으로는 법에서 제시한 내용이 모두 포함되도록 하는 것이 바람직하겠다. 지침 상의 계획 단계를 도 경관계획과 시·군 경관계획으로 구분하면 다음 〈그림 I-15〉와 같다.

도 경관계획은 관할구역 전체에 대한 기본방향 및 기본방침을 설정하는 것이 중요한 반면에, 시·군 경관계획은 경관계획의 기본방향 제시뿐만 아니라 구체적인 실행을 전제로 계획을 수립하는 것이 중요하다. 따라서 도 경관계획은 경관기본구상, 경관기본계획, 경관부문별계획에 보다 집중하여 계획을 수립하는 것이 바람직하고, 시·군 경관계획은 경관기본계획, 경관가이드라인, 실행계획에 집중하여 계획을 수립하는 것이 바람직하다. 또한 시·군 경관계획에서는 도 경관계획에서 작성한 경관부문별계획을 참조하고 해당 지자체에 꼭 필요한 내용을 중심으로 경관가이드라인으로 작성하는 것이 효율적이라고 할 수 있다.

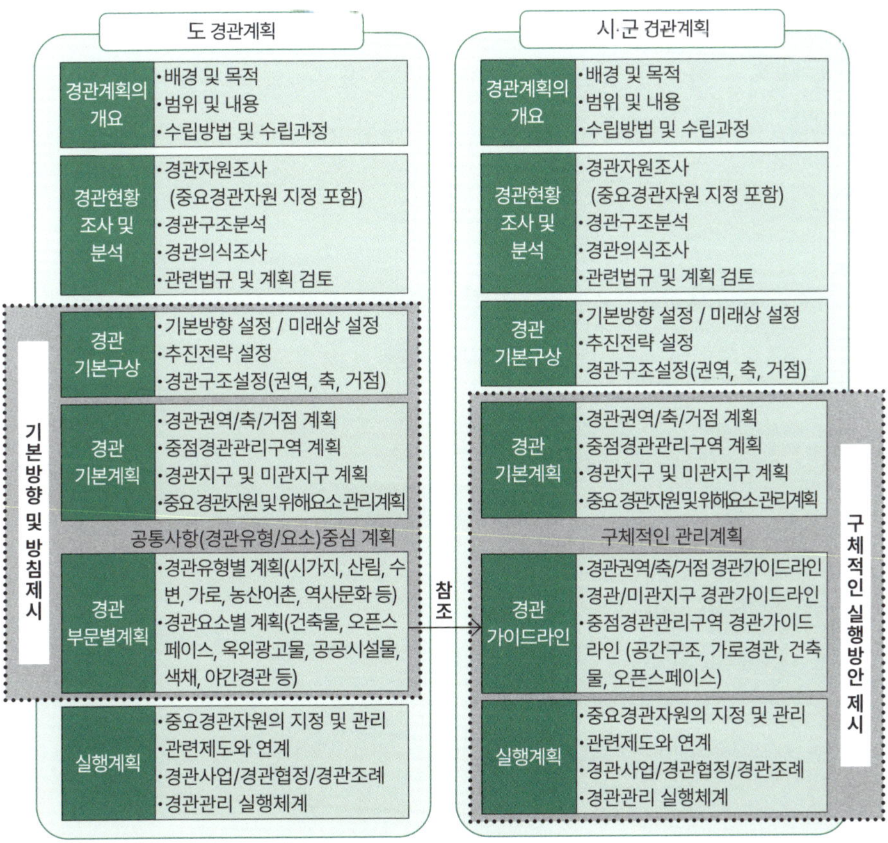

그림 I-15 위계별 경관계획의 주요 내용 (주신하와 김경인, 2015)

2.4 경관계획의 역할과 활용

경관계획은 수립하는 것보다 그 내용을 실행하는 것이 더 중요하다. 실제 경관을 잘 보전하고 관리하기 위해서는 경관계획을 제대로 실행해야 하기 때문이다. 계획내용을 실행하는 데에는 다양한 요인이 개입될 수 있는데, 예를 들어, 재정적인 여건을 넘어서는 비현실적인 제안은 실현하는데 어려움이 있고, 반대로 너무 일반적인 계획내용 역시 경관에 미치는 영향이 미미할 수 있다. 따라서 계획의 형식이나 절차도 중요하겠지만, 역시 가장 중요한 것은 지자체 상황에 잘 맞는 계획의 내용이라고 할 수 있다.

지자체 상황에 적절한 경관계획의 범위와 내용을 조절하기 위해서는 지역 상황을 잘 알고 있는 지자체 경관담당 공무원이나 주민들의 의견을 잘 파악하는 것이 중요하다. 경관계획 전문가라 하더라도 지역의 경관 특성을 상세하게 파악하는 데에는 한계가 있으므로 지역 주민과 공무원의 의견을 반영하는 것이 필요하다. 이러한 측면에서 최근에는 시민경관참여단(경기도 시흥시), 경관자

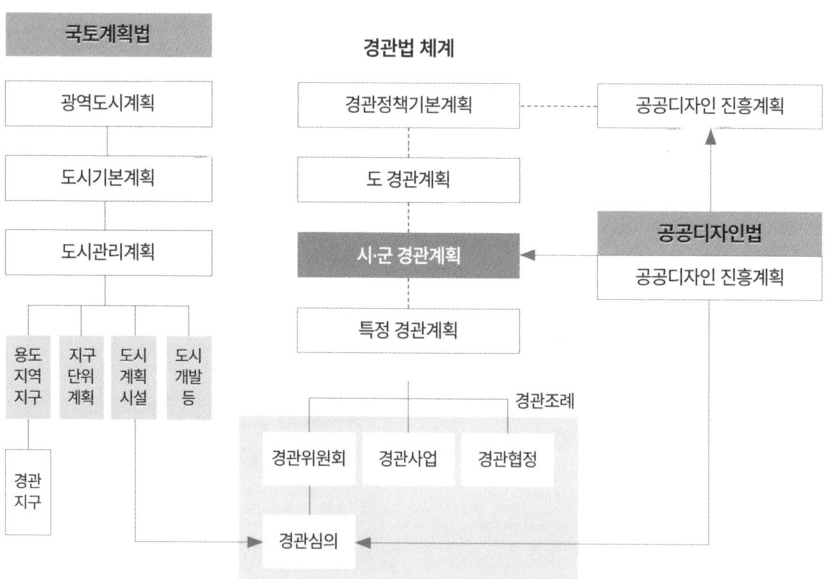

그림 I-16 관련 계획과 경관계획의 관계

원 시민발굴단(충남 당진시) 등의 시민조직과 함께 경관계획을 진행하는 사례도 늘어나고 있다.

경관계획 수립 이후 활용도 매우 중요하다. 계획 결과물이 보고서로만 남는 소위 '캐비닛 계획'이 되는 것은 예산이나 시간이 낭비되는 매우 비효율적인 일이다. 따라서 경관 담당부서는 계획 내용이 해당 지역에 적절한 내용인지 확인하는 것과 함께 어떻게 하면 계획내용이 실현될 수 있는지에 대한 고민을 하여야 한다. 특히 경관법 내에는 강제 조항이 없어 실행력이 부족하다는 지적이 많으므로 최대한 실현이 가능한 방안을 고려하여 계획을 수립하는 것이 중요하다.

일반적으로 경관계획의 실행수단으로 경관사업, 경관협정, 경관조례, 경관심의 활용, 관련 제도와의 연계 등을 들 수 있는데, 계획 내용에 따라 적절한 실행수단을 활용하여 계획의 실천력을 높이는 것이 매우 중요하다. 또한 도 경관계획과 시·군 경관계획은 역할이 다르므로 실행계획을 작성할 때에도 각 계획의 특성에 맞도록 하여야 한다. 도 경관계획은 기본방향과 원칙을 제시하는 역할이므로 직접 사업을 하는 방식보다는 조례나 심의원칙, 시·군 지원 정책 등을 제시하는 것이 바람직하며, 시·군 경관계획은 내용은 실현 가능할 수 있도록 경관사업, 경관협정, 지자체 경관조례 등을 활용하는 것이 바람직하다. 구체적인 실행계획 관련 설명은 '제2장 6절 실행계획'에서 상세히 다루고 있다.

한편, 최근 제정된 '공공디자인의 진흥에 관한 법률(약칭: 공공디자인법)'은 지자체 경관행정에 영향을 주고 있다. 특히 이 법에 따라서 각 지자체는 '공공디자인 진흥계획'을 수립하도록 하고 있는데, 이 법에서 정의하고 있는 '공공시설물 등'의 정의가 매우 포괄적이어서 기존 경관가이드라인 내용과 중복이 될 수 있다는 지적이 많다. 또한 많은 지자체에서 경관 업무와 공공디자인 업무를 같은 부서에서 담당하고 있기 때문에 실무 현장에서는 혼동의 여지가 많다. 따라서 경관계획과 공공디자인 진흥계획의 효율적인 역할 분담에 대해서도 고민할 필요가 있다. (그림 I-16 참조)

[공공디자인의 진흥에 관한 법률] 제2조(정의)

이 법에서 사용하는 용어의 뜻은 다음과 같다.

1. "공공디자인"이란 일반 공중을 위하여 국가, 지방자치단체, 「지방공기업법」에 따른 지방공기업, 「공공기관의 운영에 관한 법률」 제4조에 따른 공공기관(이하 "국가기관등"이라 한다)이 조성·제작·설치·운영 또는 관리하는 공공시설물등에 대하여 공공성과 심미성 향상을 위하여 디자인하는 행위 및 그 결과물을 말한다.
2. "공공디자인사업"이란 국가기관등이 공공시설물등의 공공디자인을 구현하는 과정에서 시행하는 사업으로 공공디자인 관련 기획·조사·분석·자문·설계 및 제작·설치·관리 등을 말한다.
3. "공공시설물등"이란 일반 공중을 위하여 국가기관등이 조성·제작·설치·운영 또는 관리하는 다음 각 목의 시설물과 용품, 시각 이미지 등을 말한다.
   가. 대중교통 정류소, 자전거 보관대 등 대중교통시설물
   나. 차량 진입 방지용 말뚝, 펜스 등 보행안전시설물
   다. 벤치, 가로 판매대, 파고라 등 편의시설물
   라. 맨홀, 소화전, 신호등 제어함 등 공급시설물
   마. 가로수 보호대, 가로 화분대, 분수대 등 녹지시설물
   바. 안내표지판, 현수막 게시대, 지정벽보판 등 안내시설물
   사. 그 밖에 가목부터 바목까지의 시설물

제2장

-

경관계획 수립방법

사진: 주신하

제1장에서 경관법과 경관계획수립지침의 주요 내용과 원칙을 살펴보았다. 제2장에서는 경관계획을 수립과정을 단계별로 상세하게 살펴보고자 한다. 경관계획수립지침의 내용을 중심으로 설명하되 실제 지자체 경관계획 수립 사례와 경험을 추가하여 설명하려고 한다. 이 책에서 경관계획 단계는 경관계획수립지침에서 제시하고 있는 바와 같이 ①경관계획의 개요, ②경관현황조사 및 분석, ③경관기본구상, ④경관기본계획, ⑤경관가이드라인(도 경관계획에서는 경관부문별계획), ⑥실행계획 등으로 구분하고 각 단계별로 수립 방법을 설명한다.

경관계획의 개요	경관현황조사 및 분석	경관기본구상	경관기본계획	경관가이드라인 (경관부문별계획)	실행계획
· 배경 및 목적 · 범위 및 내용 · 수립방법 및 수립과정	· 경관구조분석 · 경관자원조사 · 경관의식조사 · 관련계획 및 법규 조사 · 종합분석	· 기본방향 및 미래상 설정 · 추진전략 설정 · 경관구조 설정 · 경관기본구상 종합	· 경관권역, 경관축, 경관거점 등 계획 · 중점경관관리 구역 계획 · 경관지구 계획 · 경관기본계획도 작성	· 경관부문별계획 (도 경관계획) · 경관가이드라인 (시·군 경관계획)	· 관련제도연계 · 경관사업 · 경관협정 · 경관행정 · 경관조례 · 향후추진과제

그림 II-1 경관계획의 단계

1. 경관계획의 개요

본격적인 경관계획 내용에 앞서 경관계획의 전반적인 사항을 개괄할 수 있도록 개요를 제시하는 것이 바람직하다. 경관계획수립지침은 배경 및 목적, 범위 및 내용, 수립방법 및 수립과정 등 경관계획의 개요를 제시하도록 하고 있다.

1.1 배경 및 목적

경관계획 방향이라고 할 수 있는 배경 및 목적을 가장 먼저 제시한다. 해당 지자체의 경관 현황과 문제점, 도시계획의 지향점, 기존 경관계획에 대한 검토 등 거시적인 측면에서 경관계획의 나아갈 방향을 설정하는 단계이다. 일반적으로는 배경에 대한 진단과 3~4개의 목적을 제시하고 경관기본구상 단계에서 기본방향, 미래상, 추진전략 등으로 구체화하게 된다.

현 경관계획수립지침은 경관계획을 처음 수립하는 것을 기준으로 작성되어 있으나, 이미 많은 지자체에서는 수차례 경관계획을 수립하는 경우도 많으므로 이에 대한 보완도 필요하다. 계획의 배경 및 목적도 재정비의 경우에는 최초 수립과 다르게 접근해야 한다. 재정비의 경우에는 기존 계획에 대한 평가와 변화된 상황에 대한 분석 등을 포함하여 계획의 배경과 목적을 제시하는 것이 바람직하다.

[경관계획수립지침] 5-1-1. 배경 및 목적
(1) 계획을 수립하고자 하는 배경 및 필요성을 기술한다.
(2) 계획을 통해 달성하고자 하는 목표와 목적을 제시한다.

1.2 범위 및 내용

경관계획은 지자체 전체에 대한 내용을 담고 있으며, 오랜 기간을 목표연도로 설정하기 때문에 구체적인 내용작성에 앞서 계획의 범위와 내용을 규정하는 것이 필요하다. 범위와 내용을 제시할 때는 경관계획수립지침에 따라 공간적, 내용적, 시간적, 범위로 구분해서 범위와 내용을 제시하는 것이 일반적인 방법이다. 공간적 범위는 대상지역의 위치, 면적, 지도 등을 제시하고, 시간적 범위는 계획을 작성하는 기준년도와 계획내용을 실현하고자 하는 목표연도로 구분하

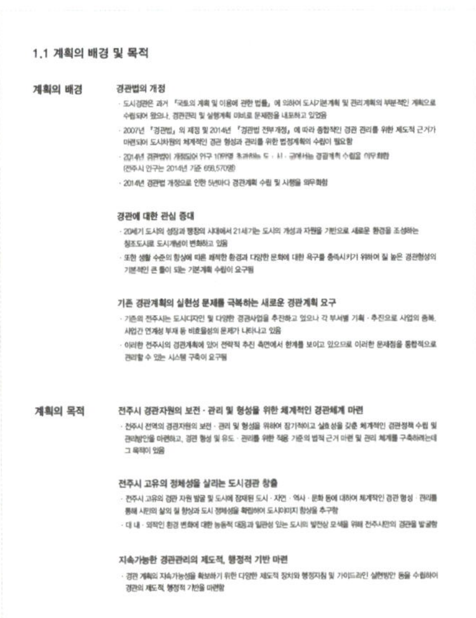

1.1 계획의 배경 및 목적

계획의 배경

경관법의 개정
· 도시경관은 과거 「국토의 계획 및 이용에 관한 법률」에 의하여 도시기본계획 및 관리계획의 부분적인 계획으로 수립되어 왔으나, 경관관리 및 실행계획 미비로 문제점을 내포하고 있었음
· 2007년 「경관법」의 제정 및 2014년 「경관법 전부개정」에 따라 종합적인 경관 관리를 위한 제도적 근거가 마련되어 도시차원의 체계적인 경관 형성과 관리를 위한 법정계획의 수립이 필요함
· 2014년 경관법이 개정되어 인구 10만명 초과하는 도 · 시 · 군에서는 경관계획 수립을 의무화함 (전주시 인구는 2014년 기준 658,570명)
· 2014년 경관법 개정으로 인한 5년마다 경관계획 수립 및 시행을 의무화됨

경관에 대한 관심 증대
· 20세기 도시의 성장과 팽창의 시대에서 21세기는 도시의 개성과 자원을 기반으로 새로운 환경을 조성하는 창조도시로 도시개념이 변화하고 있음
· 또한 생활 수준의 향상에 따른 쾌적한 환경과 다양한 문화에 대한 욕구를 충족시키기 위하여 질 높은 경관형성의 기본적인 큰 틀이 되는 기본계획 수립이 요구됨

기존 경관계획의 실현성 문제를 극복하는 새로운 경관계획 요구
· 기존의 전주시는 도시디자인 및 다양한 경관사업을 추진하고 있으나 각 부서별 기획 · 추진으로 사업의 중복, 사업간 연계성 부재 등 비효율성의 문제가 나타나고 있음
· 이러한 전주시의 경관계획에 있어 전략적 추진 측면에서 한계를 보이고 있으므로 이러한 문제점을 통합적으로 관리할 수 있는 시스템 구축이 요구됨

계획의 목적

전주시 경관자원의 보전 · 관리 및 형성을 위한 체계적인 경관체계 마련
· 전주시 전역의 경관자원의 보전 · 관리 및 형성을 위하여 장기적이고 실효성을 갖춘 체계적인 경관정책 수립 및 관리방안을 마련하고, 경관 형성 및 유도 · 관리를 위한 적용 기준의 법적 근거 마련 및 관리 체계를 구축하려는데 그 목적이 있음

전주시 고유의 정체성을 살리는 도시경관 창출
· 전주시 고유의 경관 자원 발굴 및 도시에 잠재된 도시 · 자연 · 역사 · 문화 등에 대하여 체계적인 경관 형성 · 관리를 통해 시민의 삶의 질 향상과 도시 정체성을 확립하여 도시이미지 향상을 추구함
· 대 내 · 외적인 환경 변화에 대한 능동적 대응과 일관성 있는 도시의 발전상 모색을 위해 전주시만의 경관을 발굴함

지속가능한 경관관리의 제도적, 행정적 기반 마련
· 경관 계획의 지속가능성을 확보하기 위한 다양한 제도적 장치와 행정지침 및 가이드라인 실현방안 등을 수립하여 경관의 제도적, 행정적 기반을 마련함

그림 II-2 계획의 배경 및 목적 (전주시, 2017)

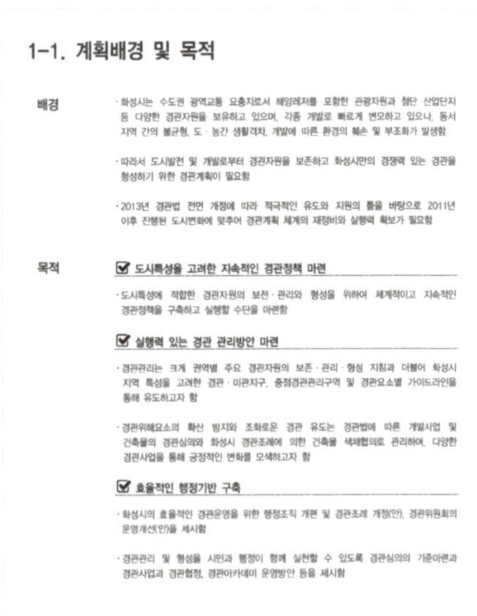

1-1. 계획배경 및 목적

배경
· 화성시는 수도권 광역교통 요충지로서 해양레저를 포함한 관광자원과 첨단 산업단지 등 다양한 경관자원을 보유하고 있으며, 각종 개발로 빠르게 변모하고 있으나, 동서지역 간의 불균형, 도 · 농간 생활격차, 개발에 따른 환경의 훼손 및 부조화가 발생함
· 따라서 도시발전 및 개발로부터 경관자원을 보존하고 화성시만의 경쟁력 있는 경관을 형성하기 위한 경관계획이 필요함
· 2013년 경관법 전면 개정에 따라 적극적인 유도와 지원의 틀을 바탕으로 2011년 이후 진행된 도시변화에 맞추어 경관계획 체계의 재정비와 실행력 확보가 필요함

목적

☑ **도시특성을 고려한 지속적인 경관정책 마련**
· 도시특성에 적합한 경관자원의 보전 · 관리와 형성을 위하여 체계적이고 지속적인 경관정책을 구축하고 실행할 수단을 마련함

☑ **실행력 있는 경관 관리방안 마련**
· 경관관리는 크게 권역별 주요 경관자원의 보존 · 관리 · 형성 지침과 더불어 화성시 지역 특성을 고려한 경관 · 미관지구, 중점경관관리구역 및 경관요소별 가이드라인을 통해 유도하고자 함
· 경관위해요소의 확산 방지와 조화로운 경관 유도는 경관법에 따른 개발사업 및 건축물의 경관심의와 화성시 경관조례에 의한 건축물 색채협의로 관리하여, 다양한 경관사업을 통해 긍정적인 변화를 모색하고자 함

☑ **효율적인 행정기반 구축**
· 화성시의 효율적인 경관운영을 위한 행정조직 개편 및 경관조례 개정(안), 경관위원회의 운영개선(안)을 제시함
· 경관관리 및 형성을 시민과 행정이 함께 실천할 수 있도록 경관심의의 기준마련과 경관사업과 경관협정, 경관아카데미 운영방안 등을 제시함

그림 II-3 계획의 배경 및 목적 (화성시, 2017)

그림 II-4 경관계획의 범위 및 내용 예시 (화성시, 2021)

기도 한다. 경관계획수립지침에서 시작연도로 표현한 것은 기준년도와 같은 의미이다. 내용적 범위는 계획단계별로 주요 내용을 작성하거나, 경관계획의 주요 목표와 관련 있는 세부 내용을 작성할 수 있다.

[경관계획수립지침] 5-1-2. 범위 및 내용

(1) 관할구역 전체를 대상으로 경관의 보전, 관리 및 형성을 위한 기본골격을 설정하고, 이를 구현하기 위한 계획의 공간적, 시간적, 내용적 범위를 제시한다.

① 공간적 범위는 관할구역의 전체를 대상으로 한다.

② 내용적 범위는 관할구역의 경관계획방향 및 실행계획 등을 대상으로 한다.

③ 시간적 범위는 경관계획의 내용이 시작되는 시작연도와 완성, 종료되는 목표연도를 대상으로 한다.

1.3 수립방법 및 수립과정

수립방법 및 수립과정은 경관계획의 주요 단계를 경관계획의 개요, 경관현황조사 및 분석, 경관기본구상, 경관기본계획, 경관가이드라인, 실행계획 등으로 구분하고 단계별 주요 내용과 수립 방법을 제시하는 단계이다. 일반적으로 단계별 계획내용을 흐름도 형태로 정리하여 계획의 흐름과 내용을 한눈에 살펴볼 수 있도록 제시하고 있다. 특정경관계획을 같이 진행하였다면 전체 흐름도에 포함하여야 한다. 계획단계는 경관계획수립지침에서 제시하는 표준 단계구분을 기본으로 하되, 지자체 상황에 따라 단계를 세분하거나 통합하여 변경하는 것도 가능하다.

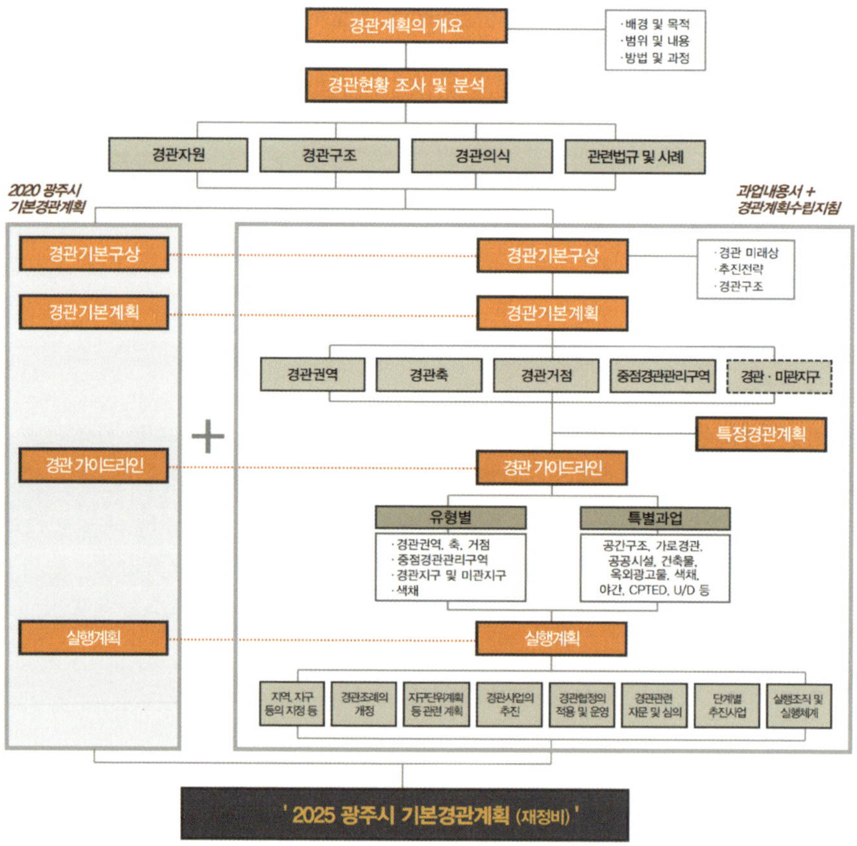

그림 II-5 수립체계 및 절차 예시 (광주시, 2019)

[경관계획수립지침] 5-1-2. 범위 및 내용

(2) 경관계획의 개요, 경관현황조사 및 분석, 경관기본구상, 경관기본계획, 중점경관관리구역계획, 경관가이드라인, 실행계획 등으로 구성한다.

(3) 상위 지자체(일반 시·군에 한한다. 이하 같다.)의 경관계획이 수립되어 있는 경우 해당 계획의 내용을 바탕으로 지역의 특성을 살린 실천적 경관계획을 수립한다.

5-1-3. 수립방법 및 수립과정

(1) 계획의 배경 및 목적, 내용에 적합한 계획수립방법을 제시하고, 계획 수립과정을 기술한다.

2. 경관현황조사 및 분석

2.1 개요

경관현황조사 및 분석은 대상지 경관의 특성을 파악하고 다양한 경관 유형별 현황을 체계적으로 조사하는 단계이다. 경관현황조사 및 분석은 경관계획의 일부로 진행되어 형식적으로 진행되거나 정확하게 조사가 되지 않는 등 다른 단계에 비해서 상대적으로 소홀히 다루어진 경향이 없지 않으나, 해당 지역의 경관특성에 부합하는 경관계획을 수립하기 위해서는 경관현황에 대한 면밀한 조사가 필수적이다. 특히 최근 경관자원조사에 대한 중요성이 높아져서 경관계획과 별도로 경관자원

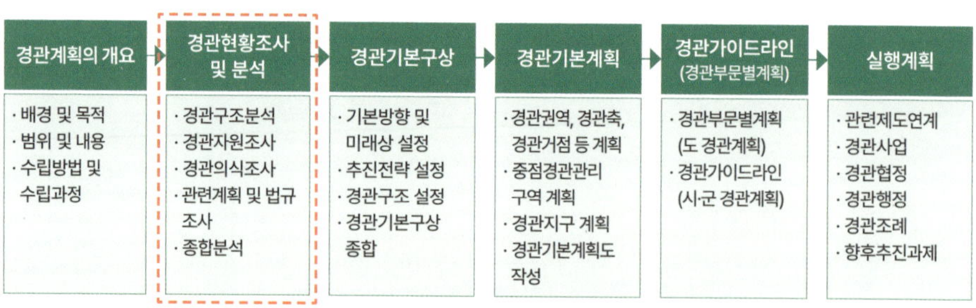

그림 II-6 경관계획 진행과정과 경관현황조사 및 분석 단계

조사를 진행하는 지자체도 생기고 있으며, 경관자원조사를 경관계획과 별도로 진행할 수 있는 법적 근거가 필요하다는 주장도 제기되고 있다(건축공간연구원, 2022).

경관현황조사 및 분석 단계에서는 경관자원조사 및 경관특성 분석, 경관구조 분석, 경관의식조사, 관련 법규 및 계획조사 등이 진행되어 경관현황에 대한 종합적인 분석이 진행된다. 대상 지역의 전반적인 경관현황을 진단하기 위해서 경관자원을 조사하는 것이 가장 기본적인 단계이나 경관자원조사가 현황분석의 전부는 아니다. 지형, 토지이용계획, 건축물, 도로 등 인공구조물이 만들어내는 경관구조에 대한 분석, 시민과 방문자들의 경관에 대한 인식, 현재 경관에 영향을 주고 있는 관련 계획이나 법규 등을 종합적으로 판단을 하는 것이 경관현황분석 단계라고 할 수 있다.

기존 경관계획에서 경관구조분석을 생략하는 경우도 많으나 개별적인 경관자원조사 이전에 거시적인 경관특성을 파악하는 것도 중요하기 때문에 거시적인 분석을 진행하는 것이 바람직하다. 이렇게 다양한 분석 방법들을 적용하여 대상지의 장단점에 대한 이해, 경관현황에 대한 종합적인 진단을 하여야 한다.

[경관계획수립지침] 2-1-1. 도 경관계획 및 시·군 경관계획에는 법 제9조(경관계획의 내용) 제1항에 명시된 다음의 내용을 포함해야 한다.

(2) 경관자원의 조사 및 평가에 관한 사항
  ① 대상지의 경관적 가치를 판단하고 경관적 특성을 파악하기 위한 기초조사
  ② 경관자원 특성분석, 경관의식조사, 관련계획 및 법규조사, 국내외 사례분석, 분석의 종합 등 경관 현황조사 및 분석, 평가 등

2.2 경관구조

경관현황분석에서 가장 먼저 살펴야 하는 것은 거시적인 도시경관의 구조이다. 개별적인 자원에 대한 위치와 분포 파악도 중요한 내용이지만, 이에 앞서 전체 지역에 대한 거시적 경관구조를 파악하는 것 또한 매우 중요하기 때문에 반드시 경관자원조사 이전에 선행되어야 한다.

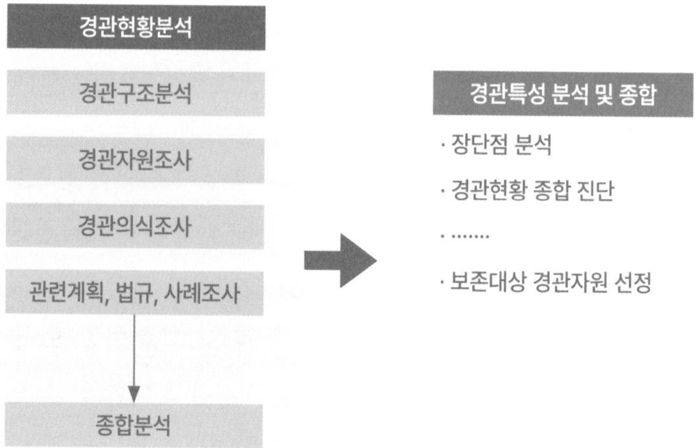

그림 II-7 경관현황분석의 내용과 의의

1) 목적 및 내용

경관구조분석은 계획대상지의 경관적 특성을 거시적으로 파악하기 위해 진행하는 것으로 주로 지형적 특징이나 토지이용과 식생 등과 같은 지표면 상태를 기반으로 경관적 특성이 어떻게 나타나는지 파악하는 과정이다. 경관계획수립지침에서는 해당 지역의 경관특성과 중요 경관자원에 의해 형성되는 지역의 경관특성과 민감지역을 파악하도록 제시하고 있다.

[경관계획수립지침] 5-2-2. 경관구조분석

(1) 관할구역의 경관특성과 중요경관자원에 의해 형성되는 지역의 경관특성, 경관적 민감지역 등을 파악하기 위해 경관구조 및 특성을 분석하고 이를 계획에 반영한다.

2) 경관구조 분석기법

경관구조를 분석할 때 가장 일반적으로 진행하는 분석 방법으로 가시권 분석을 들 수 있다. 가시권 분석이란 특정 기준점에서 실제 보이는 지역을 찾아내는 방법으로, 여러 지점에서 반복적으로 분석하여 결과를 중첩하면 경관적으로 중요한 지역을 알아낼 수 있다. 경관적 민감지역을 찾고자 하거나 경관변화가 어느 지역에 영향을 주게 되는지 파악하고자 할 때에 효과적인 분석 방법이다.

그러나 가시권 분석이 경관구조분석의 유일한 방법은 아니다. 오히려 지자체 전역을 대상으로 하는 경관계획의 경우에는 가시권을 넘어서는 광역적인 범위를 다루기 때문에 적용하기 어려운 측면도 있다. 지자체 전역에 대한 경관구조 분석에는 가시권 분석 외에도 다른 분석 방법들을 활용할 수 있는데, 예를 들면, 지형분석 및 단면분석(종횡단 단면분석), 조망특성 분석(앙각·부각 특성, 근경·중경·원경분석), 도로망 패턴분석 등은 거시적 경관구조를 파악하는데 유용한 방법들이다. 산세, 물의 흐름, 평탄지와 경사지의 분포 등을 파악하는 것도 전반적인 경관구조분석에 큰 도움이 되며, 기존 시가지의 경우에는 가로망이나 토지이용현황, 기존 건축물들의 높이 등을 파악하는 것도 효과적인 방법이 될 수 있기 때문이다. 따라서 경관구조분석을 위해서는 대상지 특성에 맞는 적절한 방법을 선정하거나 다양한 방법을 동시에 적용하여 대상지 경관구조에 대한

그림 II-8 경관구조를 위한 다양한 분석기법

실제적인 이해를 하는 것이 중요하다.

계획 작성 시점에 조성되지 않았으나 조만간에 경관변화가 예상되는 경우는 경관분석 대상에 포함하여야 한다. 대규모 개발사업이나 건축물, 주거단지, 도로나 철도, 구조물, 매립지 등으로 경관변화가 예정되어 있다면 관련 계획을 면밀히 검토하여 경관분석을 진행하여야 한다.

① 수계 및 지형 분석

지자체 전역과 같이 대규모 대상지는 직접 조망이 되는 지역이 제한적이므로 가시권 분석보다는 전체적인 지형에 대한 이해가 선행되는 것이 바람직하다. 지형에 대한 이해는 기본적으로 지형도를 통해 파악할 수 있는데, 구체적으로는 대상지 전역에 걸친 산세와 수계를 분석하는 방식으로 경관구조를 분석하게 된다.

지형과 수계에 의해 경관구조를 분석하는 가장 전통적인 방법은 지형도에서 나타난 형태적인 특징을 읽어내는 방식이다. 주로 등고선을 분석하여 능선부의 흐름을 찾아내고 이를 기준으로 경계를 나누는 과정을 반복하면서 경관구조와 경관단위를 찾아내는 과정을 거치게 된다. 능선을 기준으로 구역을 나눈 결과는 빗물이 모이는 수계유역 구분과 유사하고, 이는 하나의 마을을 이루는 단위와 일치하는 경우가 많다. 따라서 경관구조분석에서는 기존 행정구역단위도 지형적 특성과 함께 참조할 필요가 있다. GIS 프로그램을 이용하면 보다 정확하게 지형에 의한 구조분석을 할 수 있다. 경관유형도 작성을 위한 매핑 단위인 경관단위를 도출하기 위해 GIS 프로그램에 포함된 기능을 이용하면 유역분지 경계선을 도출할 수 있다.

<그림 II-9>는 당진시 경관계획에서 지형도, 유역분석, 행정경계 등을 종합분석하여 경관관리단위를 도출한 사례이다. 눈높이에서 주변 지형과 구조물 등을 근거로 경관관리단위를 구분하고 다음 계획 단계에 활용하였다.

② 도로망 및 토지이용 분석

도시지역에서는 지형보다는 건축물이나 가로망에 의해서 경관이 만들어지는

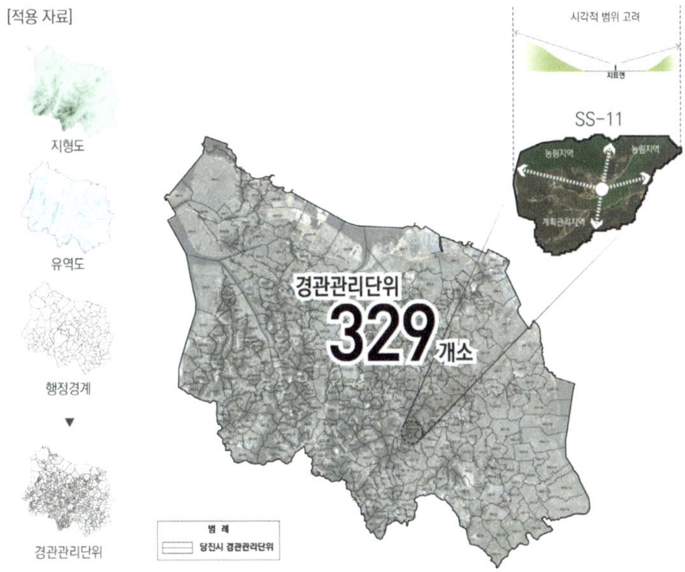

그림 II-9 유역구분을 근거로 경관관리단위를 설정한 사례 (당진시, 2021)

경우가 많다. 따라서 도로망이나 토지이용과 같은 도시와 관련이 많은 대상을 분석하는 것이 보행자와 운전자의 경관 경험을 반영하는 데 도움이 될 수 있다.

도시 내에서 도로는 건축물에 의해 차폐되지 않고 멀리까지 조망이 가능한 공간이므로 주요 도로들이 어떤 방향으로 향하는지, 또는 도로축에 어떤 조망대상들이 위치하는지 등에 대한 검토가 필요하다. 주요 도로는 경관축으로 작용하므로 신도시를 조성할 때에는 주요 조망대상을 기준으로 도로축을 설정하기도 한다. 해안도로, 강변도로 등과 같은 요소는 개방된 대상을 조망할 수 있는 장소로 활용될 수 있으므로 위치와 조망대상, 조망특성 등을 면밀히 검토할 필요가 있다.

도로망 분석을 위해서는 주요 도로축의 위치와 방향을 조사하고 도로에서 보이는 조망대상의 중요도와 특징을 분석하여야 한다. 사거리 주변이나 T자 형태 도로의 결절부는 운전자나 보행자 모두에게 쉽게 조망이 되는 특성을 가지고 있으며, 도로가 휘어지는 지점 역시 경관적으로 민감한 곳이므로 특별한 관리가 필요한 부분이다. 이와 같이 가로망 구조를 파악함으로써 경관적으로 중요하고 민감한 지역을 파악할 수 있게 된다.

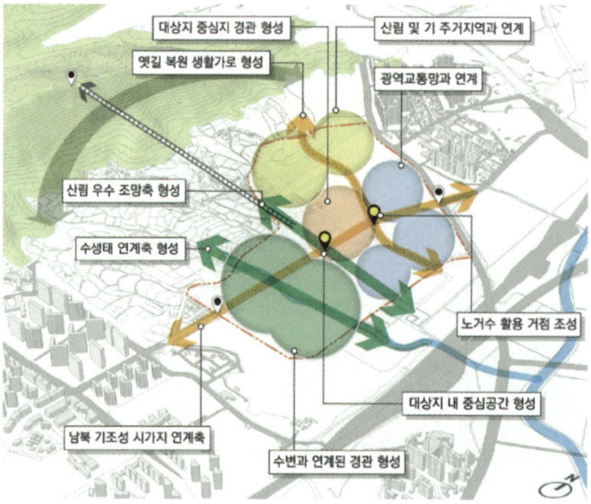

그림 II-10 도로망 및 토지이용 분석을 통한 경관구조 분석 사례 (한국토지주택공사, 2017)

한편 토지이용 역시 도시 경관구조를 파악하는데 중요한 단서를 제공하기도 한다. 토지이용현황 중에서 특히 건축물의 높이, 밀도, 용도 등과 관련된 내용을 살펴보면 도시 내 개방공간과 차폐공간을 매우 효과적으로 파악할 수 있다. 고층건물이 많은 도시지역에서는 공원, 녹지, 하천, 학교, 단독주택지, 공공시설물, 문화시설 등의 저층 건물들은 상대적으로 개방공간이 될 수 있다. 특히 저층 건물들이 모여 있거나 선형으로 연결된 경우에는 거시적 차원에서 시각적 개방감을 형성할 수 있다.

③ 조망특성 분석 (앙각·부각 특성, 근경·중경·원경 분석)

조망대상과 조망지점의 높이 차로 인해서 올려 보는 경관, 혹은 내려 보는 경관이 만들어진다. 고층건물이나 산을 낮은 지점에서 올려 볼 수도 있고, 산정상이나 전망대처럼 높은 곳에 내려 볼 수도 있다. 이러한 높이 차에 따른 시각적

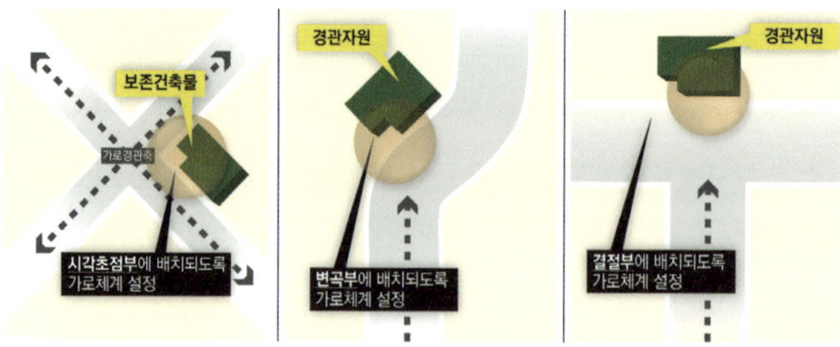

그림 II-11 도로구조와 조망대상과의 관계 (한국토지주택공사, 2017)

그림 II-12 저층 토지이용이 선형으로 연결되어 개방감이 형성된 사례 (아산시 탕정지구, 촬영: 주신하)

특성을 앙각(仰角) 또는 부각(俯角)이라고 표현하는데, 앙각은 올려 보는 각도를, 부각은 내려 보는 각도를 말한다. 경관을 경험하는 사람의 입장에서는 조망대상이 높게 있는지 낮게 있는지에 따라 상당히 다른 경험을 하게 되므로 이러한 특성에 대해서도 검토가 필요하다.

조망대상과의 높이 차이뿐만 아니라 조망대상까지의 거리도 경관구조분석에서 중요한 요인이 된다. 대상의 상세한 부분까지 관찰이 가능한 가까운 거리(근

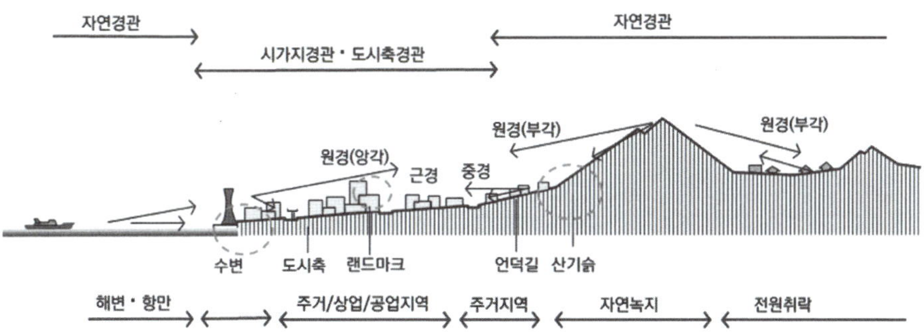

그림 II-13 일본 고베시의 지형특성에 따른 조망 특성 개념도 (고베시, 2021)

경 近景), 부분적인 특징보다는 전체적인 특성만 판단이 되는 거리(원경 遠景), 그리고 그 중간적 특성을 가진 거리(중경 中景)으로 구분하는 것이 일반적인 조망거리에 따른 구분이다. 근경 범위 내에서는 조망대상의 디테일까지 관찰자의 경험에 영향을 줄 수 있고, 원경에 조망대상이 있을 때에는 배경과 조화되어 전체적으로 하나의 경관으로 보이는 특징이 있다.

거리에 따른 경관을 보다 구체적인 거리에 따라 구분하기도 하는데, 가장 널리 사용하는 기준은 500m 이내를 근경, 500m~2km를 중경, 2km 이상을 원경으로 구분하는 것이다. 구체적인 수치로 구분하여 편리한 점도 있으나, 이러한 기준은 절대적인 것은 아니라 조망대상의 규모, 주변 경관의 복잡성과 차폐 정도 등에 달라질 수 있다는 점을 유의하여야 한다. 또한 한 지점에서도 근경, 중경, 원경 거리에서 서로 다른 조망대상들이 보이는 경우도 많으므로 이런 복합적인 특성을 면밀히 검토하는 것이 바람직하다.

④ 가시권 분석

가시권 분석은 수치화된 지형정보(DEM)를 바탕으로 조망지점과 조망대상 간의 시준선(LOS : Line of Sight) 차단 여부를 계산하여 가시영역과 비가시영역을 도출하는 분석 방법이다. 대상지역의 경관특성을 가장 정확하게 분석할

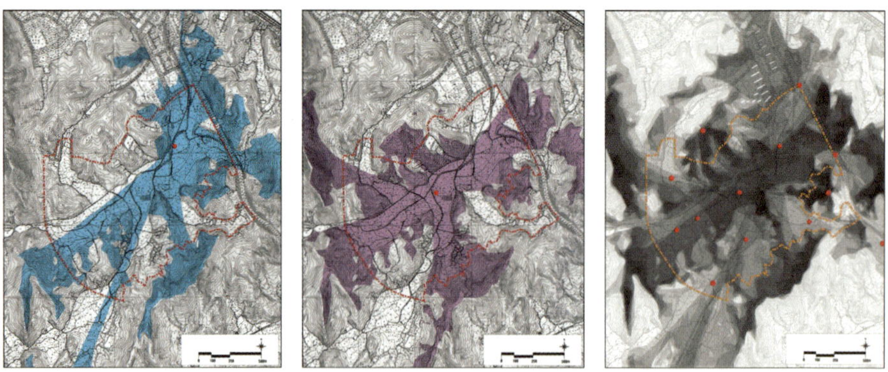

그림 II-14 가시권 분석에 의한 경관구조 분석 사례 : 개별 지점에서 가시권 분석을 진행하고 (첫 번째, 두 번째) 이를 중첩하여(마지막) 전체적인 경관구조 특성을 파악한다.

수 있는 방법으로 주로 GIS 프로그램을 사용하여 진행한다. 가시권 분석은 기본적으로 한 지점에서 보이는 지역을 찾아내어 특정 대상이 미치는 경관 영향 범위를 분석하거나 반대로 주요 조망대상이 보이는 지점을 파악하고자 할 때 사용한다. GIS 프로그램을 활용하여 가시권 분석을 실시하면 해당 기준점에서 보이는 가시지역 도면을 얻을 수 있다. 이러한 방법을 여러 개의 기준점에서 반복하게 되면 대상지 내에 조망강도가 높은 지역, 즉 경관적으로 중요하고 민감한 지역을 분석할 수 있는 결과를 얻을 수 있다. 예를 들면, <그림 II-14>의 첫 번째와 두 번째 도면은 하나의 기준점에서 실시한 가시지역 분석 결과인데, 이를 반복하여 결과를 중첩하면 마지막 도면과 같은 결과를 얻을 수 있게 된다. <그림 II-14>에서 어둡게 표현된 부분은 여러 조망점에서 보이는 곳이므로 경관적 중요한 경관민감지역이라고 판단할 수 있게 된다.

가시권 분석은 기본적으로 실제 보이는지 여부를 판단하는 방법이므로 중소규모 이하의 대상지를 분석할 때 효과적인 방법이다. 주로 경관심의나 경관영향평가에서 개발사업으로 인한 경관변화의 영향 범위를 판단하여 시뮬레이션 기준점을 선정할 때 주로 사용된다.

흔히 경관구조분석이라고 하면 가시권 분석을 가장 먼저 떠올리게 되지만, 지자체 경관계획에서는 가시권 분석보다는 다른 방법을 통해서 경관구조를 파악하는 것이 더 효과적이라고 볼 수 있다. 많은 지자체 경관계획에서 가시권 분석만으로 경관구조분석을 하는 경향이 있으나, 이는 바람직한 현상은 아니다. 가시권 분석은 경관구조를 분석하는 하나의 방법이므로 가시권 분석에만 의존하지 말고 다양한 방법을 병행하여 대상지에 대한 면밀한 경관구조분석을 하여야 한다.

2.3 경관자원조사

1) 목적 및 내용

지역 특성을 반영한 경관계획을 수립하기 위해서는 경관현황을 정확히 파악하는 것이 매우 중요하므로 경관자원에 대한 면밀한 조사는 가장 기본적인 과정이다. 지자체 경관계획이 서로 비슷한 내용으로 채워져 실효성이 떨어진다는 지적도 경관자원에 대한 면밀한 조사가 이루어지지 않았기 때문이다. 따라서 경관현황조사는 경관계획의 가장 기본이 되는 조사단계이며, 그중에서도 가장 큰 비중을 차지하는 것이 경관자원 조사라고 볼 수 있다.

경관자원은 대상지 경관을 구성하는 기본적인 요소이다. 대상지 내에 어떤 종류의 경관자원이 얼마나 그리고 어디에 있는지에 대해 파악하는 것이 경관자원 조사의 주요 내용이다. 즉, 경관자원조사는 경관자원의 분포, 유형, 가치 등에 대해서 조사하는 것이라고 할 수 있다. 개별 경관자원에 대한 상세한 조사를 통해야 경관자원 특성에 맞는 관리방안 수립이나 사업추진, 심의를 통한 관리가 가능하다.

경관자원조사는 경관계획을 수립하면서 동시에 진행되는 것이 일반적이나 경관법 제10조에서는 경관계획의 수립 또는 변경을 위한 기초조사에 관한 사항을 별도의 조항으로 제시하고 있어 독립적으로 경관자원조사를 할 수 있는 근거를 제공하고 있다. 장기적으로는 경관계획과 분리하여 지자체별로 경관자원을 조사하고 관리하는 시스템을 구축하는 것이 경관관리의 효율성과 지속가능성 측면에서 유리할 것으로 판단한다.

[경관법] 제10조(경관계획의 수립 또는 변경을 위한 기초조사)
시·도지사등은 경관계획을 수립하거나 변경하려는 경우에는 대통령령으로 정하는 바에 따라 경관계획의 수립 또는 변경에 필요한 사항을 조사하여야 한다. 다만, 경관계획의 수립 또는 변경에 필요한 사항에 대하여 다른 법령에 따라 조사한 결과가 있는 경우에는 그 조사한 결과를 활용할 수 있다.

2) 조사범위 및 조사방법

① 조사범위

경관자원은 대상 자체도 중요하겠지만 주변 지역과 함께 경관자원을 바라보는 것도 중요하기 때문에 주변지역을 포함하여 조사범위를 넓게 설정할 필요가 있다. 경관자원 조사범위는 가시권 범위 내를 포함하는 것이 원칙으로 주변 경관현황에 따라 구체적인 거리는 다를 수 있다. 일반적으로 주변에 경관을 차폐하는 요소가 많지 않은 자연경관의 경우에는 중경 범위에 해당하는 약 2km 이내의 범위를 조사에 포함하는 것이 바람직하다. 도시지역에서는 건물에 의해 차폐되는 경우가 많으므로 조사범위를 좁게 하고, 반대로 경관자원의 규모가 커서 멀리에서도 조망이 되는 경우는 조사범위를 넓게 할 수 있다. 규모가 큰 산의 경우에는 해당 지자체 경계를 넘어서 다른 지자체에서도 조망되는 경우가 있는데, 이럴 경우는 타 지자체라도 조사범위에 포함하는 것이 좋다.

[경관계획수립지침] 5-2-1. 경관자원조사

(2) 조사범위

① 경관자원이 관할구역의 경계 밖으로 연결되어 있거나 경계 밖에 인접하여 있을 경우에는 그 경계로부터 가시권 주변지역을 포함하여 조사하거나 경관계획수립에 필요하다고 인정되는 경계 밖의 일정범위를 정하여 조사한다.

② 관할구역 주변지역에 포함되지 않더라도 해당 계획에 영향을 줄 수 있는 경관자원은 조사대상에 포함한다.

② 조사방법

경관자원조사는 문헌자료 뿐만 아니라 반드시 현장조사를 통해 파악되어야 한다. 문헌자료조사는 비교적 손쉽게 많은 내용을 검토할 수 있는 장점이 있으나, 조사 시기나 자료의 상세도 등에 따라서 실제 경관과 다른 내용도 상당히 많으므로 반드시 현장조사를 병행하여야 한다. 현장조사에서는 사진촬영, 동영상촬영, 드론촬영 등 다양한 방식을 활용하여 경관의 특성을 최대한 생생하게 기록하여야 한다. 이러한 현장조사 자료는 경관계획에 참고자료가 될 뿐만 아니라, 향후 경관자원 데이터베이스를 구축하는데 주요 자료가 될 수 있다. 계절적 경관변화는 매우 큰 변수가 될 수 있으므로 가능하면 경관자원은 사계절을 모두 포함하여 조사하는 것이 바람직하다. 예를 들면, 꽃이 개화한 경관, 아름다운 설경, 수확기 농경지, 특정 기간에만 개최되는 축제 등과 같이 계절적 경관 특성이 강한 경우는 짧은 조사기간으로 조사하기에는 무리가 따르게 된다. 현재 경관계획 수립 기간을 12개월로 하는 경우가 많은데, 경관자원조사 측면만 고려하더라도 절대적으로 부족하다고 할 수 있다.

지자체 현황에 따라서 한옥, 근대산업유산, 역사·문화·경관적 기념물, 수목, 산림, 길, 염전, 농경지 등 관할구역 내 우수경관 창출을 위해 활용할 수 있는 경관자원을 발굴하는 것 또한 경관자원조사의 중요한 목적이다. 특정한 경관자원 유형이 많이 위치한다거나, 지자체의 정책방향과 부합하는 자원이 있는 경우에는 집중적인 조사를 진행하는 것도 필요하다.

'경관자원'이라는 용어 때문에 긍정적인 대상만을 조사해야 한다고 생각하는 경향이 있다. 그러나 전반적인 지역경관 향상이 경관계획의 기본 취지라는 점을 고려해 본다면, 긍정적인 자원 뿐만 아니라 개선이 필요한 경관이나 위해요소에 대한 조사를 포함하는 것이 바람직하다. 경관관리에 있어서 긍정적인 자

그림 II-15 사계절 다른 경관을 보이는 서울여자대학교 캠퍼스 (촬영: 주신하)

원의 가치를 극대화하는 접근과 함께 부정적인 요소를 개선하는 접근이 병행되어야 효과적인 계획이 될 수 있기 때문이다.

또한, 지역의 상징과 관련된 도시 이미지, 지명유래, 역사문화적 자원, 행사, 이벤트, 풍수지리 관련 사항 등 비물적 요소들도 경관자원에 포함하여 조사하는 것을 원칙으로 한다. 이러한 비물적인 경관자원은 지역 이미지를 설정하는데 참고할 수도 있고, 때로는 구체적인 시설물 디자인에 활용할 수도 있다.

그림 II-16 위해요소 예시
: 공사가 중단된 건축물 (촬영: 주신하)

그림 II-17 비물적 요소 예시
: 당진시 국수봉당제 (촬영: 주신하)

[경관계획수립지침] 5-2-1. 경관자원조사

(1) 조사대상

... 중략 ....

④ 경관자원은 긍정적.기회적인 자원뿐만 아니라 부정적.제약적인 자원을 함께 조사한다.

⑤ 필요시 상징적 지역이미지, 지역의 생활상, 그 밖의 역사문화자원 등 비물질적 경관자원도 포함하여 조사한다.

... 중략 ....

(3) 조사방법

① 현장조사를 중심으로 진행하되 문헌조사를 병행할 수 있으며, 현황사진을 포함하여야 한다.

② 다른 법령의 규정에 따라 조사한 결과가 있는 경우에는 그 조사결과를 활용할 수 있다.

③ 경관자원 조사결과는 경관기본구상-경관기본계획-중점경관관리구역계획-경관가이드라인-실행계획 등과 연계하고, 관할구역 경관의 보전, 관리 및 형성의 대상을 설정하는 데 활용한다.

④ 한옥, 근대산업유산, 역사.문화.경관적 기념물, 수목, 산림, 길, 염전, 농경지 등 관할구역 내 경관자원 중에서 우수경관 창출을 위해 시.군의 적극적인 관리 및 지원이 필요한 중요 경관자원을 보존자원, 관리자원 및 형성자원으로 구분.지정하여, 실행계획 등에서 중요 경관자원의 보전.활용 촉진을 위한 관리.지원계획을 수립한다.

⑤ 시.군의 경관을 저해하는 주요 경관위해요소를 설정하고, 중점경관관리구역계획, 실행계획 등에서 주요 경관위해요소에 대한 관리.정비계획을 수립할 수 있도록 한다.

⑥ 상위 지자체에서 중요 경관자원 및 주요 경관위해요소를 정하여 관리하는 경우 이와 연계한다.

3) 유형별 경관자원 조사

경관자원조사는 대상지 내부와 주변의 중요한 자원들을 빠짐없이 조사하는 것이 가장 중요하다. 일반적으로 계획대상지 내에는 자연경관, 도시경관, 농어촌경관, 역사문화경관, 시가지경관 등 매우 다양한 유형의 경관자원이 산재되어 있기 때문에 경관자원을 몇 가지 유형으로 나누어 조사를 진행하는 것이 효율적이다. 경관계획수립지침에서는 경관자원의 유형을 자연경관자원, 산림경관자원, 농산어촌경관자원, 시가지 및 도시기반시설경관자원, 역사문화경관자원, 지역상징자원 등으로 구분하고 각 유형별 경관자원이 될 수 있는 대상을 제시하고 있으므로 이를 참고하여 유형별 주요 경관자원의 분포 및 특성 등을 조사하는 것이 바람직하다.

[경관계획수립지침] 5-2-1. 경관자원조사

(1) 조사대상

① 해당 시·군의 경관특성을 나타내는 경관자원 중에서 자원의 중요도, 가치 등을 기준으로 시·군에서 관리하여야 할 주요 경관자원을 조사하며, 경관자원의 분포 및 특성 등을 종합적으로 조사한다.

② 상위 지자체의 경관계획에서 조사한 경관자원이 있는 경우 그 내용을 참고한다.

③ 경관자원은 다음의 분류를 참고하여 지역의 경관특성을 반영하여 적정한 유형으로 구분할 수 있다.

- 자연경관자원 : 주요 지형, 산림, 하천, 호수, 해변 등
- 산림경관자원 : 주요 식생현황, 보안림, 마을숲 및 보전대상 산림 등
- 농산어촌경관자원 : 주요 경작지, 농업시설, 염전, 갯벌, 포구, 취락지, 마을공동시설 등
- 시가지경관자원 : 주요 건물 및 시설물, 상징가로, 광장, 기념물, 주요 주거경관·상업업무경관·공업경관 자원 등
- 도시기반시설경관자원 : 도로, 철도 등
- 역사문화경관자원 : 지역고유의 경관을 나타내는 성곽, 서원, 전통사찰(경내지 포함) 등의 문화재와 그 밖의 한옥, 근대건축물, 역사적문화적 기념물 등

그러나 이러한 경관자원 유형구분은 모든 지역에서 일괄적으로 적용해야 하는 것은 아니다. 지역마다 경관형성과정과 특성이 다르기 때문에 경관자원 유형도 이를 반영하는 것이 바람직하다. 예를 들어, 농산어촌경관자원이 매우 많은 경우에는 이를 세분할 필요가 있을 수도 있고, 산림경관자원이 거의 없는 경우에는 자연경관자원과 통합하여 다루는 것이 더 효율적일 수도 있다. 따라서 지자체별 경관자원의 유형은 경관계획수립지침에서 제시하고 있는 유형구분을 참조하되 지역

경관의 특성에 맞도록 이를 탄력적으로 조정하여 조사하는 것이 합리적이라고 할 수 있다.

경관계획수립지침에서는 자원의 중요도, 가치 등의 측면에서 지자체가 관리하여야 할 대상을 경관자원이라고 지칭하고 있으나, 유형별 경관자원 조사기준에 대해서는 제시되어 있지 않다. 현재까지 관련 연구 결과는 여러 유형에서 공통적으로 사용할 수 있는 경관자원조사 양식이 마련되어 있으므로(국토교통부, 2022), 이를 활용하는 것이 바람직하다. 산림경관과 같이 일부 경관자원 유형에 대한 연구가 진행된 경우에는 연구결과에서 제시한 조사항목, 내용, 방법 등을 참조하는 것이 좋다. 또한 이미 경관자원조사가 진행되어 있거나 별도의 기초자료가 있는 경우에는 이를 활용하는 것이 바람직하다. 다음은 경관자원유형별 조사기준에 관한 내용이다.

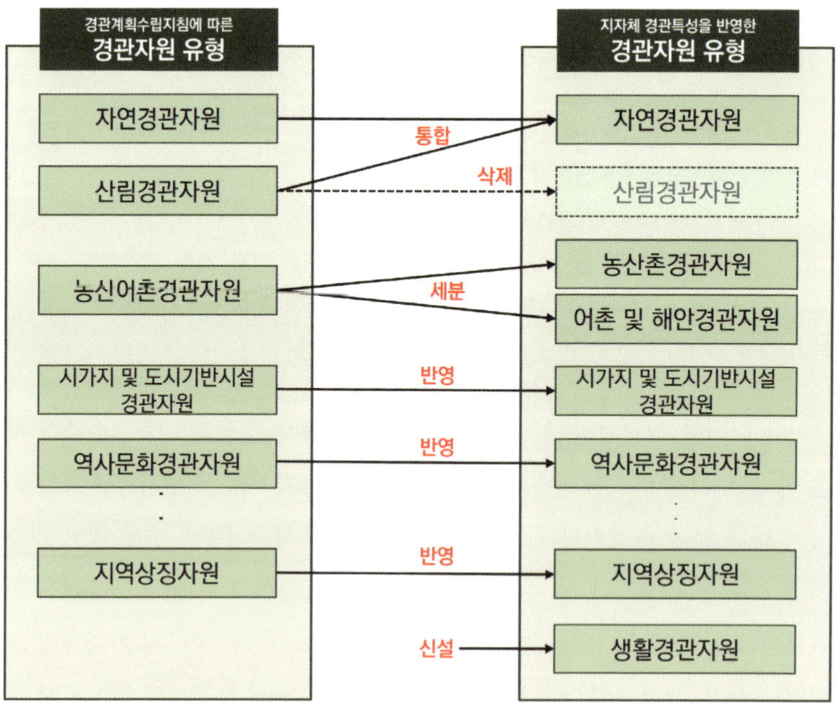

그림 II-18 지자체 경관특성을 반영한 경관자원 유형 구분 예시 (당진시, 2019)

① 자연경관자원 조사

자연경관자원은 주요 지형, 산림, 녹지, 하천, 호수, 해변 등으로 구성되는 인공적인 요소가 적은 유형이라고 할 수 있다. 자연경관자원 조사는 경관자원의 위치, 규모, 형태 등에 관한 정보를 우선 정리하고, 경관자원별 특성 설명 또는 평가, 그리고 사진과 사진촬영 정보(위치, 촬영조건) 등을 종합적으로 기입하여 최종적으로 경관자원의 가치를 판단하는 순서로 진행하는 것이 일반적이다. 자연경관이라는 특성 때문에 시각적인 측면 외에도 생태적인 측면이나 이용 빈도 등 다양한 가치를 종합적으로 고려할 필요가 있다.

우수한 자연경관자원에 대해서는 이를 가장 잘 볼 수 있는 지점을 찾아 조망점으로 지정하고 이에 대한 위치, 조망특성 등을 함께 조사하는 것이 매우 필요하다. 조망점에서 보이는 경관을 보전하는 방안을 적용할 수 있으며, 조망지점에 안내시설, 휴게편의시설 등을 설치하여 많은 이용자들에게 아름다운 경관자원을 감상할 수 있도록 계획할 수도 있다.

② 산림경관자원 조사

산림경관자원은 자연경관자원의 한 부분으로 볼 수 있으나 산림이 많은 우리나라의 경관특성상 별도의 경관자원 유형으로 구분하는 경우가 많다. 이러한 구분은 조사자가 지자체의 의견을 반영하고 지역 경관의 특성을 고려하여 별도의 유형으로 구분하거나 자연경관자원으로 통합할 수 있다.

산림경관자원 조사기준으로는 경관자원으로서의 경관적 우수성, 인지도, 조망빈도 등과 같은 시각적 특징과 함께 임상, 산세, 희귀성, 역사문화성, 보전성 등과 같은 다양한 특징을 종합적으로 보는 것이 바람직하다. 산림 및 산지경관 조사 기준은 산림경관 특성 체크리스트 평가(국립산림과학원, 2012), 산지경관 자원조사 현장조사표(산림청, 2015), 산지경관 특성분석(산림청, 2016) 등 기존 연구결과를 참고하면 효과적인 조사가 이루어질 수 있다.

지자체 경관계획의 자원조사 시 산림경관자원으로 산 명칭만을 제시하는 경우도 많으나, 이러한 방식으로는 경관계획에서 구체적인 계획 반영이 어렵기 때문에 상세한 조사가 필요하다. 예를 들면, 토지이용과 고도 등을 기준으로 산림 경관자원의 경계를 설정하고, 영역 내부에서 경관적으로 가치가 있는 구성요소들을 표시하는 것이 필요하다. 또한 해당 구성요소를 가장 잘 조망할 수 있는 조망지점을 조사하여 통합 관리하는 것도 좋은 조사 방법이 될 수 있다. 이런 체계적인 방식으로 산림경관자원이 조사되어야 실효성 높은 계획 내용을 작성할 수 있다. 산림경관자원은 보존대상인 경우가 많으므로 조망관리, 녹지보존 등의 방안을 제시하는 경우가 많다. 주변의 녹지와 잘 연계하거나, 인접 건축물로 인한 훼손을 막거나 시각적 차폐가 되지 않도록 하는 방안도 고려할 필요가 있다.

③ 농산어촌경관자원 조사

농산어촌경관자원은 농어업을 생산기반으로 하는 지역을 대상으로 하며 이러한 지역 내의 일단의 주거지로 이루어진 마을과 배경이 되는 자연환경 그리고 지역의 역사, 관습, 가치관 등을 포괄하는 경관자원이라고 할 수 있다(건축도시공간연구소, 2012). 이처럼 농산어촌경관은 매우 다양한 특성이 혼재된 경관특성을 보이므로 경관자원 조사에도 이러한 특징을 균형 있게 조사하는 것이 중요하다. 주요 경작지, 농업시설, 염전, 갯벌, 포구, 취락지, 마을공동시설 등이 농산어촌경관자원에 해당된다.

농산어촌경관자원과 관련한 자료 중에서 참고할 수 있는 종합적 자료로는 농촌다움자원정보(농촌어메니티자원정보)이다. 2005년 농촌어메니티자원정보라는 명칭으로 시작된 이 사업은 농촌다움을 유지하고 농촌활성화를 위해 활용될 수 있는 자원의 위치, 형태, 속성, 특징 등을 종합하여 체계적인 자원관리와 정보제공을 목적으로 데이터베이스를 구축하였다. 주요 경관자원이 농촌다움자원에 포함되어 있으므로 농산어촌경관자원 조사에 활용할 수 있다. 농촌진흥청에서 운영하는 농사로 홈페이지에 농촌다움자원검색 시스템을 활용하면 구체적인 자원을 검색할 수 있다(http://www.nongsaro.go.kr). 이 외에 농촌경관개선 정책의 일환으로 추진하는 농촌경관지표, 농산어촌 경관맵 작성 등 농촌경관계획 관련 기준을 참고할 수 있다.

그림 II-19 국가농업유산으로 지정된 하동 전통 차농업 (촬영: 주신하)

한편, 2012년부터 시행하고 있는 국가농업유산제도는 농촌지역의 유산자원을 국가유산으로 지정하여 농촌자원의 보전, 생물다양성의 증진 및 전통유산의 품격 향상과 더불어 이를 지역관광자원 등으로 활용하는 제도이다. 2022년까지 청산도 구들장논, 제주밭담, 구례 산수유농업, 담양 대나무 밭농업, 금산 인삼농업, 하동 전통 차농업 등 모두 18개 지역이 국가중요농업유산으로 지정받았다. 현재까지 지정받은 대상이나 지정을 추진 중인 대상은 농어촌경관자원으로 조사하는 것이 바람직하며, 지정기준 역시 농산어촌경관자원을 조사할 때 참고할 수 있다.

④ 시가지경관자원 조사

시가지경관자원은 주요 건물 및 시설물, 상징가로, 광장, 기념물, 주요 주거, 상업업무, 공업경관 등 인공적인 요소가 우세한 경관자원을 말한다. 도시에 거주하는 사람들이 점점 많아지고 있기 때문에 아주 일상적이고 흔히 접하게 되는 경관자원 유형이지만 구성요소가 워낙 복잡하고 다양해서 구체적인 경관자원 선정기준이나 자료구축이 진행되고 있지 못한 실정이다. 현재까지 가장 일반적으로 시가지경관자원을 다루는 방식은 도시를 대표하는 랜드마크를 발굴하여 조사하거나 조망이 좋은 전망장소를 발굴하여 안내시설을 설치하고 주변

공간을 관리하는 방식이라고 볼 수 있다.

그 지역을 대표하는 경관자원의 경우는 경관자원의 특성을 다각적으로 조사하고 주민들에게 알리는 작업도 진행하여 사회적 공감을 형성하는 것도 중요하다. 시가지경관자원의 경우 주변 지역의 건축물의 규모와 외관을 관리해야 하므로 시민들의 공감대가 형성되지 않는 경우에는 경관관리가 이루어지지 못하는 경우가 많다.

한편, 문제가 되는 시가지경관도 경관자원조사 시 조사를 하는 것이 필요하

그림 II-20 서울의 우수경관 조망명소(서울특별시 조경과, 2007)

다. 시가지경관 계획에는 문제 경관을 개선하는 내용이 포함되기 때문에 현황조사 차원에서도 문제점을 파악하는 것이 바람직하다. 자원이라는 용어를 사용하기 때문에 긍정적인 대상만 조사하는 경향이 있으나, 부정적인 문제경관을 경관자원조사와 병행하는 것이 필요하다.

또한 해당 지역에 대한 전반적인 도시경관 특성과 현황을 진단하는 것도 향후 계획 작성에 도움이 된다. 개별 경관자원에 대한 조사는 해당 자원의 경관관리에 효과적인 반면에, 전반적인 지역경관에 대한 관리방안은 거시적인 진단을 통해 진행할 수 있기 때문이다. 용도지역별, 가로별, 구역별 경관 문제점을 진단하고 시사점을 도출하는 것도 향후 경관계획 수립에 도움이 된다.

최근에는 광역 지자체를 중심으로 경관기록화사업을 추진하고 있는데, 시간의 흐름에 따른 경관의 변화를 기록하고 보존하기 위한 노력이라고 볼 수 있다. 경관기록화 사업의 대상 중 상당 부분이 시가지경관자원이기 때문에 경관계획을 수립할 때 참고할 만한 자료이다.

⑤ 역사문화경관자원 조사

역사문화경관자원은 역사적이나 문화적으로 의미와 가치가 있는 대상에 해당하는데 문화재 지정 체계상 지정문화재와 비지정문화재(향토 유적·유물 등)가 모두 해당될 수 있다. 또한 향토유적이나 유물 등으로 관리되지 않는 대상이라 할지라도 해당 지역 내에서 역사문화적인 의미가 있다고 판단되면 모두 역사문화경관자원으로 구분하여 관리할 수 있다. 규모가 크지 않아서 시각적 영향이 적은 대상이라고 하더라도 해당 지역의 특징을 잘 나타내거나 지역 주민들에게 큰 의미가 있다고 판단되면 역사문화경관자원으로 선정할 수 있다.

문화재로 등록된 경우에는 관련법규에 의해 보존이나 관리가 엄격히 되고 있는 편이나, 주변경관까지 고려하여 관리하는 것은 아니기 때문에 역사문화경관자원 조사에서는 반드시 주변 경관까지 포함하여 경관자원을 선정할 필요가 있다. 또한 지명, 축제, 이벤트 등과 같이 무형적인 요소가 역사문화경관자원과 관련이 있는 경우도 많으므로 역사문화경관자원 조사에는 다양한 형태의 자료에

그림 II-21 경관기록화 사업 예시: 인천광역시 도시경관 변천 기록 아카이브
(https://imap.incheon.go.kr/archive/archive.do)

대해서 종합적인 검토가 필요하다.

⑥ 도시기반시설경관자원 조사

도시기반시설경관자원은 도로, 철도, 교량 등과 같이 대규모 사회기반시설이 해당된다. 주로 도시를 유지하기 위한 대규모 시설로 미적인 측면보다는 기능적인 측면에 대한 고려가 우선되는 시설이라고 할 수 있다. 그러나 대규모 시설인 만큼 조망되는 영역이 매우 큰 경우가 많아 경관적으로는 주변에 미치는 영향이 큰 시설이라고 볼 수 있다. 이러한 경관적 특성 때문에 사회기반시설은 경관심의 의무화 대상이다.

기능적인 측면을 충족하면서도 미적으로 아름다운 구조물을 만들기 위한 노력이 상당히 늘고 있다. 따라서 기반시설경관자원을 조사할 때에는 이러한 미적으로 우수한 자원을 발굴하고 홍보하여 향후 도시경관을 긍정적으로 개선하는데 기여하는 것이 바람직하다. 반면에 규모가 크기 때문에 경관적으로 문제가 있을 때에는 부정적인 영향도 커질 우려도 있다. 따라서 기반시설경관자원을 조사할 때에는 아름다운 대상을 발굴하는 것뿐만 아니라 경관적으로 문제가 있는 시설에 대해서도 면밀히 조사가 진행될 필요가 있다.

⑦ 기타 경관자원 유형에 대한 조사

이상에서 살펴본 바와 같이 일반적으로 경관자원 현황조사는 경관계획수립지침을 참고하여 진행하게 된다. 경관계획수립지침에서 제시한 경관유형 구분을 근거로 자연경관자원, 산림경관자원, 농산어촌경관자원, 시가지경관자원, 도시기반시설경관자원, 역사문화경관자원 등의 경관자원 유형의 틀을 준수하되 각 지자체 특성에 맞게 경관자원의 유형을 첨삭하는 것이 기본원칙이라는 것은 앞서 설명한 바 있다.

그러나 이러한 유형구분을 지나치게 엄격하게 적용하게 되면 해당 지역에서 성작 필요한 경관현황에 대한 조사가 누락되는 경우도 있다. 예를 들어, 최근 야간활동 증가에 따라 관심이 높아지고 있는 야간경관에 대한 계획이 중요한 지자체의 경우에는 야간경관에 대한 현황조사도 별도의 유형으로 구분하여 진행할 수 있으며, 색채나 가로시설물이 경관적 문제가 심각하다면 역시 유형으로 구분하여 현황을 파악하는 것이 바람직하다. 따라서 경관계획수립지침 상에서 제시한 경관자원 유형의 틀에 너무 얽매이지 말고 경관특성을 충분히 고려하여 계획에 참고할 대상을 중심으로 경관현황을 조사하는 것이 매우 중요하다고 할 수 있다.

⑧ 경관유형별 현황 진단

경관자원을 중심으로 조사를 진행하게 되면 전체적인 경관의 특성과 현황에 대한 진단을 하지 못할 수 있다. 개별 자원의 특성을 기록하는 것도 경관계획에 도움이 되겠지만, 거시적 차원에서 경관현황에 대한 파악을 하는 것은 경관현황조사의 기본적인 목표라고 할 수 있다. 따라서 일반적으로는 유형별로 경관자원의 특성과 현황을 도면, 조사양식, 사진 등으로 정리한 후에는 현황에 대한 종합적인 진단과 계획 시사점 등을 제시하는 것이 바람직하다.

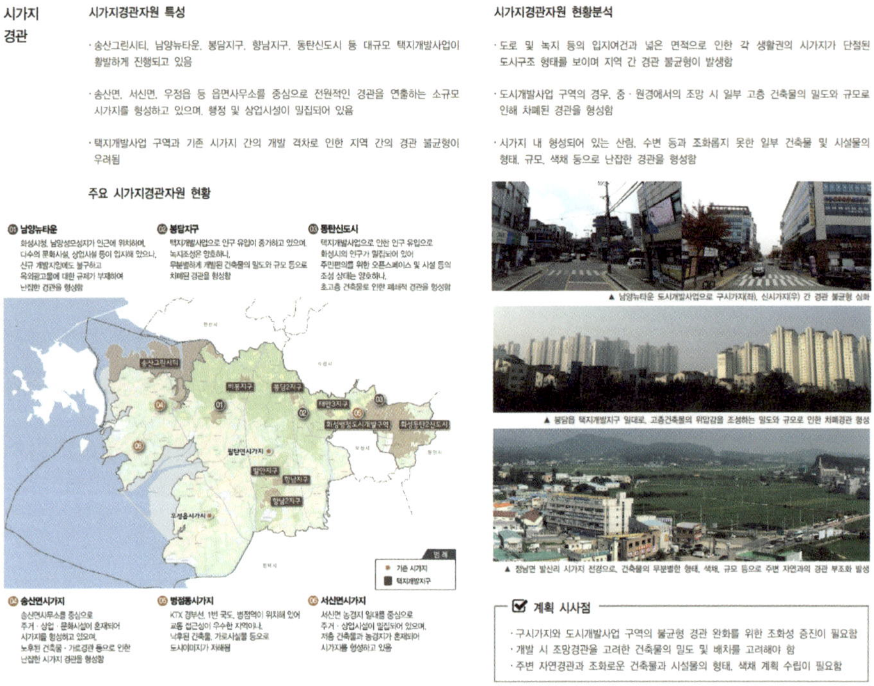

그림 II-22 유형별 경관 현황 진단 사례 (화성시, 2017)

4) 우수경관자원의 선정 및 활용

지자체 전역에 있는 경관자원을 모두 조사하게 되면 숫자가 상당히 많아질 수 있다. 경관자원 유형별로 중요한 자원들을 모두 모으면 쉽게 수백 개가 넘게 된다. 지자체 경관행정이 많은 수의 경관자원을 모두 잘 관리할 수 있다면 좋겠지만, 현실은 많은 양을 실질적으로 관리하지 못하는 경우가 많다.

따라서 경관자원을 중요도에 따라 우수경관자원과 일반경관자원으로 구분하는 것도 효과적인 방법이 될 수 있다. 일반경관자원에 대해서 기본적인 사항은 조사를 진행하고, 경관자원의 가치나 중요도, 관리의 필요성 등을 고려해서 우수한 경관자원을 선정한 후에 집중적으로 관리하고 활용하는 방식이 장기적으로 볼 때 경관계획과 경관행정의 실효성과 효율성을 높이는 방안이 된다.

우수경관자원 선정의 기준은 각 지역의 경관특성에 따라 다를 수 있으나, 경관적으로 우수한 자원, 우선적으로 경관적 관리가 필요한 대상, 많은 사람들에게 노출되어 경관적 영향력이 큰 자원 등을 선정하는 것이 바람직하다.

시각적인 측면 외에 다른 측면의 가치가 있는 경관자원도 우수경관자원으로 선정할 수 있다. 예를 들면, 시각적으로 영향력은 떨어지더라도 생태적으로 가치가 높거나 역사문화적으로 의미가 큰 대상은 우수경관자원으로 포함할 수 있다. 우수경관자원 선정에는 외부 경관전문가의 의견과 함께 지역 주민, 지자체 경관담당자 등의 의견을 종합하는 것이 바람직하다.

우수경관자원으로 선정된 대상에 대해서는 집중적으로 관리하는 것이 필요하다. 지역을 대표할 수 있는 조망장소, 역사문화적으로 다양한 이야기를 담고 있는 대상, 다른 지역에서 보기 어렵거나 시각적으로 아름다운 대상 등의 우수경관자원은 외부 방문객이 찾는 명소가 될 수 있고, 지역 주민들에게도 의미 있는 곳이 될 수 있으므로 지속적인 관리가 필요하다.

우수경관자원에 경관사업을 우선적으로 신행하고 사업비를 집행할 수도 있고, 우수경관자원 주변을 경관심의 대상에 포함하여 집중 관리할 수도 있다. 이럴 경우 우수경관자원 관리를 위한 구역을 설정하는 것도 경관행정 측면에서 효과적인 방법이 될 수 있다. 이와 같이 우수경관자원은 반드시 구체적인 관리 방안을 제시하고 반드시 실행에 옮기는 것이 지자체 경관계획의 실효성을 높이는 방법이 될 수 있다.

5) 조망점 관리

경관자원에 대한 조사가 자원의 위치와 사진, 개략적인 특성 정도만 다루게 되면 구체적인 경관 관리에는 어려움이 있을 수 있다. 예를 들어, 우수경관자원으로 '○○산'이라고만 표현되어 있다면 경관해설 안내판을 어디에 설치해야 할지, 주변 건축물의 높이는 어느 지점을 기준으로 관리해야 할지 등 자원을 보전, 형성하기 위한 구체적으로 실행하기 어렵게 된다. 따라서 적어도 우수경관자원에 대해서는 이를 관리하거나 대상 경관을 잘 조망하기 위한 기준점, 즉 조망점을 구체적으로 지정하여 관리에 활용하여야 하는 것이 좋다. 조망점은 조망대상이 되는 경관자원과 연계시켜 관리하는 것이 바람직하다.

조망점은 경관계획에 있어서 조망축 설정이나 스카이라인 구상에서 기준점이 되거나, 건축물 높이규제, 시각회랑 확보 등과 같은 구체적인 경관관리의 기준이 되는 지점이므로 신중하게 설정하여야 한다. 일반적으로 조망점은 해당 지역의 경관을 가장 잘 경험할 수 있는 장소를 선정하여야 하므로 사람들이 이용밀도가 높은 지점, 지역 경관 경험에 미치는 영향이 큰 장소, 우수한 경관자원을 잘 조망할 수 있는 지점 등을 선정하는 것이 바람직하다.

조망점의 선정은 향후 조망점을 어떻게 활용할 것인가를 염두에 두고 선정하여야 한다. 조망점은 활용방식에 따라 규제형, 형성형 등으로 구분할 수도 있다. 규제형은 해당 조망점에서의 경관을 보전 또는 관리하기 위해서 각종 행위규제의 기준으로 활용하는 조망점을 말한다. 예를 들어, 특정한 지점에서 산이 조망될 수 있도록 건축물의 높이를 규제할 수 경우 이 조망점은 규제형 조망점이라고 구분할 수 있다. 반면에 특정 조망점에서 보는 경관이 매우 아름다워 안내시설을 설치하고 휴게공간을 조성할 수도 있는데, 이러한 조망점은 형성형 또는 관리형 조망점이라고 구분할 수 있다.

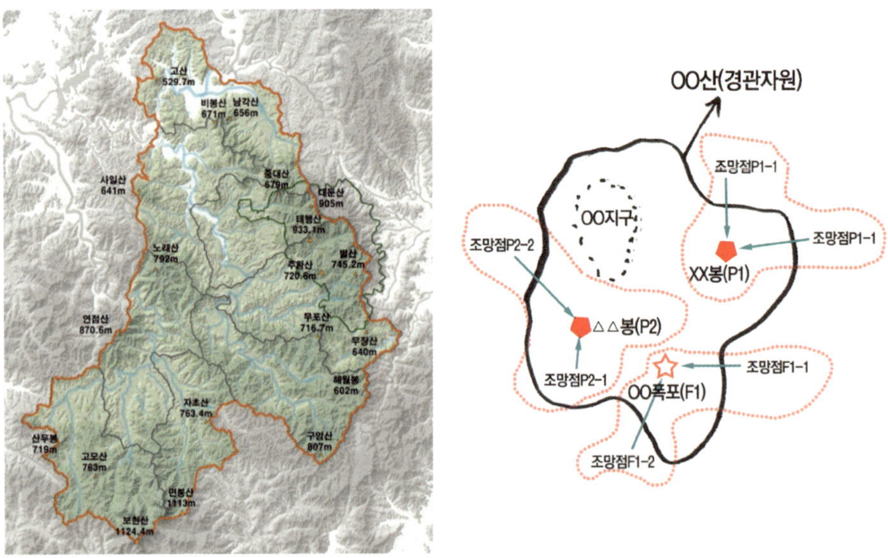

그림 II-23 경관자원 조사 방식의 변화

: 단순히 경관자원 위치를 조사하는 방식에서 구체적으로 조망대상과 조망점을 연계하여 조사하는 방식으로 전환

실제 경관계획을 진행할 때에 이상에서 제시한 기준과 고려사항을 종합적으로 판단하여 설정하게 된다. 즉, 조망점의 설정은 이용자 중심의 조망점과 경관자원 중심의 조망점을 고르게 선정하되, 각 조망점에서 보이는 주요 조망대상을 고려하여 원경, 중경, 근경 등을 고려하도록 한다. 또한 주변지역에서 보는 대상지의 경관을 고려하여 내부뿐만 아니라 외부 조망점도 선정하며, 마지막으로 구체적인 조망점의 활용방안을 검토하여 종합적인 조망점 선정이 되도록 한다.

6) 경관자원 조사결과의 활용 사례

경관현황조사는 조사 자체로 의미가 있는 것이 아니라 경관기본구상이나 경관기본계획, 최종적으로는 경관가이드라인 등의 단계에서 잘 활용되기 위한 것이

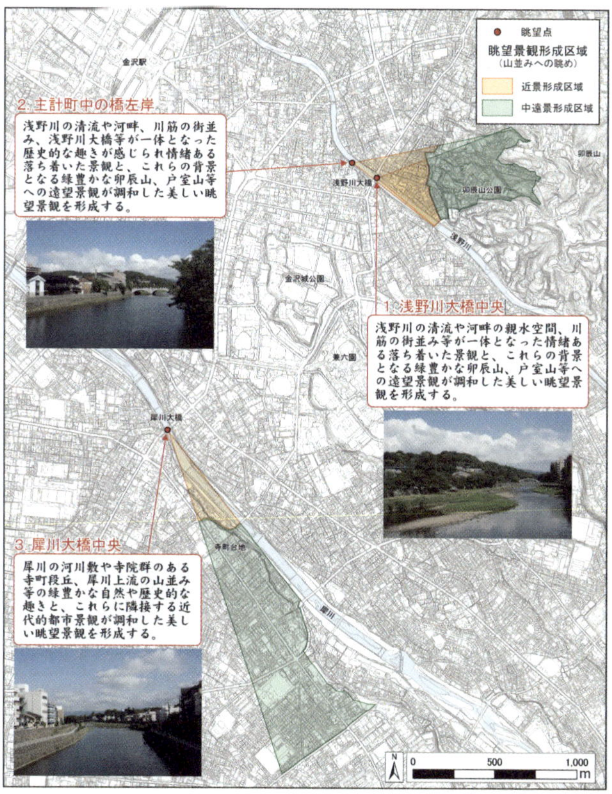

그림 II-24 조망경관형성구역 및 조망점 별 형성지침 사례 (가나자와시, 2019)

라는 것을 염두에 두고 조사를 진행하여야 한다. 많은 양의 경관현황조사를 진행하였으나 정작 구상단계나 구체적인 계획단계에서 활용이 되지 않는다면, 그 경관계획은 효율적으로 진행되었다고 보기 어렵다. 따라서 경관자원을 조사할 때에도 향후 계획에서 쉽게 반영될 수 있도록 경관자원의 중요도와 의미 등을 충분히 기록하고 분석하여야 한다.

경관자원조사 결과는 1차적으로 경관계획 외에도 다양한 분야에서 활용이 가능하다. 예를 들면, 우수경관자원 주변으로 접근도로를 우선 정비하거나, 우수경관자원을 활용한 관광계획을 수립하거나 경관자원 해설판을 현장에 설치하는 방식으로 경관담당 부서 외에도 다양한 활용이 가능하다. 또한 정부지원사업에 공모하는 경우에도 경관자원 조사결과를 토대로 작성한 제안서는 높게 평가될 수 있다.

현재의 경관계획 체계에서는 지자체 경관계획 수립 시 경관자원을 조사하도록 하고 있으나, 경관자원조사가 확대되어 지자체별로 경관자원 조사 자료가 축적된다면 전국적인 경관자원DB를 구축하여 활용하는 방안도 가능할 것이다. 장기적으로는 전국적인 차원에서 경관자원에 대한 체계적인 조사 및 관리가 지속적으로 이루어져 도시, 건축, 역사문화, 관광 등 다양한 분야에서 활용하도록

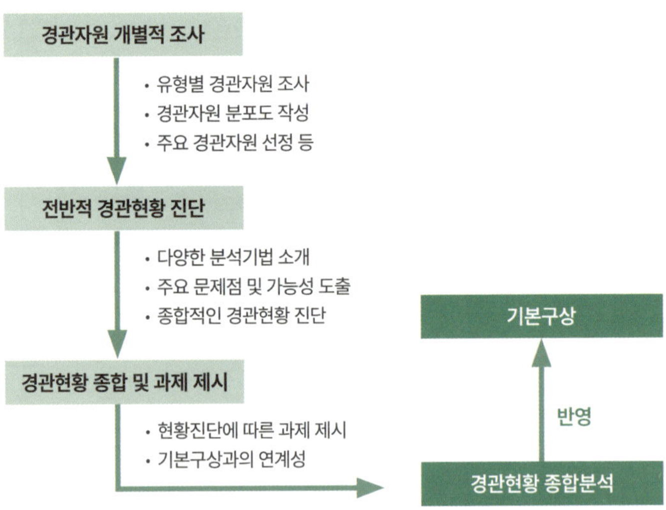

그림 II-25 경관자원 조사결과의 기본적인 활용

하는 것이 바람직할 것으로 판단한다.

우수한 해안경관을 잘 활용하여 경관도로를 조성한 미국 캘리포니아의 17-mile drive의 사례나 미국 전역의 아름다운 경관도로를 하나의 체계로 구축한 America's Scenic Byways 등은 우수한 경관자원을 활용하여 관광자원으로 활용한 사례들이다.

2.4 경관의식조사

경관은 직접 눈으로 확인할 수 있는 대상이기도 하지만, 오랜 기간 동안 이용자들의 직·간접적인 경험이 쌓여서 만들어진 이미지이기도 하다. 예를 들어, 전

그림 II-26 '17-mile drive'의 조망장소에 설치된 안내 및 편의시설 사례(촬영: 주신하)

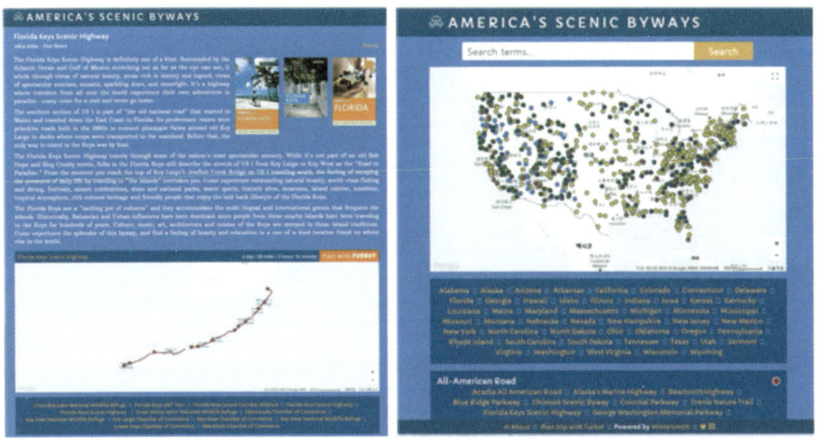

그림 II-27 전국적으로 경관도로를 지정하여 관리하고 있는 America's Scenic Byways

주나 경주는 전통적인 건물과 문화를 경험할 수 있는 곳, 기와지붕과 역사문화재를 볼 수 있는 곳 등으로 인식되는 식이다. 이러한 이용자들의 경관에 대한 인식은 단순히 현장을 방문하는 것으로 조사되기 어렵다. 따라서 이용자들에게 직접 해당 지역의 경관에 대한 질문을 하는 설문이나 인터뷰 같은 경관의식조사를 진행하게 된다.

경관의식조사를 위한 설문항목은 계획대상지역에 대한 대표적인 지형·지물, 대표경관, 경관 현황 및 문제점, 경관개선 방향, 미래 도시이미지상 등을 포함하여 구성한다. 또한 경관계획이 정례화 되면서 경관계획을 재정비하는 지자체도 늘어나고 있는데, 이때에는 과거 설문조사와 비교를 통해 경관인식의 변화를 파악하는 것도 필요하다. 설문문항을 구성할 때에는 색채에 대한 선호, 수목에 대한 선호 등 피설문자의 개인적인 취향에 대한 조사항목보다는 전반적인 경관인식에 대한 사항을 중심으로 작성하는 것이 바람직하다.

[경관계획수립지침] 5-2-3. 경관의식조사

(1) 관할구역의 경관특성에 대한 주민과 방문자 등의 경관의식을 파악하기 위해 설문조사, 인터뷰조사 등을 시행한다.

(2) 대상자의 속성(연령, 성별, 거주자와 방문자의 구분 등)을 고려하고 지역적으로 편중되지 않도록 대상자를 선정한다.

(3) 경관요소 및 지역특성을 고려하여 시행하고, 관할구역의 경관기본계획, 중점경관관리구역계획, 경관가이드라인 등에 활용할 수 있는 내용으로 한다.

(4) 경관의식조사는 색채에 대한 선호, 수목에 대한 선호 등 개인적 취향에 대한 항목은 포함하지 않는 것을 원칙으로 한다.

가급적 설문조사나 인터뷰 조사 대상은 연령, 성별, 거주자와 방문자 구분 등과 같은 조사자의 특성과 조사 시기를 고려하고, 지역적으로 편중되지 않도록 대상자를 선정하도록 한다. 설문조사 결과는 경관기본구상, 경관기본계획 등의 단계에서 활용되도록 하여야 한다. 특히 경관기본구상 단계에서는 지역 고유의 미래상을 도출하는 데에 직접적인 참고가 될 수 있다.

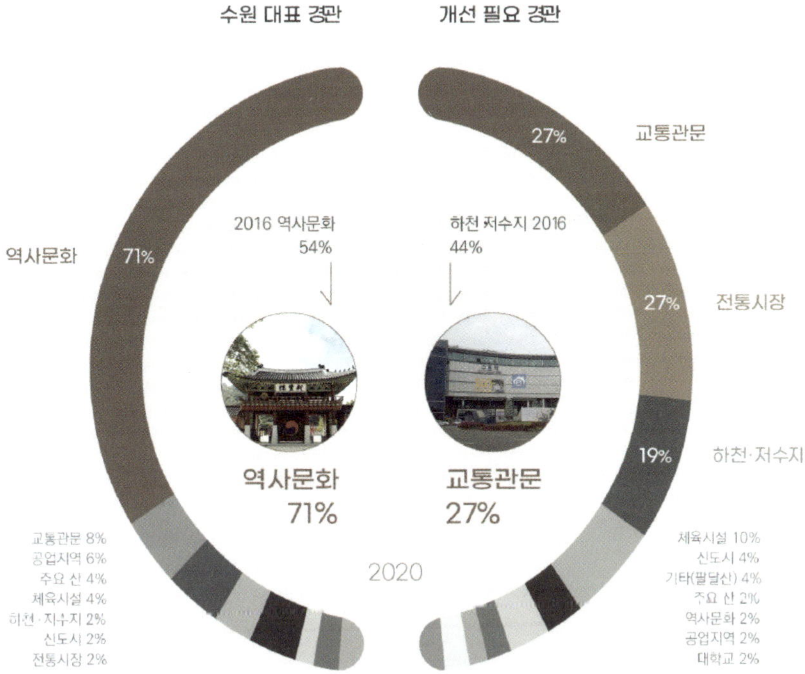

그림 II-28 대표경관과 개선 필요 경관 조사 (수원시, 2021)

필요하다면 경관의식조사를 2회 이상 진행할 수도 있다. 첫 번째 조사에서는 해당지역에 대한 개괄적인 경관인식을 조사하고, 일정 정도 계획이 진행된 이후에 계획 내용에 대한 주민들의 반응을 조사하는 목적으로 추가조사를 진행할 수 있다. 예를 들어, 경관사업의 우선순위 같은 내용은 계획내용이 도출된 이후에 설문이 가능하다. 다만, 설문조사에 많은 시간과 노력이 소요되므로 계획 진행의 일정을 고려하여 설문횟수와 내용을 결정하여야 한다.

2.5 관련 법규, 계획 및 사례 조사

1) 관련 법규 및 계획과의 관계

지자체 경관계획에서 일반적으로 검토가 필요한 법규로는 경관법 외에도 국토의 계획 및 이용에 관한 법률, 건축법, 자연환경보전법, 하천법, 문화재보호

공원 · 하천

[선호 장소] [선호 사유]

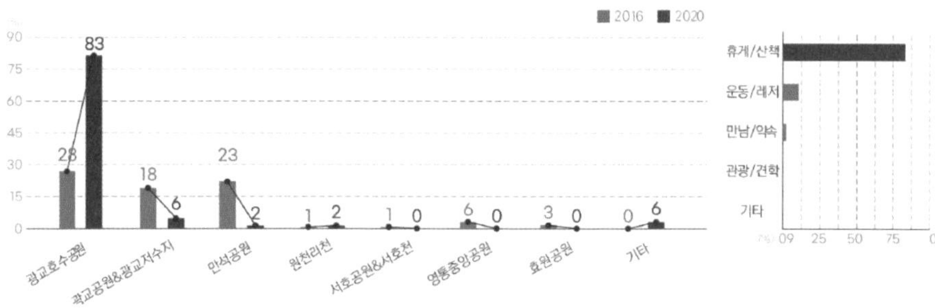

시가지

[선호 장소] [선호 사유]

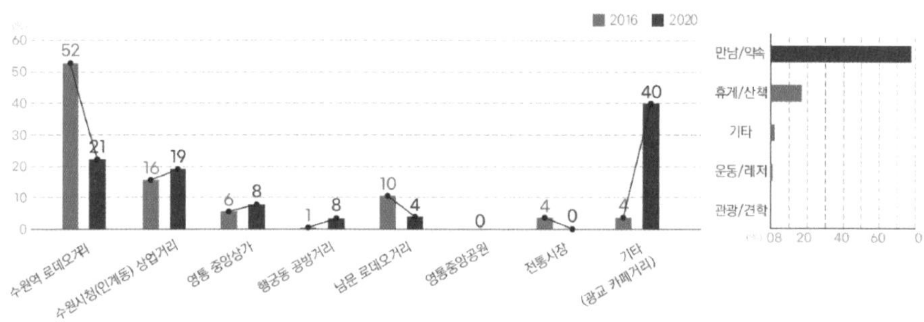

그림 II-29 지난 경관의식조사 결과와 비교 (수원시, 2021)

법, 도시재생 활성화 및 자원에 관한 특별법, 도로법, 옥외광고물 등의 관리와 옥외광고산업진흥에 관한 법률 등 매우 다양하다. 또한 이상의 법률에서 위임한 내용을 담고 있는 해당 지자체의 조례 등도 검토하여야 한다. 경관계획을 진행할 때에는 해당 법규의 내용 중에서 계획에 반영하여야 할 사항을 선별하여 향후 계획 수립에 참고할 수 있도록 정리하는 것이 효율적이다.

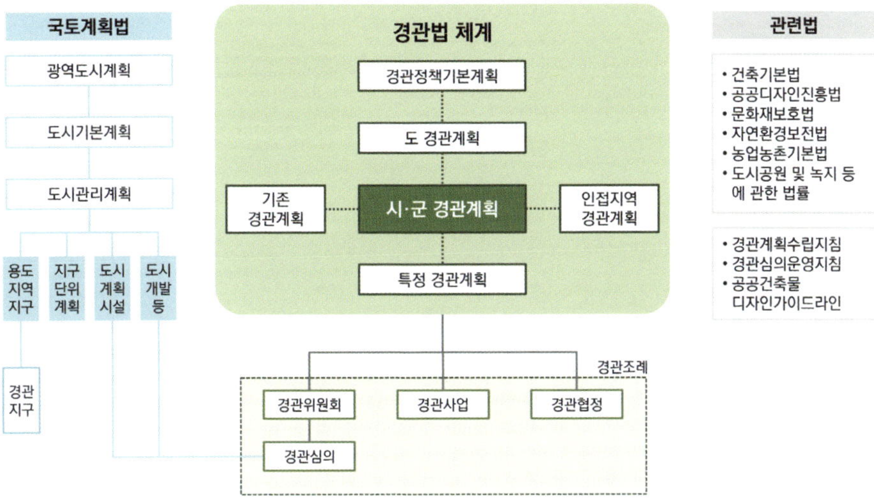

그림 II-30 경관법과 관련 계획과의 관계

[경관계획수립지침] 5-2-4. 관련법규 및 유사사례 검토

(1) 관할구역에 이미 수립되어 있는 도시계획, 농산어촌계획, 산림기본계획, 역사문화 계획 등 관련 계획을 조사한다.
(2) 해당 계획내용과 관련 있는 경관계획, 제도와 법규정, 계획기법 등을 조사하여 시사점을 도출한다.
(3) 관할구역에 이미 수립되어 있는 건축물, 시설물, 광고물, 색채, 야간경관 등 주요 경관요소에 관한 계획, 조례, 기준 등의 경관 관련 내용을 검토한다.

경관계획은 도시기본계획, 도시관리계획, 지구단위계획 등과 같은 도시계획 사항과의 연계가 매우 중요하므로 대상지에 이미 수립되었거나 수립 중인 계획들에 대한 조사가 충분히 이루어져야 한다. 최근에는 지자체 공공디자인 진흥계획이 법정계획이 되면서 경관계획과 역할 배분이 매우 중요한 이슈로 대두되고 있다. 이외에도 농산어촌 관련계획, 역사문화 관련계획, 자연경관 및 산림 관련계획 등 매우 다양한 계획과 접점을 가지고 있으므로 관련계획을 충분히 검토하여야 한다. 개별법에 대한 내용 파악도 중요하겠으나, 어떤 법이 관련성이

• 남양주시 경관계획은 경관법, 국토의 계획 및 이용에 관한 법률, 건축법, 옥외광고물 등의 관리와 옥외광고산업 진흥에 관한 법률 등의 관련법, 경기도 및 남양주시 조례와 연계되도록 함

관련법	내용	반영사항
경관법	• 경관계획에는 목표, 경관자원의 조사, 경관구조의 설정, 중점적으로 경관을 보전·관리 및 형성하여야 할 구역, 경관사업의 추진, 경관협정의 관리 및 운영, 경관관리의 행정체계, 경관계획의 실행 등에 관한 사항을 담도록 하고 있음 • 경관사업의 대상으로 가로환경의 정비, 지역의 녹화, 야간경관의 형성, 지역 특화 경관, 자연경관 및 생활환경을 개선 등을 규정하고 있음	• 경관계획 내용에 경관자원 조사, 경관구조 설정, 중점경관관리구역, 실행계획을 반영 • 경관사업 대상 설정 시 경관법과 경관계획을 고려하여 설정함
국토의 계획 및 이용에 관한 법률	• 용도지구로서 경관지구를 지정할 수 있으며, 자연경관지구, 시가지경관지구, 특화경관지구를 둘 수 있음 • 지구단위계획의 내용에 건축물의 배치·형태·색채 또는 건축선에 관한 계획, 환경관리계획 또는 경관계획 등을 포함하도록 함	• 경관지구 지정여부와 지구유형을 검토함 • 지구단위계획 경관계획에 반영하도록 함
건축법	• 건축선 및 인접 대지경계선으로부터 6미터 이내의 범위에서 조례로 정하는 거리 이상 이격하도록 규정함	• 건축 외부공간에 문화공간 조성과 연계함
자연환경 보전법	• 자연환경은 지속가능, 조화·균형 등 기본원칙에 따라 보전하고 자연생태와 자연경관은 인간 활동과 자연의 기능 및 생태적 순환이 촉진되도록 보전·관리하도록 하고 있음 • 자연생태·자연경관을 특별히 보전할 필요가 있는 지역에 지정함 • 주요 경관요소가 훼손되거나 시계(視界)가 차단되지 않도록 하고 각종 사업을 시행 시 자연경관을 보전할 수 있도록 함	• 자연경관 기본원칙에 따라 자연경관의 보전, 관리 방안을 수립함 • 자연경관이 훼손되지 않도록 주변 지역 또는 인접 건축물에 대한 관리방안을 수립함
하천법	• 하천점용 시 하천의 구조·시설 기준, 하천기본계획에 적합해야 함 • 하천공사 시행 시 자연친화적인 공법을 사용하도록 함	• 하천에 시설설치 여부와 자연친화적 공법을 사용함
문화재 보호법	• 역사문화환경 보존지역은 지정문화재의 역사적·예술적·학문적·경관적 가치와 주변 환경 및 문화재 보호에 필요한 사항 등을 고려하여 외곽 경계로부터 500미터 안으로 하고 있음	• 역사문화환경 보존지역의 범위와 중점경관관리구역 설정 시 반영함
도시재생 활성화 및 지원에 관한 특별법	• 도시재생이 시급하거나 도시재생사업의 파급효과가 큰 지역을 직접 또는 전략계획수립권자의 요청에 따라 도시재생 선도지역으로 지정할 수 있도록 하고 있음	• 도시재생 사업지역의 건축 및 가로정비 등에 경관계획을 반영함
도로법	• 도로구역 내에 도로의 효용을 훼손하지 않는 범위에서 공원시설, 생활체육시설, 도로의 부속물 등 설치·운영하도록 함	• 도로구역 내에 녹지조성 및 휴식공간을 계획함

관련법	내용	반영사항
옥외광고물등의 관리와 옥외광고산업진흥에관한법률	• 건강하고 쾌적한 생활환경을 조성하기 위하여 광고물의 제한함 • 옥외광고심의위원회에서 광고물등과 도시경관과 조화, 광고물등의 디자인 개선에 관한 사항을 심의하도록 함	• 광고물 수량을 최소화함 • 광고물과 건축물의 조화를 고려한 가이드라인을 설정함
경기도 문화재 보호 조례	• 국가지정문화재 및 세계유산은 녹지지역·관리지역·농림지역·자연환경보전지역은 문화재의 외곽경계로부터 500미터 이내의 지역, 주거지역·상업지역·공업지역은 문화재의 외곽경계로부터 200미터 이내의 지역에 역사문화환경 보존지역을 설정함 • 도지정문화재 및 문화재자료은 녹지지역·관리지역·농림지역·자연환경보전지역은 문화재의 외곽경계로부터 300미터 이내의 지역, 주거지역·상업지역·공업지역은 문화재의 외곽경계로부터 200미터 이내의 지역에 역사문화환경 보존지역을 설정함	• 세계유산과 도지정문화재의 역사문화환경 보존지역의 경관적 관리가 필요한 대상과 요소를 규정함 • 건축물 가이드라인의 기준으로 활용함
남양주시 경관 조례	• 사회기반시설 사업의 경관심의 대상으로 총 사업비 100억원 이상인 도로사업과 총 사업비 50억원 이상인 하천시설 사업을 설정함 • 건축물의 경관심의 대상으로 연면적 2,000㎡ 이상의 공공건축물을 설정함	• 사회기반시설 사업의 경관심의대상 확대를 검토함 • 건축물의 경관심의 대상 확대를 검토함
남양주시 건축 조례	• 대지면적에 따라 대지의 조경기준을 설정함. 연면적 2,000㎡ 이상은 15퍼센트 이상, 연면적 1,000㎡ 이상 2,000㎡ 미만은 10퍼센트 이상, 연면적 1,000㎡ 미만은 5퍼센트 이상을 설정함 • 연면적 5,000㎡ 이상인 의료시설, 운동시설, 위락시설 및 관광휴게시설은 공개 공지 등을 확보하도록 함	• 녹지율 향상을 위하여 대지의 조경기준을 늘리는 방안을 검토함 • 공개공지를 활용하여 문화도시 요소를 반영함
남양주시 도시계획 조례	• 기반시설의 정비 및 시가지 환경정비가 필요한 지역, 독특한 자연 생태적 특성에 따른 친환경적인 개발유도가 필요한 지역, 준공업지역 안에 주거·공장 등이 혼재한 지역으로서 계획적인 환경정비가 필요한 지역을 지구단위계획구역으로 지정할 수 있도록 함 • 지구단위계획의 수립·운용에 관한 사항을 규칙이나 지침으로 정함	• 지구단위계획구역을 검토하고 지구단위계획에 남양주시 경관계획 반영방안을 검토함
남양주시 옥외광고물 등의 관리와 옥외광고산업 진흥에 관한 조례	• 광고물등 정비시범구역에서 지정목적, 명칭·위치 및 규모, 사업기간, 사업비 및 예산지원, 광고물등의 디자인 등이 포함된 사업 계획을 수립하도록 함 • 심의위원회의 심의사항으로 옥상간판의 표시 허가, 지주 이용 간판, 네온류 및 전광류를 사용하는 광고물 등을 규정함	• 경관사업대상 중 광고물 등 정비시범구역으로 지정가능성을 검토함 • 광고물 심의대상과의 상충여부를 검토함

그림 II-31 관련 법규 검토 사례 (남양주시, 2022)

높을지, 어떤 계획을 분석해야 하는지 등을 파악하기 위해서는 경관계획과 관련이 있는 법제도 체계에 대한 이해가 선행되어야 할 것이다.

한편, 경관계획은 다른 분야 계획과도 관련이 많으므로 해당 지자체 상위계획이나, 관련 분야의 계획 내용 중에서 경관관련 사항을 면밀히 검토하여 반영하여야 한다. 국토종합계획, 수도권 정비계획, 상위 지자체 경관계획 등 상위 계획에 대한 검토를 먼저 진행하여야 한다. 또한 해당 지자체에 대한 도시주거환경정비기본계획, 건축기본계획, 공원녹지기본계획, 도시재생전략계획, 공공디자인진흥계획, 공간환경전략계획 등의 계획에서 경관 관련 사항을 잘 분석하여야 하며, 특히 본 경관계획 이전에 수립했던 전차 경관계획에 대해서는 계획내용에 대한 검토뿐만 아니라 계획내용이 얼마나 실행되었는지, 실행이 되지 못한 부분에 대해서는 왜 실행하지 못하였는지 등에 대한 검토가 이루어지는 것이 바람직하다.

또한 인접한 지자체의 경관계획을 검토하는 것도 필요하다. 산림, 도로, 철도, 하천, 산, 해안선 등은 여러 지자체에 걸쳐 있는 경우가 많으므로 인접한 지역과의 경관적인 연계가 매우 중요하기 때문이다. 따라서 경관계획을 수립할 때 인접 지자체

제5차 국토종합계획(2020-2040)

구분	내용	
비전	• 모두를 위한 국토, 함께 누리는 삶터	
목표	• 어디서나 살기 좋은 균형 국토, 안전하고 지속가능한 스마트 국토, 건강하고 활력있는 혁신 국토	
공간구상	• 연대와 협력을 통한 유연한 스마트 국토 구현	
국토발전 전략	• 개성 있는 지역발전과 연대·협력 촉진	• 지역 특성을 살린 상생형 국가균형발전 • 국가균형발전을 위한 정책기반 조성
	• 지역산업혁신과 문화관광 활성화	• 지역자산을 활용한 특색 있는 문화공간 창출 • 어디서나 차별 없이 누리는 문화생활공간 조성
	• 세대와 계층을 아우르는 안심 생활공간 조성	• 도시재생 활성화로 구도심 활력 제고
	• 품격 있고 환경친화적 공간창출	• 개발제한구역의 환경적 기능 강화와 관리 • 녹색인프라 확충 및 환경서비스 접근성 제고 • 품격 있고 아름다운 국토경관 창출
	• 인프라의 효율적 운영과 국토 지능화	• 광역대중 교통혁신과 협력·조정으로 대도시권 혼잡 해소
	• 대륙과 해양을 잇는 평화국토 조성	
관련 계획도	국토공간의 미래상 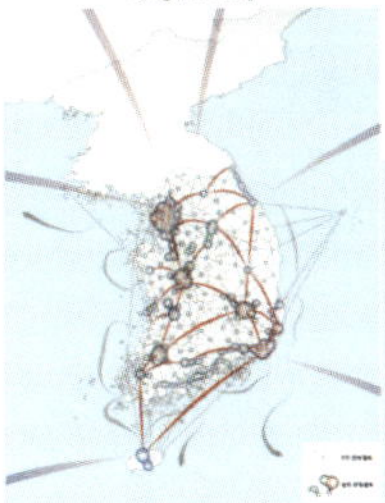	국토환경통합구상 
시사점	• 국가균형발전을 위한 정책기반 조성의 일환으로 조성되는 제2경춘국도와 연계 • 대도시권 혼잡 해소를 위한 수도권 순환고속도로망, 수도원 광역교통 구상을 고려 • 아름다운 국토경관, 도시공간의 품격제고, 자연과 조화된 농촌경관, 생활경관 향상을 위한 경관계획	

제4차 수도권 정비계획

구분	내용	
기본방향	• 연대와 협력을 통해 상생발전과 글로벌 혁신성장을 선도하는 살기 좋은 수도권	
목표	• 집중관리를 통한 균형발전 도모 • 세계 최고 수준으로 주민 삶의 질 개선 • 수도권 혁신성장 역량 제고 • 한반도 평화경제 체계 구축에 기여	
비전	• 균형발전 성과에 따라 협력적 성장관리로 이행 검토	
권역별 정비방향	과밀억제권역 (남양주시 일부)	인구 산업 집중도 완화를 위해 인구집중유발시설 및 대규모 개발사업 등에 대한 입지제한, 수도권정비위원회 심의 등을 통해 지속적으로 관리
	성장관리권역 (남양주시 일부)	성장관리권역 공업용지 관리를 위해 타법상의 주요 난개발 방지 정책들과 연계하여 운영함으로서 난개발 방지 및 해소 중심으로 운영
	자연보전권역 (남양주시 일부)	공장총량제 운영시 자연보전권역에 대해서는 성장관리방안 수립과 연계하여 공장물량을 배정하는 등 신규 개별입지 공장을 억제하고 계획적으로 관리 유도
계획도	공간구조구상 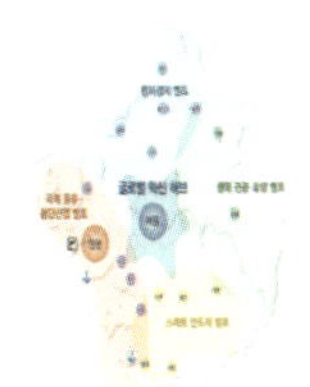	권역현황 
시사점	• 도시전체에 대한 체계적이고 지속적인 경관관리를 위한 경관제도의 마련 • 도시개발에 따른 난개발 방지 및 해소 중심으로 운영 필요 • 자연보전권역은 신규 개별입지 공장을 억제하고 계획적으로 관리 유도	

그림 II-32 관련 계획 검토 사례 (남양주시, 2022)

인접도시 경관계획 연계사항

구분	계획내용	연계대상	고려사항
용인시	산림녹지축	무봉산	· 용인시 경계부를 따라 연속된 산림경관 보호
	도로경관축	경부고속도로	· 화성시 진출입의 인상적인 관문경관 조성 · 녹화차폐 및 미관정비로 쾌적한 진출입경관 관리
안산시	수변축	시화호	· 호안 생태경관의 보전 및 열린 풍경 보호 · 시화방조제, 시흥 · 안산시 방면 통경을 고려한 경관계획 수립
수원시	산림녹지축	칠보산 (한남정맥지선)	· 비봉매송 고속도로 건설에 따른 훼손지역 녹지 복원 계획 수립
	도로경관축	국도1호선	· 가로시설물 정비 및 가로수 식재 확충
오산시	수변축	오산천 / 황구지천	· 하천변 공원녹지와 연계한 생태하천경관 보전 · 양호한 하천 식생 및 생태경관 보전
평택시	도로경관축	평택시흥고속도로 / 평택화성고속도로 / 경부고속도로	· 진출입시 노출되는 주변 산업건축물 미관정비 및 차폐식재계획을 통한 친자연 관문경관 조성

그림 II-33 인접 지자체 경관계획 내용 검토 사례 (화성시, 2017)

의 계획방향이나 사업내용 등을 검토하여 경관계획에 반영하는 것이 바람직하다. 다만, 주변 지자체와 해당 지자체의 경관계획 방향이 서로 맞지 않을 경우에는 상위 지자체의 경관계획의 방향에 따라 각 지자체 간 계획 내용을 조정하여야 한다.

2) 관련 사례 검토

해당 경관계획과 관련되는 국내외의 우수한 선행 경관계획 사례를 검토하는

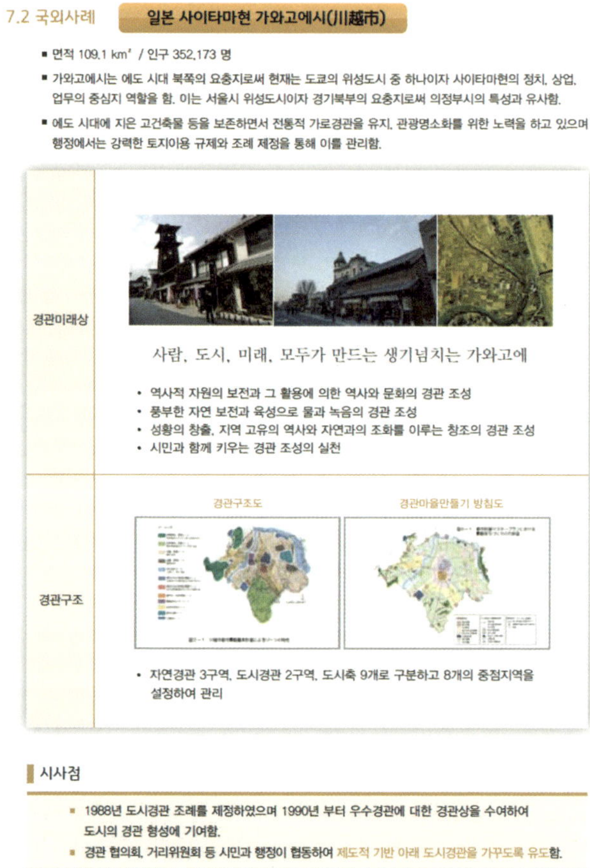

7.2 국외사례 **일본 사이타마현 가와고에시(川越市)**

- 면적 109.1 ㎢ / 인구 352,173 명
- 가와고에시는 에도 시대 북쪽의 요충지로써 현재는 도쿄의 위성도시 중 하나이자 사이타마현의 정치, 상업, 업무의 중심지 역할을 함. 이는 서울시 위성도시이자 경기북부의 요충지로써 의정부시의 특성과 유사함.
- 에도 시대에 지은 고건축물 등을 보존하면서 전통적 가로경관을 유지, 관광명소화를 위한 노력을 하고 있으며 행정에서는 강력한 토지이용 규제와 조례 제정을 통해 이를 관리함.

경관미래상	사람, 도시, 미래, 모두가 만드는 생기넘치는 가와고에 • 역사적 자원의 보전과 그 활용에 의한 역사와 문화의 경관 조성 • 풍부한 자연 보전과 육성으로 물과 녹음의 경관 조성 • 성황의 창출, 지역 고유의 역사와 자연과의 조화를 이루는 창조의 경관 조성 • 시민과 함께 키우는 경관 조성의 실천
경관구조	경관구조도 / 경관마을만들기 방침도 • 자연경관 3구역, 도시경관 2구역, 도시축 9개로 구분하고 8개의 중점지역을 설정하여 관리

시사점

- 1988년 도시경관 조례를 제정하였으며 1990년 부터 우수경관에 대한 경관상을 수여하여 도시의 경관 형성에 기여함.
- 경관 협의회, 거리위원회 등 시민과 행정이 협동하여 제도적 기반 아래 도시경관을 가꾸도록 유도함.

그림 II-34 관련 사례 검토 예시: 경관미래상 및 경관구조 (의정부시, 2017)

것은 경관계획을 진행하는데 많은 도움을 줄 수 있다. 유사한 국내 사례 분석도 시사점이 있고, 새로운 시도로 성공을 거둔 해외사례도 좋은 참고가 될 수 있다. 경관계획의 목적, 수립방향 및 계획내용과 관련 있는 국내외 경관계획, 관련 제도와 법규정, 계획기법 등을 조사하고, 해당 경관계획에의 적용을 위한 시사점을 도출하여 계획방안을 제시하는데 활용할 수 있다. 다만, 특정 시설물이나 프로그램에 치중된 사례분석은 실질적인 도움이 되지 못하는 경우도 있으므로 종합적인 검토를 통하여 해당 지자체와의 관련성과 적용가능성 등을 도출하는 것이 바람직하다.

미국 텍사스 | 샌안토니오 리버워크

- 단절된 강과 인간과의 관계 회복
  - 잦은 강의 범람으로 많은 인명피해가 발생하여 위기에 처한 강을 100년동안 하천의 범람이 없도록 하천의 깊이를 조절하여 홍수의 위험을 최소화 함
  - 강의 수질을 개선하고 식생과 동물의 다양성을 확보하고 석축과 식재, 인공 조경 등으로 시각적인 아름다움 고려하여 생태계 복원함
- 건축물과 문화공간을 중계시키는 물의 역할
  - 자연의 아름다움을 유지하면서 도심의 경제활력을 유지하는 하천의 폭은 그리 넓지 않으나 조약돌로 이루어진 보행로, 아치 형태의 인도교, 다양한 쇼핑시설들과 낭만적인 가로변 카페촌이 유람선과 조화를 이룸
  - 강과 지류의 제방에 보도를 모두 연결시켜 강과 리버워크의 동선을 이어주고 건물들의 지하 1층과 수변이 통하는 구조로 상업지구와 직접 맞닿아 유기적인 공간구조를 보여줌
- 접근성과 이용가치 극대화
  - 산책로를 비롯해 자전거도로, 카누, 카약, 보트운행, 조류관찰시설 등을 다양하게 조성하여 이용가치를 극대화 시키고 장애인들이 손쉽게 접근할 수 있도록 엘리베이터와 보조시설을 설치함
  - 야간에도 안심하고 이용할 수 있도록 조명을 꼼꼼하게 설치해 보안의 사각지대가 없도록 세심하게 설계함

그림 II-35 우수사례 검토 예시: 수변경관 활용 사례 (오산시, 2018)

2.6 종합분석

경관계획수립지침에서는 종합분석에 대한 언급은 없으나, 경관현황조사 및 분석 단계에서 경관구조분석, 경관자원조사, 경관의식조사, 관련법규 및 사례 검토 등 여러 측면의 조사가 진행되기 때문에 이를 종합하는 단계가 필요하다.

종합분석에서는 이러한 다양한 분석 자료를 취합하여 대상지의 경관적 특성을 종합적으로 분석한다. 이를 위해 해당 계획구역에 대한 분석결과를 종합하여 현황종합 분석도를 작성하되, 대상지의 경관적 특성을 충분히 표시할 수 있는 수준의 축척을 사용한다. 경관현황조사 및 분석의 가장 큰 의의는 계획대상지의 특성을 충분히 조사하고 분석하여 최종적으로 계획에 반영하도록 하는 것이다. 따라서 현황조사 결과는 최대한 일관성 있고 이해하기 쉬운 형태로 작성하여야 한다.

경관현황종합분석도

▌산림녹지경관

[현황]

· 외곽 산림이 축의 형태로 분포
· 시가지 인접한 산림 분포 및 조망 양호
· 개발에 의한 산림녹지 단절 및 훼손

[과제]

· 산림녹지축에 대한 지속적인 보전 및 복원
· 시가지 주변 산지조망경관 관리 및 녹지축 연결
· 시가지에 연접한 산림경관의 이용성 증대

▌농촌경관

[현황]

· 금강, 금천 주변으로 대규모 농촌경관 형성
· 전원적 이미지와 부조화로운 농촌마을 경관
· 역사문화·특산물재배지 등 특화형 마을 다수 분포

[과제]

· 금강, 금천 주변 농촌경관의 전원적 이미지 보전
· 전원적 이미지와 조화로운 농촌경관관리방안 마련
· 지역특성과 연계한 체험마을 경관특화

▌수변경관

[현황]

· 금강이 남북으로 관통하며 유하
· 금천, 지천, 석정천 등 수경관자원 분포
· 반산저수지, 송정저수지 등 저수지 분포

[과제]

· 수변 생태환경 보전 및 금강뱃길 복원 필요
· 금강변 시가지 및 인공물의 경관관리방안 마련
· 자연친화형 수변 경관 형성 및 수변접근성 향상

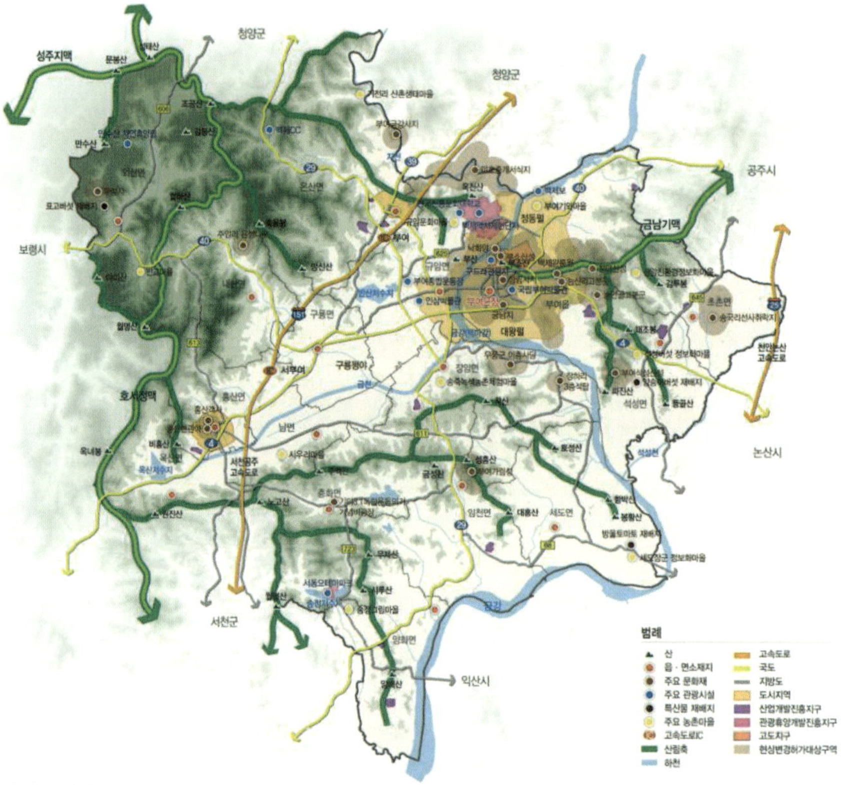

▌시가지경관

[현황]

· 부여읍, 규암면, 홍산면, 은산면 시가지 위치
· 정체성 및 통일감이 부족한 가로시설물
· 역사도시 이미지와 부조화로운 옥외광고물
· 이색창조거리 등 테마거리 다수 분포

[과제]

· 중심시가지의 스카이라인, 색채 ,야간경관 관리
· 건축물, 옥외광고물, 공공시설물 통합 경관관리
· 역사적·지역적 특성을 살린 테마가로 형성

▌도로경관

[현황]

· 고속도로, 국도, 지방도 등이 주요 교통망 형성
· 시계 관문지역의 경관특성 부족
· 도로구조물, 시설물의 정체성 및 통일감 부족

[과제]

· 건축물 미관 및 옥외광고물의 체계적인 관리
· 구조물, 시설물 통합디자인으로 가로경관관리
· 주요 진출입 관문거점 선정하여 관문 이미지 형성

▌역사문화경관

[현황]

· 부소산성, 정림사지 등 문화재 밀집
· 규암면 일원 근현대문화자원 다수 분포
· 역사문화자원 주변 지역 경관특성 부재

[과제]

· 역사문화재 보전 및 역사문화이미지 복원
· 역사문화자원 주변의 체계적인 경관관리
· 역사문화자원, 근현대문화자원과 연계한 문화네트워크 구축 및 관광자원화

그림 II-36 현황종합분석도 예시 (부여군, 2019)

S

강점
STRENGTH

- 천마산, 왕숙천 등의 풍부한 자연경관과 광릉숲, 철쭉군락지 등 청정생태경관 입지
- 왕릉, 궁집, 정약용 유적지 등 역사자원과 역사적 인물을 중심으로 도시발전축 형성
- 물의정원, 수동관광지 등 다양한 관광자원
- 서울과 인접하여 도로·철도 교통이 편리

W

약점
WEAKNESS

- 산지 및 구릉지에 공장·창고, 공동주택 등의 건축물 배치로 자연훼손 및 옹벽발생
- 하천, 계곡 등 수려한 자연경관 주변에 음식점, 펜션 등 위해시설의 입지
- 분산형 도심으로 중심성이 약한 도시구조
- 개발제한구역, 상수원보호구역 등 규제지역
- 근교농업(하우스재배) 발달로 자연과 부조화

O

기회
OPPORTUNITY

- 3기 왕숙신도시와 GTX-B, 별내선 연장 등 기반시설입지로 인구유입과 성장하는 도시
- 북한강 주변에 물의정원, 정약용 유적지, 다산생태공원 등 매력요소 입지로 관광증대
- 다양한 농촌체험마을의 다수 입지
- 연꽃 등 지역의 자원과 연계한 경관형성으로 관광자원 개발

T

위협
THREAT

- 왕숙신도시, 역세권 개발 등으로 인한 고밀 도시개발로 인접지역의 격차 최소화 필요
- 도로 및 도시개발로 인한 대규모 절토면 발생에 대한 관리 필요
- 북한강변 건축물에 의한 수변조망 차단
- 도로 및 하천변에 공장·창고의 무분별 입지
- 시가지 개발로 인한 왕숙천 경관 훼손

그림 II-37 SWOT 분석 방식의 현황종합 예시 (남양주시, 2022)

현황종합분석도 외에도 현황자료는 다양한 방식으로 종합될 수 있다. 강점(strength), 약점(weakness), 기회(opportunity), 위기(threat)로 구분하여 종합하는 방식도 활용할 수 있는 방법이고, 유형별 경관과제 도출하는 방식도 자주 사용되는 방식이다. 특히 현황을 근거로 도출한 경관과제는 실행력이 높은 계획을 작성하는 데에 큰 도움이 된다.

경관현황 분석의 궁극적인 목적은 해당 지자체의 상황을 잘 파악하여 이후 경관계획에 반영하는 것을 목적으로 하고 있으므로, 분석결과를 다음 단계에 활용하기 좋은 형식으로 정리하는 것이 바람직하다. 이런 측면에서 현황종합 이후에 경관과제를 도출하는 것은 매우 바람직하다. 유형별로 과제를 도출하거나 또는 지역별로 주요 경관현안을 정리하게 되면 향후 계획 단계 진행에 큰 도움이 된다.

표 II-1 유형별 과제도출 방식의 현황종합 예시 (부여군, 2019)

구분	경관현황 종합	경관과제	
산림 녹지 경관	• 호서정맥, 원진지맥 금남기맥 등 외곽에 산림이 축의 형태로 분포 • 부소산과 금성산 등 시가지 인접한 산림 분포 및 조망 양호 • 채석장, 도로 등에 의한 산림녹지 단절 및 훼손	보전	• 호서정맥, 원진지맥 금남기맥을 중심으로 외곽의 산악지형으로 연결되는 녹지축에 대한 지속적인 보전 및 관리
		관리	• 채석장, 도로 등에 의해 훼손된 산림 복원 및 녹지축 연결 필요
		형성	• 부소산, 금성산 등 시가지에 연접한 산림경관과 만수산 등 외곽의 산림경관의 적극적 활용을 통한 이용성 증대
수변 경관	• 국가하천인 금강이 부여를 남북으로 관통하여 유하하며, 금천, 지천, 석정천 등 우수한 수경관자원이 분포 • 반산저수지, 송정저수지 등 농업용수로 이용되는 저수지 다수 분포	보전	• 금강, 지천, 금천, 석정천, 반산저수지, 송정저수지 등 우수한 수변 경관자원의 생태환경 및 경관 보전
		관리	• 금강변 시가지 및 인공물에 대한 경관관리
		형성	• 다양한 수변활동이 가능한 친수공간 조성 및 접근성 개선 필요
농촌 경관	• 금강, 금천 주변으로 평야가 입지하여 대규모 농촌경관 형성 • 전원적 이미지와 부조화로운 농촌 마을의 색채 및 시설물 경관 • 부여기와마을, 산촌생태마을, 특산물 재배지 등 특화형 마을 다수 분포	보전	• 금강, 금천 주변 대규모 농촌경관의 전원적 이미지 보전 필요
		관리	• 전원적 이미지와 조화로운 농촌마을 경관관리 방안 마련
		형성	• 역사문화·특산물 등 농촌마을의 지역적 특성을 살린 농촌마을경관 형성 필요
시가지 경관	• 부여군의 중심시가지로 부여읍 시가지와 금강변에 규암면 시가지가 위치 • 정체성 및 통일감이 부족한 가로시설물 • 역사도시 이미지와 부조화로운 옥외 광고물 난립 • 부여로특화거리, 이색창조거리, 음식 특화거리 등 테마거리 다수 분포	보전	• 부여군을 대표하는 중심시가지인 부여읍 시가지와 규암면 시가지를 대상으로 스카이라인, 색채, 야간경관 등에 대한 집중관리 필요
		관리	• 읍면소재지를 중심으로 건축물, 옥외광고물, 공공시설물 등의 경관관리를 통해 지역을 대표하는 중심소재지 경관 형성 필요 • 가로에 대한 통합설계를 통해 보행자 중심의 가로환경 조성필요
		형성	• 역사적·지역적 특성을 살린 테마가로 경관형성 및 네트워크 구축
도로 경관	• 서천공주고속도로, 천안논산고속도로, 국도4·29·39·40호선, 지방도606·613·625·645·723·799호선 등이 부여군의 주요 교통망 형성 • 인접시군과 연결되는 관문지역에 대한 경관특성 부족 • 도로변 건축물, 옥외광고물, 구조물, 시설물의 정체성 및 통일감 부족	보전	• 도로변 건축물의 미관 및 옥외광고물의 체계적인 관리
		관리	• 정체성 및 통일감을 형성할 수 있도록 구조물, 시설물의 통합 디자인 필요
		형성	• 주요 진출입 관문거점을 선정하여 군경계를 인지시킬 수 있는 진출입 관문 이미지 형성 필요
역사 문화 경관	• 부여읍 일원에 부소산성, 정림사지 등 백제역사 관련 문화재 밀집 • 백제역사재현단지, 서동요테마파크 등 역사성을 살린 관광자원 분포	보전	• 부소산성, 정림사지 등 부여 고도지구와 부여 구드래 일원, 궁남지 등 역사문화재 보전 및 역사문화이미지 복원
		관리	• 역사문화자원 주변지역의 체계적인 경관관리 필요
		형성	• 부여읍내 역사문화자원과 근현대문화자원을 연계한 문화 네트워크 구축 및 관광자원화 필요

3. 경관기본구상

3.1 개요

경관기본구상은 경관현황조사 및 분석 결과를 바탕으로 대상지 전체에 대한 기본방향과 미래상을 설정하는 단계이다. 현황조사를 통해 도출된 대상지의 가능성과 문제점을 고려하여 향후 해당 지역의 경관기본방향을 제시하는 것이 경관기본구상 단계의 주요 역할이다. 따라서 경관현황조사 및 분석 결과에 대해서 충분히 파악하고 지자체의 상황을 판단하여 적절한 목표와 방향을 제시하는 것이 중요하다. 경관기본구상은 크게 ①기본방향 및 미래상 설정, ②추진전략

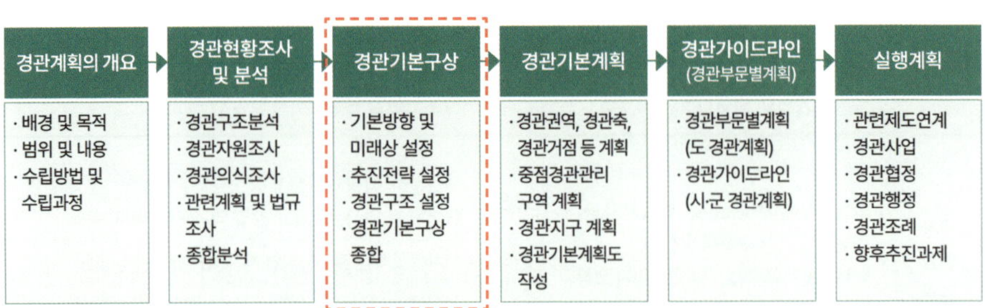

그림 II-38 경관계획 진행과정과 경관기본구상 단계

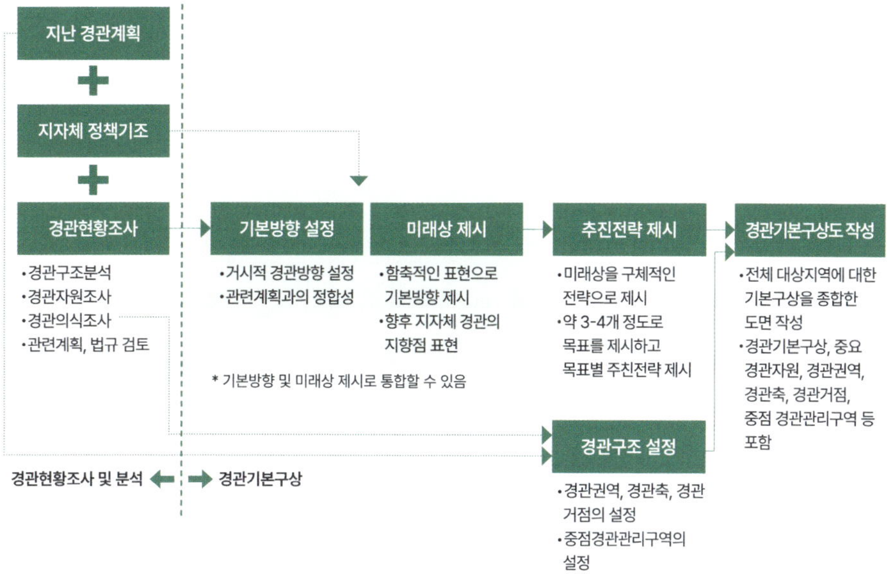

그림 II 39 경관기본구상 진행 과정 (기본방향 및 미래상, 추진전략, 경관구조, 경관기본구상도 작성)

설정, ③경관구조 설정 등의 단계로 진행된다. 경관기본구상에서 제시된 내용은 다음 단계인 경관기본계획에서 보다 구체화된다.

경관계획을 진행할 때 가장 중요한 것 중의 하나는 각 단계 간 연계가 잘 이루어지는 것이다. 경관기본구상 단계에서는 경관현황조사 및 분석 단계에서 조사한 대상지의 경관적 특징이나 기존 계획 상위계획과의 정합성, 또한 경관에 대한 시민과 방문자의 의식조사 등을 종합하여 현재와 목표연도의 경관의 방향을 도출하고 세부전략을 제시하여야 한다. 전 단계와 연계되지 않는 기본방향의 설정이나 현황과 관련이 없는 미래상 설정은 경관계획 전체에 대한 신뢰성을 떨어뜨리는 요인이 될 수 있다.

3.2 기본방향 및 미래상 설정

경관계획은 지자체의 전체적인 경관에 대한 장기적인 비전을 제시하고 이에 따라 구체적인 정책을 추진하는데 근간이 되는 계획이다. 따라서 현황을 면밀히 살펴보고 기본방향 및 미래상을 설정하는 것이 매우 중요하다고 할 수 있다.

1) 기본방향 설정

경관계획의 목표연도는 계획을 수립하는 시점보다 10~20년 이후가 되는 것이 일반적이다. 거시적 차원에서 지자체 경관은 오랜 기간 동안 다양한 내용이 누적되어 만들어지는 것이므로 일반적으로는 목표연도를 길게 설정하고 경관행정의 기본방향은 흔들림 없이 유지되는 것이 매우 중요하다. 따라서 경관계획 작성 초기 단계에서는 지자체 상황을 잘 반영하는 적절한 기본방향을 설정하고 이후 단계에서는 기본방향의 내용을 구체화하여 세부계획으로 발전시켜야 한다.

[경관계획수립지침] 5-3-1. 기본방향 설정

(1) 관할구역의 경관이 지향해야 할 목표와 방향을 제시한다.

5-3-2. 미래상 설정

(1) 미래상은 지역의 역사, 문화·생활상, 입지, 잠재력, 주민의식, 미래 변화방향 등 다양한 측면을 고려하여 설정한다.

(2) 관할구역의 상징성 제고, 정체성 확보, 거주민의 자긍심 고양 등을 위한 경관이미지의 미래상을 설정한다.

기본방향은 경관현황조사에 근거하여야 한다. 경관현황조사 및 분석 과정에서 진행했던 경관구조분석, 경관자원조사, 경관의식조사, 관련계획, 법규 및 사례 조사 등을 충분히 살펴본 후에 지자체 경관행정의 방향을 설정하여야 한다. 다른 지자체에서 제시한 방향이나 계획수립 당시 유행하는 키워드를 참조하여 기본방향을 설정하는 것은 실제 해당 지자체 상황에 맞지 않을 우려가 있으므로 바람직하지 않다.

경관계획을 처음 수립하는 것이 아닌 재정비 계획인 경우에는 지난 경관계획에서 제시한 기본방향을 살펴보아야 한다. 경관계획을 5년마다 수립하도록 되어 있으므로 5년 동안 큰 변화가 없는 경우에는 기존 기본방향은 현재까지도 유효할 수 있기 때문이다. 따라서 기존 계획의 기조를 유지하되 그 동안의 경관 변화를 고려하여 새로운 기본방향을 설정하는 것이 바람직하다.

또한 지자체가 추구하는 최근 정책 기조를 검토하는 것도 유용한 방법이다. 경관계획이 독립적인 법정계획이나 경관계획 내용을 추진하는 데에는 다양한 부서와 협업해야 하므로 실행력을 높이기 위해서는 전체 도시가 추구하는 방향과 부합한 방향을 설정하는 것이 바람직하다.

기본방향의 내용을 표현하는 방식은 정해진 기준이 있는 것은 아니다. 지자체마다 효과적으로 방향을 제시하는 방법을 사용할 수 있다. 미래상의 경우에는 보통 짧은 문구를 그래픽적으로 표현하는 방식을 많이 사용하는 반면에, 기본방향은 경관계획이 추구해야 하는 기준을 텍스트로 제시하는 경우가 많다. 기본방향과 미래상 모두 장기적인 경관행정의 방향을 제시하고 있기 때문에 현장에서 혼동되어 사용되는 경우도 많으나, 이는 큰 문제가 되는 사항은 아니라고 생각한다. 기본방향과 미래상 제시를 통해 일관되고 연속성 있는 경관계획을 수립하고 지속성 있는 경관행정을 추진하도록 하는 것이 더욱 중요하다고 할 수 있다.

2) 미래상 설정

미래상은 지역의 역사, 문화·생활상, 입지, 잠재력, 주민의식, 미래 변화방향 등 다양한 측면을 고려하여 기본방향의 내용을 함축적으로 표현한 것이다. 미래상은 기본방향과 내용과 형식에서 현장에서는 혼용하여 사용하고 있다. 기본방향은 경관계획이 추구해야 하는 기준을 글로 제시하는 경우가 많고, 미래상은 기본방향의 내용을 함축적인 표현의 슬로건을 그래픽적으로 표현하는 경우가 많다. 그러나 이러한 방식이 공식적인 기준은 아니므로 반드시 따라야 하는 것은 아니다. 다만, 기본방향과 미래상을 통하여 향후 10~20년 이후 지자체 경관행정의 지향점을 유지하도록 하는 것이 중요하다고 할 수 있다.

미래상을 설정하기 위한 구체적인 기준은 경관계획수립지침에서도 제시하고 있지 않다. 우리나라 지자체 경관계획에서 미래상 도출 과정을 분석한 연구(주신하, 2016)에 따르면 ①현황조사 및 분석결과 근거로 작성, ②상위계획의 미래상과 이미지를 참조하여 작성, ③주민의식조사를 반영하여 작성, ④사례조사를 통하여 작성 등의 방법으로 미래상을 도출하고 있는 것으로 나타난 바 있다. 이 중 사례조사를 통한 작성은 대상지 경관현황에 부합되지 않고 당시 유행하는 방향만을 추구할 우려가 있으므로 현황조사, 상위계획, 주민의식조사 등을 근거로 미래상을 도출하는 것이 바람직하다고 할 수 있다.

미래상을 표현하는 방식 역시 구체적인 기준이 있는 것은 아니다. 다만, 각 지자체에서 제시하고 있는 미래상은 주로 지자체가 지향하는 바를 형용사와 도시명을 조합하는 방식이 흔히 사용되고 있다. 여기에 하위 목표를 추가하여 구체적인 방향을 제시하기도 한다. 서울특별시(2016)는 경관 미래상으로 "자연과 역사가 어우러진 매력있는 경관도시, 서울"을 제시하면서 '친근한 자연녹지경관', '새로운 수변경관', '다채로운 역사문화경관', '활력있는 시가지경관' 등의 경관유형별 목표를 함께 제시하여 보다 구체적인 방향을 보여주고 있는데, 위계적 경관 미래상을 보여주는 좋은 예라고 할 수 있다.

기본방향이나 미래상을 제시할 때 당시에 유행하는 개념들로 제시하는 경우

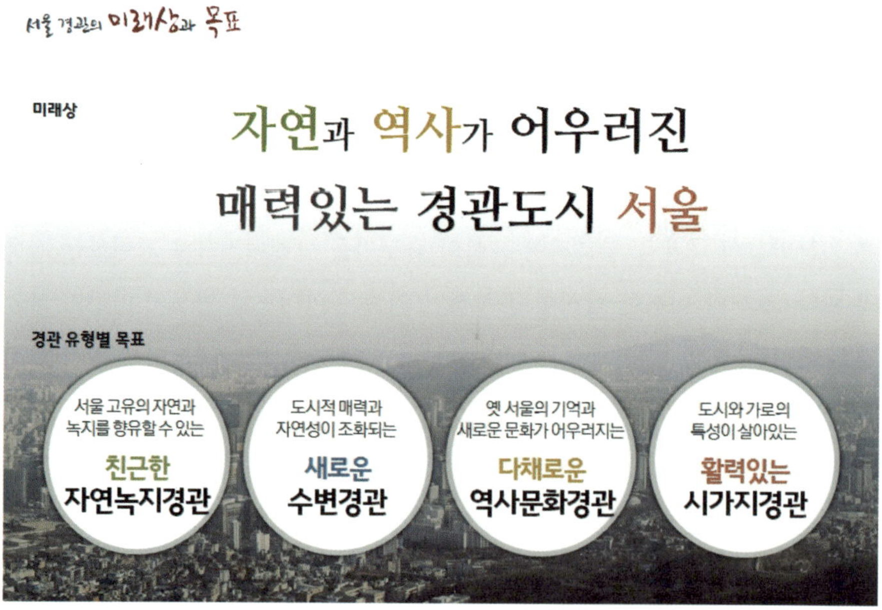

그림 II-40 미래상과 경관유형별 목표 제시 (서울특별시, 2016)

도 상당히 많은데, 해당 지역경관의 특성을 충분히 반영하지 못한 미래상은 다른 지역에서도 적용될 수 있는 일반적인 사항이므로 지양하는 것이 바람직하다.

경관의식조사에서는 해당 지자체의 과거 이미지, 미래 이미지 등을 조사하기도 하는데, 특히 시민이 희망하는 이미지는 미래상 제시에 많은 참고가 될 수 있다. 또한 도시기본계획이나 관련 계획에서도 지자체를 대표하는 미래상, 슬로건 등을 제시하는 경우에는 이를 참고하여 해당 지자체의 통합된 이미지를 유지하는 것이 바람직하다.

3.3 추진전략 설정

추진전략은 경관계획의 목표, 기본방향, 미래상을 구현하고 실행하기 위해 제시하는 전략을 말한다. 기본방향이나 미래상이 거시적인 측면의 내용이므로 보다 구체적인 추진전략을 함께 제시하여 보완하는 방식을 사용한다. 기본적으로 기본방향과 미래상은 도시경관의 큰 방향을 제시하는 것이므로 이를 구체화하면서 계획을 진행한다.

[경관계획수립지침] 5-3-3. 추진전략 설정

(1) 경관계획의 목표와 방향, 미래상을 구현하고 실행하기 위한 전략을 제시한다.

(2) 경관의 보전, 관리 및 형성과제로 분류하고, 과제별 추진전략을 제시하며, 경관저해 요소의 극복수단이나 잠재력을 강화할 수 있는 방향을 제시한다.

4-3-3. 추진전략 설정

(3) 관할구역 내 기초 지자체 경관계획의 경관기본방향 설정시 참고할 수 있도록 한다.

경관계획수립지침에서는 추진전략을 경관의 보전, 관리 및 형성과제로 분류하고 과제별로 제시하도록 하고 있으나, 이는 '국토의 경관을 체계적으로 관리하기 위하여 경관의 보전·관리 및 형성에 필요한 사항을 정하는 것'이라는 법 목적에 따른 구분으로 지자체 상황에 따라 조정할 수 있다.

실제 현장에서는 미래상의 하위 목표별로 세부 추진전략을 구체화하는 방식

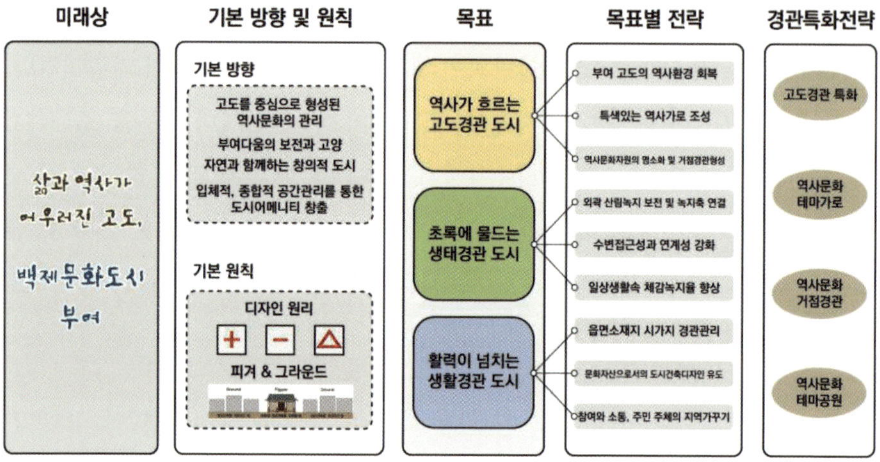

그림 II-41 경관미래상 구현의 틀 (부여군, 2019)

을 가장 많이 사용하고 있다. 부여군(2019)은 '역사가 흐르는 고도경관 도시', '초록에 물드는 생태경관 도시', '활력이 넘치는 생활경관 도시'를 미래상의 목표로 제시하면서 목표별 전략을 3개씩 총 9개의 전략을 제시하고 있다.

세부 추진전략을 목표별로 제시하지 않고 다수의 목표를 달성하기 위한 여러 개의 추진전략이 협력적으로 작동하도록 하는 방식도 가능하다. 인천광역시(2017)의 경우에는 '균형잡힌 경관관리', '매력적인 경관창출', '소통하는 경관행정', '선도적인 경관제도'로 4개 목표를 제시하고 9개 전략을 제시하였으나, 개별 전략이 하나의 목표에만 해당되지 않고 다양한 목표와 연관되는 방식을 제시하기도 하였다. 목표와 전략이 일대일 대응이 아니라 서로 다양한 관계가 형성되는 현실을 반영한 방식이라고 할 수 있다. 다만, 전략을 진행하는데 목표가 명확하지 않아 보이는 점이 있을 수 있으나, 지자체 상황에 따라서 유용하게 활용할 수 있는 방식이다.

원칙적으로는 목표를 설정한 후에 목표달성을 위한 추진전략을 도출하는 것이 순서이겠지만, 지자체의 정책적 기조를 충분히 검토하고 현재 계획 중인 사업이나 정책 등을 반영하여 목표와 연결시키는 역순의 방식도 가능하다. 지자체 정책이나 지자체장 의견, 담당 부서의 의견 등을 반영하게 될 경우 경관계획

그림 II-42 추진전략 사례 제시 (인천광역시, 2017)

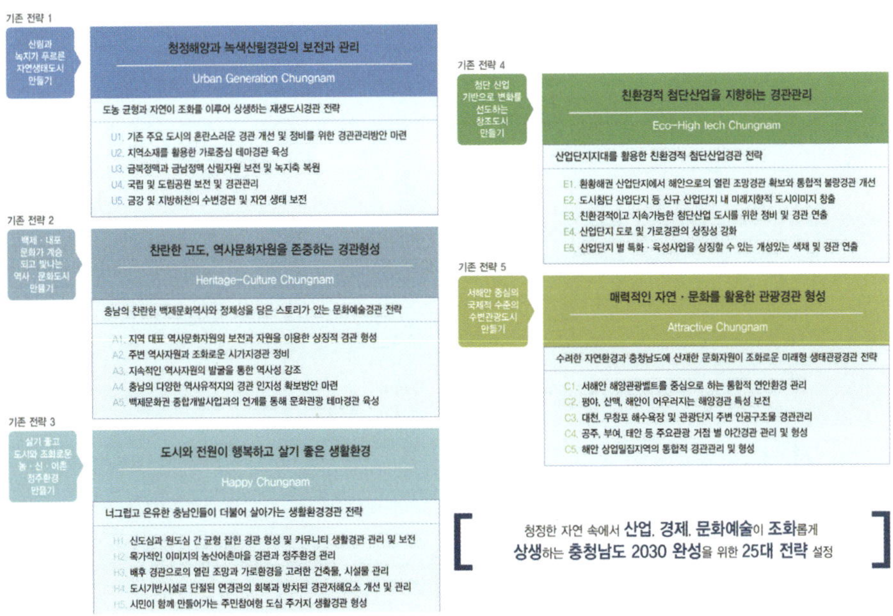

그림 II-43 광역 지자체 추진전략 제시 예시 (충청남도, 2019)

의 실천력을 높이는 방법이 될 수 있다.

한편, 광역 지자체의 경우 추진전략은 소속 기초 지자체 경관계획의 기본방향이나 미래상이 될 수 있으므로 기초 지자체의 상황을 충분히 검토한 후에 구체적인 추진전략을 제시하는 것이 바람직하다. 이미 수립된 기초 지자체 경관계획들을 면밀히 검토한 후에 기본방향, 미래상 및 추진전략을 제시하여야 한다(그림 II-43 참조).

최근에는 지자체의 각종 계획에서 시민들이 직접 참여하는 경우가 늘어나고 있다. 경관계획에서도 의식조사나 공청회 같은 전통적인 참여 방식 외에도 시민들이 직접 사업을 발굴하고 추진하거나 예산 확보과정에까지 참여하는 사례가 늘어나고 있다. 행정의 역할만으로 경관 형성과 관리가 이루어지기 어려운 경관 특성을 고려해 본다면 시민의 참여는 매우 바람직한 변화라고 할 수 있다. 따라서 시민참여는 개별 사업으로 도입되기 보다는 경관의 기본방향, 미래상,

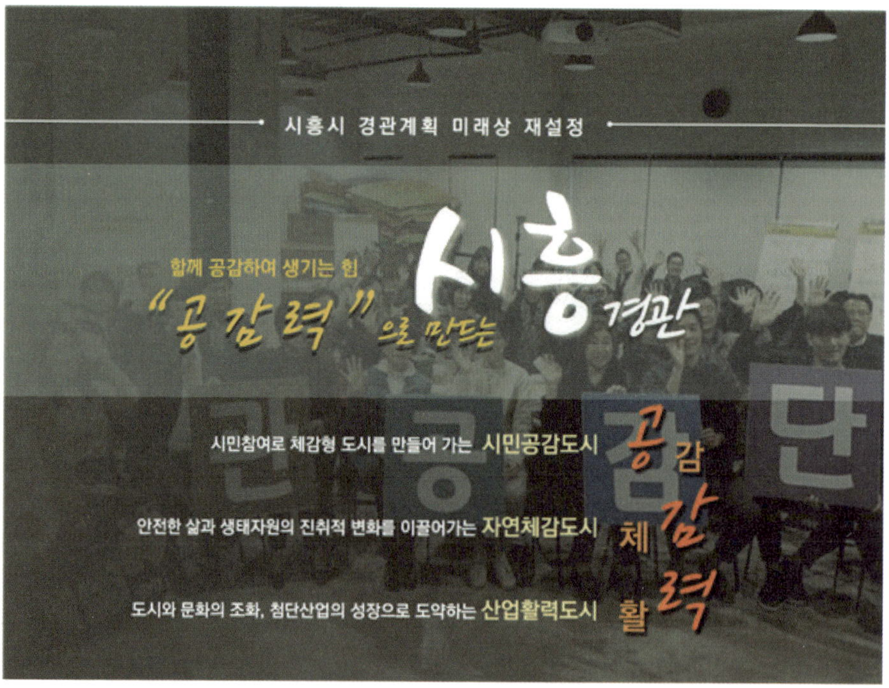

그림 II-44 시민참여를 포함한 미래상 및 추진전략 제시 사례 (시흥시, 2019)

추진전략 등의 초기 계획 단계에서 제시되는 것이 바람직할 것이다. 경관계획에 참여하는 시민경관참여단(경기도 시흥시), 경관자원의 발굴과 기록에 참여하는 경관자원 시민발굴단(충남 당진시) 등은 시민이 경관계획에 직접 참여하는 사례들이다.

3.4 경관구조 설정

기본방향, 미래상, 추진전략 등이 경관행정과 정책에 대한 추상적인 내용을 제시했다면, 실제 대상지의 물리적 현황에 맞는 경관구조 설정을 진행하여야 한다. 산, 강, 평야, 해안선 등과 같은 지형적 특성, 시가지의 입지와 도로, 철도 등의 위치, 경관자원의 유형과 분포 같은 실제 대상지의 경관에 영향을 주고 있는 상황을 고려하여 구상을 진행하는 것이 바람직하다. 경관구조 설정은 관할구역 전체의 경관 골격을 형성하고 양호한 경관자원을 보전하며, 경관을 형성하거나 관리하기 위한 구상을 제시하는 것을 말한다.

지자체 전체를 계획 대상지로 하고 있어서 경관계획을 수립하기 위해서는 몇 개의 작은 계획단위로 나누는 것이 효율적이다. 면적으로 넓은 지역이 비슷한 경관특성을 보일 수도 있고, 선형으로 길게 유사한 경관이 연속될 수도 있다. 또한 특정 지점이 경관적으로 중요한 역할을 할 수도 있다. 이렇게 경관계획을 진행하기 위해서는 전체 구역을 면적인 권역, 선적인 축, 점적인 거점으로 나누는 것을 진행해야 한다. 이것이 바로 경관계획에서 가장 흔하게 접할 수 있는 경관권역, 경관축, 경관거점, 중점경관관리구역이다.

각 공간은 상호 중첩하여 설정할 수 있는데, 경관권역으로 구분한 지역 내에서도 경관축이나 경관거점을 중첩하여 지정할 수 있다는 의미이다. 일반적으로는 지자체 전역을 경관권역으로 구분한 이후에 경관축과 경관거점을 설정하고 있다. 최근에는 지자체 전역을 경관권역으로 구분하지 않고, 면적으로 경관관리가 필요한 구역만 권역으로 지정하는 경우도 있다.

[경관계획수립지침] 5-3-4. 경관구조 설정

(1) 경관구조의 설정 방향

① 관할구역 전체의 경관 골격을 형성하고 양호한 경관자원을 보전하며, 경관을 형성하거나 관리하기 위한 구상을 제시한다.

② 경관골격은 경관자원조사 및 분석결과에 따라 면적인 경관권역, 선적인 경관축, 점적인 경관거점 등의 공간설정을 통하여 제시한다. 이때 각 공간을 상호 중첩하여 설정할 수 있다.

③ 설정된 경관권역, 경관축, 경관거점 등에 대해서는 관할구역 전체적 관점에서 경관 이미지나 주제 등 거시적으로 경관을 보전·관리 및 형성하기 위한 방향을 설정한다.

경관구조가 설정된 이후에는 경관계획 단위(경관권역, 경관축, 경관거점)별로 경관 보전, 관리, 형성 측면에서 계획 방향을 설정한다. 계획 방향은 앞서 제시했던 기본방향, 미래상, 추진전략과 연계되어야 하며, 경관기본구상에서 제시된 계획방향은 이후 경관기본계획 단계에서 보다 구체화되고 경관가이드라인과 실행계획으로 이어지면서 계획의 실행력을 갖게 된다.

현황조사 단계에서도 경관구조분석을 진행한 바 있는데, 경관구조라는 동일한 용어를 사용하고 있으나 서로 의미하는 바는 다르다. 현황조사 단계에서 경관구조분석은 경관적 특성을 거시적으로 파악하기 위해 수계 및 지형분석, 도로망 및 토지이용 분석, 조망특성 분석, 가시권 분석 등을 진행하는 것을 말한다. 즉 대상지의 거시적인 경관구조를 파악하는 단계이다. 반면에 경관기본구상에서 말하는 경관구조 설정은 경관계획을 진행하기 위해 경관권역, 경관축, 경관거점 등과 같은 경관계획 단위로 전체 대상지를 구분하는 것을 의미한다.

1) 경관권역의 설정

경관권역은 경관구조를 설정하는데 가장 일반적으로 사용하는 계획단위이다. 넓은 면적에 걸쳐 동질적 또는 유사한 경관특성을 보일 경우 하나의 경관권역으로 설정하고 이후 계획에서 동일한 관리방안을 적용하는 방식으로 관리하게 된다. 경관권역 구분 기준은 유사한 경관특성을 가진 지역이라는 다소 주관적 기준 외에는 명확하게 제시된 것은 없다. 대상지가 작은 경우에는 토지이용이나 토지피복, 지형 등을 기준으로 구분할 수 있겠으나, 지자체 전체를 구분하는 경우에는 이런 방식만으로는 구분하기 어렵다. 실제 현장에서는 도시기본계획에서 제시된 생활권계획, 행정구역 등을 기본으로 지형이나 토지이용적 특성을 감안하여 구분하고 있다. 생활권은 실제 시민이 인식하는 경계와 유사하고, 행정구역은 지형적 특성이 일부 반영된 경계이면서 향후 사업을 진행할 때 예산 집행에 유리한 측면도 있어서 현장에서 선호하는 방식이라고 할 수 있다.

지침에서는 경관특성이 혼재하는 경우에는 권역을 세분할 수 있도록 제시하고 있으나, 실제 경관권역을 여러 개로 구분하게 되면 이후 계획에서 너무 많은 권역별 가이드라인을 제시해야 하고, 행정적으로도 관리에 혼란이 발생해서 효율성이 떨어질 수 있다. 일반적으로는 4~5개 내외의 경관권역을 구분하는 것이 일반적이라고 할 수 있다.

경관계획을 처음 수립하는 것이 아니라면 기존 계획에서 어떤 기준을 적용하였는지 참고하는 것이 바람직하다. 보통 재정비는 5년 단위로 진행되는데, 그 기간 동안 거시적 경관변화가 큰 경우가 많지 않기 때문이다. 따라서 큰 틀에서는 기존 경관권역 구분을 참고하되, 기존 계획 이후로 변화된 내용을 반영하여 조정하는 것이 일반적인 방식이다. 대규모 택지개발이나 도시개발사업, 신규 산업단지나 도로, 철도 등의 신설과 같은 도시구조의 변화나 인구 감소 또는 증가와 같은 인구구성의 변화 등은 경관권역 조정의 주요한 원인이 된다.

구분된 경관권역들은 향후 계획 진행에서 쉽게 구분할 수 있도록 고유한 명칭을 부여한다. 대표지명을 권역명칭으로 하기도 하고, 경관특성을 나타내는 단어를 넣기도 한다. 이 역시 정해진 규칙이 있는 것은 아니고 경관특성을 잘 나타내고 구분이 쉬운 명칭을 사용하는 것이 향후 계획 진행에 편리하다.

[경관계획수립지침]5-3-4. 경관구조 설정

(2) 경관권역의 설정

① 경관권역은 경관자원이 넓은 면적에 걸쳐 동질적 또는 유사한 경관특성을 보일 경우에 설정한다.

② 경관권역 설정시 관할구역 내 기초 지자체의 영역을 고려한다.

③ 관할구역이 매우 넓고, 다양한 경관특성이 혼재하는 경우에 계획의 편의를 위해 토지이용, 지형적 특성, 생활권 분포 등을 고려하여 권역을 세분할 수 있다.

명칭을 부여한 이후에는 경관권역별로 경관 보전, 관리, 형성 측면에서 방향을 설정한다. 기본방향과 목표를 제시한 이후에 보전, 형성, 관리 측면에서 진행해야 할 내용을 제시하는 것이 바람직하다. 역시 이 내용들은 기본방향, 미래상, 추진전략과 연계되어야 하며, 경관기본계획 단계에서 보다 구체화되어야 한다. 이러한 내용을 도면과 표 등을 이용하여 이해하기 쉽게 전달하는 것이 효과적이다(그림 II-45 참조).

경관권역 설정 시 일반적으로는 지자체 전체 구역을 경관권역으로 구분하는 방식으로 진행되지만, 경관권역이 반드시 전체 구역을 모두 포함해야 하는 것은 아니다. 지침에서 제시된 내용을 보더라도 경관권역이 모든 지역을 포함해야 한다는 규정은 없다. 다만, 경관계획에서 제시하는 내용이 적용되지 않는 구역을 없게 하기 위해서 편의상 전체를 경관권역으로 나누는 방식이 선호되고 있다고 보는 것이 타당할 것이다.

따라서 경관권역을 일부만 지정하고 이에 해당하는 가이드라인을 제시하여 관리할 수도 있다. 단, 이 경우에는 경관권역에 포함되지 않는 지역에 대한 경관관리 방안을 별도로 제시하여야 한다. 경관권역이 전체를 포함하지 않는 일부 계획에서는 경관권역에 포함되지 않는 구역에 대한 일반 경관가이드라인을 제시하여 경관관리의 공백을 해소하는 방식을 제시하고 있다. 당진시(2021)에서는 6개 경관권역을 지정하고 해당 권역별 계획과 가이드라인을 제시하였는데, 이와 아울러 어느 권역에도 해당되지 않는 지역에는 일반가이드라인을 적용하는 방식

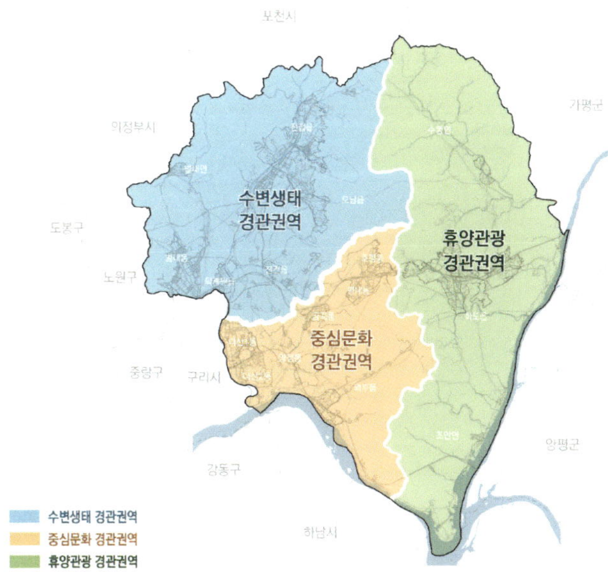

구분	기본방향	기본구상	
중심문화 경관권역	남양주시를 대표하는 문화예술경관 연출	• 보전 : 자연 조망 및 역사 조망 보존 • 관리 : 한강 및 중심지 경관 관리 • 형성 : 역사 및 예술의 상징문화 경관 형성	
수변생태 경관권역	수변 및 생태자원을 활용한 경관 연출	• 보전 : 수락지맥 및 왕숙천으로의 조망 보존 • 관리 : 역사자원 및 신도시의 경관 관리 • 형성 : 자연과 조화로운 수변문화공간 창출	
휴양관광 경관권역	자연과 어우러진 휴양 관광도시 이미지 연출	• 보전 : 천마지맥 및 수변생태경관 보존 • 관리 : 산림 연접부 및 수변경관 관리 • 형성 : 테마가 있는 생태문화 거점 조성	

그림 II-45 경관권역 설정 예시: 전체 지역을 권역으로 구분한 경우 (남양주시, 2022)

을 제안한 바가 있다(그림 II-46 참조). 계획 내용을 집중해야 할 지역과 일반 관리로 충분한 지역이 구분되는 경우에 효율적인 방식이 될 수 있을 것이다.

2) 경관축의 설정

동질하거나 유사한 경관이 선형으로 연속된 곳은 경관권역으로 관리하기 효율적이지 않다. 이럴 경우에는 경관권역과 별도로 경관축을 설정하여 관리를 하는 것이 바람직하다. 일반적으로 도로, 철도, 하천, 해안선, 산림 등과 같이 선형으로 길게 연결되는 대상을 경관축으로 설정하고, 이에 해당하는 계획내용과

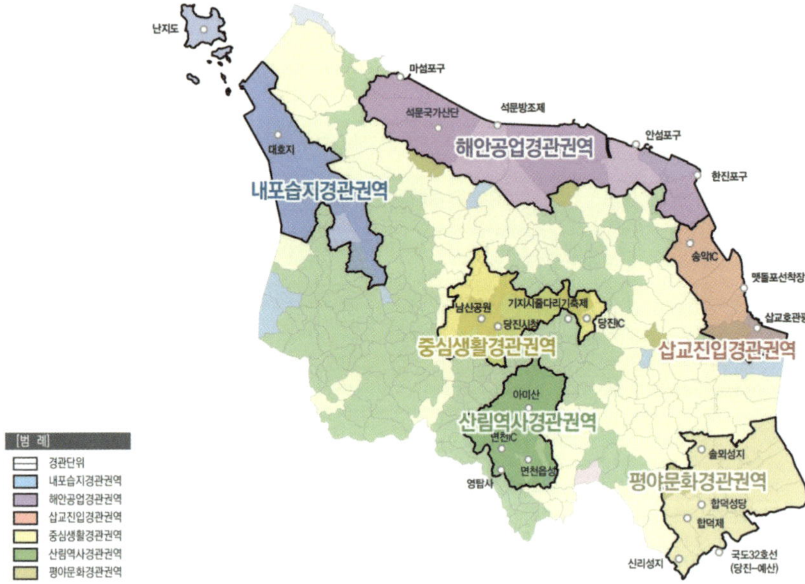

그림 II-46 경관권역 설정: 일부 지역만 경관권역으로 지정한 경우 (당진시, 2021)

가이드라인을 작성하는 방식으로 진행한다. 경관권역과 마찬가지로 구분된 경관축은 향후 관리를 쉽게 할 수 있도록 명칭을 부여한다.

적절한 개수의 경관축을 선별하는 것도 중요하다. 도면에 나타난 도로, 철도, 하천, 해안선, 산림 등을 모두 경관축으로 설정하게 되는 경우도 종종 있는데, 너무 많은 경관축을 설정한 경우에 오히려 제대로 관리하지 못하여 계획의 실효성이 떨어진다는 비판이 많다. 따라서 경관적 측면에서 관리가 필요하고 실제 관리가 가능한 범위 내에서 적절한 수의 경관축을 설정하는 것이 바람직하다.

경관권역과 마찬가지로 경관축에 대해서도 경관 보전, 관리, 형성 측면에서 기본방향과 목표를 제시한 이후에 보전, 형성, 관리 측면에서 진행해야 할 계획 내용을 제시하여야 한다. 역시 이 내용들은 전후 계획과 연계되어야 하며 도면과 표 등을 이용하여 이해하기 쉽게 전달하도록 한다.

도로, 철도, 하천, 해안선, 산림 등과 같이 물리적으로 연결되지 않더라도 경관적으로 우수한 자연물이나 경작지, 기념물, 랜드마크 등에 대한 조망을 확보

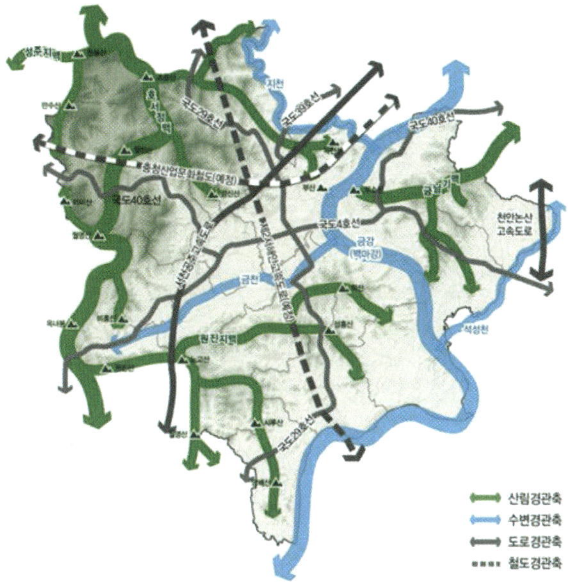

그림 II-47 경관축 설정 예시 (부여군, 2019)

하기 위해 경관축으로 설정할 수 있다. 이렇게 시각적으로 연결된 축은 앞서 언급한 축에 비해서 작은 규모가 많기 때문에 구상단계에서는 개략적인 방향을 제시하고 이후 경관계획 단계에서 상세히 다루는 것이 바람직하다.

[경관계획수립지침] 5-3-4. 경관구조 설정

(3) 경관축의 설정

① 경관축은 동질한 경관이 선의 형태로 연속하여 형성되거나 형성될 잠재성이 있는 경우에 설정한다.

② 경관적으로 우수한 자연물이나 경작지, 기념물, 랜드마크 등에 대한 조망을 확보하거나, 녹지, 산림, 도로, 가로, 해안, 하천 등의 경관요소를 바탕으로 선적으로 연속된 경관을 형성하거나 보전 또는 관리할 필요가 있는 곳을 경관축으로 설정할 수 있다.

③ 그 밖에 우수한 선적 경관을 형성하거나 관리, 보전하려는 곳에는 해당 경관자원의 특성을 주제로 하는 경관축을 설정할 수 있다.

3) 경관거점의 설정

경관권역과 경권축이 큰 틀에서 경관구조를 형성하는 단위라면, 경관적으로 중요한 지점을 관리해야 하는 곳에 경관거점을 설정하여 경관구조를 완성한다. 문화재, 향토문화유적, 기념탑, 공공건축물, 광장, 교량, 진입부, 생태적·경관적으로 중요한 녹지 및 수공간 등 시각적으로 우세하거나 민감한 지점을 경관거점으로 설정할 수 있다. 일반적으로 계획에서는 경관거점을 몇 개의 유형으로 구분하고 유형별 거점을 지정하는 방식을 사용하는데, 이는 개별 경관거점마다 가이드라인을 적용하는 것보다 경관거점을 유형별로 구분하고 유형별 가이드라인을 적용하는 것이 더 효율적이기 때문이다. 경관거점 유형으로는 지표경관거점, 진입경관거점, 역사문화경관거점, 수변경관거점, 녹지경관거점 등으로 구분하는 경우가 많으나, 이외에도 지자체 상황에 맞는 다양한 유형을 사용할 수 있다.

[경관계획수립지침] 5-3-4. 경관구조 설정

(4) 경관거점의 설정

① 경관거점은 우세한 경관이 점적으로 위치하여 경관적 특성을 부여하는데 중요한 역할을 하거나 잠재성이 있는 지역에 설정할 수 있다.

② 문화재, 향토문화유적, 기념탑, 청사·철도역사 등의 공공건축물, 광장, 교량, 지역의 경계부에서 진출입 역할을 하는 장소 등과 같이 시각적으로 우세하여 랜드마크가 되거나 그러한 잠재성이 있는 공간이나 장소 등을 경관거점으로 설정할 수 있다.

③ 그밖에 우수한 경관이 점적인 형태로 입지하거나 잠재력을 지닌 건축물이나 장소를 거점경관으로 보전·관리 및 형성하려는 경우에는 해당 경관자원의 특성을 주제로 하는 경관거점을 설정할 수 있다.

경관거점은 경관자원과 중첩되는 경우가 많다. 경관현황조사 단계, 또는 별도의 경관자원조사를 통해 발굴한 경관자원들 중 상당수는 점적인 형태를 갖기 때문에 경관자원과 중첩된다. 경관자원을 경관거점으로 지정하는 것은 관리측면에서 혼동될 수도 있으나 경관자원에 대한 관리방식의 하나이므로 크게 문제될 것은 아니다. 즉, 경관자원에 경관가이드라인을 적용하는 것이 효율적인 경우에는 경관거점으로 중첩시킬 수 있다는 의미이다. 경관거점 가이드라인보다 더 상세한 계획과 관리가 필요한 경관자원에 대해서는 중점경관관리구역으로 지정하는 방안도 가능할 것이다.

경관축과 마찬가지로 너무 많은 지점을 경관거점을 지정할 경우 경관구조 파악에 도움이 되지 않는다. 따라서 경관관리가 필요한 대상을 적정한 수로 선별하여 경관거점을 지정하는 것이 바람직하다. 경관권역, 경관축과 마찬가지로

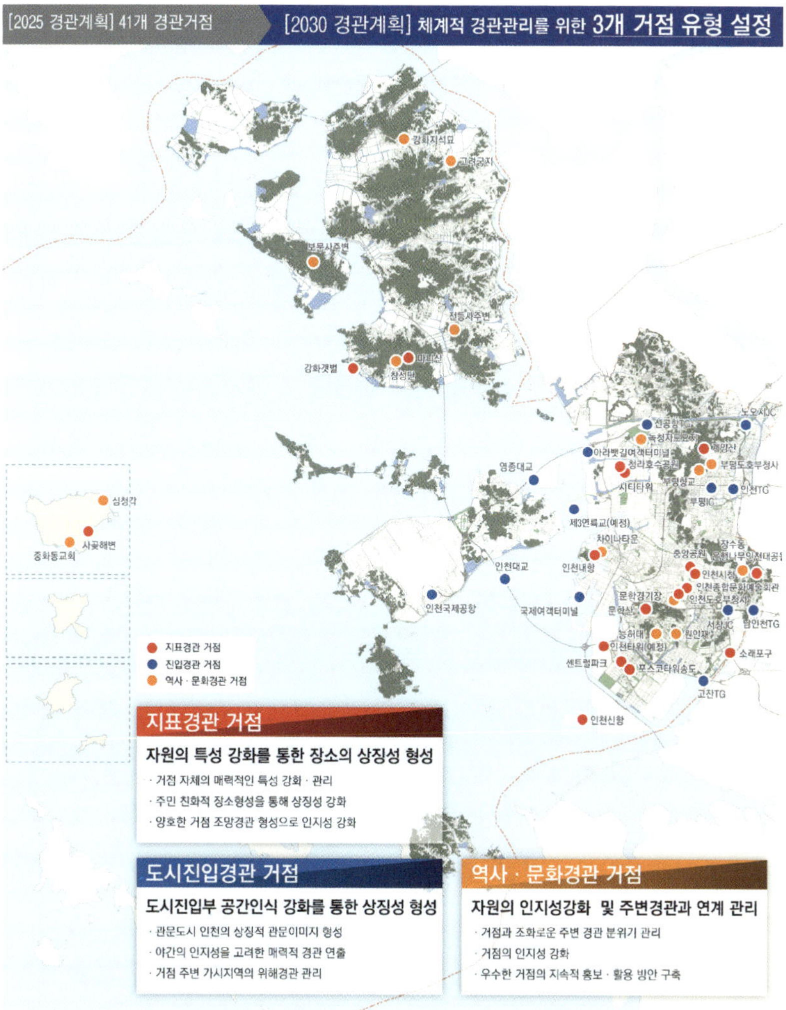

그림 II-48 경관거점 설정 예시 (인천광역시, 2017)

경관거점에 대해서도 경관 보전, 관리, 형성 측면에서 기본방향과 목표를 제시한 이후에 보전, 형성, 관리 측면에서 진행해야 할 계획내용을 제시하여야 한다. 역시 이 내용들은 전후 계획과 연계되어야 하며 도면과 표 등을 이용하여 이해하기 쉽게 전달하도록 한다(그림 II-48 참조).

4) 중점경관관리구역의 설정

경관계획수립지침에 따르면 경관기본구상 단계에서는 경관권역, 경관축, 경관거점 설정을 통하여 경관구조를 구상하도록 하고 있다. 경관기본구상 단계에 중점경관관리구역 설정 내용은 빠져있으나, 이후 경관기본계획 단계에서 중점경관관리구역에 대한 세부적인 계획을 수립하여야 하므로 경관기본구상 단계에서는 적어도 중점경관관리구역의 위치와 관리방향 등에 대해서 제시하는 것이 바람직하다.

중점경관관리구역은 중점적으로 경관을 보전, 관리 및 형성해야 할 필요가 있는 구역에 지정하는 것으로 이후 경관계획에서 중점경관관리구역계획과 별도의 경관가이드라인을 제시하고, 조례와 연동시켜 경관심의를 운영할 수 있는 구역이다. 경관계획 내에서 가장 엄격히 관리하는 대상이므로 신중하게 설정하여야 한다. 중점경관관리구역은 경관권역, 경관축, 경관거점을 포함하거나 그 일부에 설정할 수 있으며 중첩하여 설정할 수도 있다.

중점적으로 경관을 보전, 관리, 형성해야 하는 대상이므로 경관자원, 경관거점과 비슷한 내용이라고 혼동할 수 있나. 실세 경관자원이 경관거점으로 설정될 수도 있고, 경관자원을 중심으로 중점경관관리구역을 지정할 수도 있다. 서로 배타적인 개념이라기보다 경관계획을 효율적으로 운용하기 위한 다양한 수단이라고 보는 것이 타당할 것이다. 경관자원, 경관거점, 중점경관관리구역에 대한 비교는 다음 <표 II-2>에 정리하였다.

중점경관관리구역을 설정할 때에는 구역의 개수, 규모, 범위 등을 고려하여 대상을 설정하는 것이 바람직하다. 집중적인 경관관리가 필요할 지역에 대해서 중점경관관리구역을 설정하는 것이 가장 기본적인 기준이지만, 실제 계획을 수립하는 것과 이를 집행하는 것에는 지자체의 행정적, 재정적 여건 등에 따라 큰

표 II-2 경관자원, 경관거점, 중점경관관리구역의 비교

구분	경관자원	경관거점	중점경관관리구역
단계	• 현황조사 단계에서 조사 진행	• 경관기본구상 단계에서 위치를 지정	• 경관기본구상 단계에서 위치를 지정 • 경관기본계획 단계에서는 중점경관관리구역의 세부 계획 내용 작성
구역계	• 구역계 없음	• 일반적으로 구역계가 없으나, 경관가이드라인을 적용하기 위한 구역계 지정이 바람직함	• 경관계획 승인 이후에 구역고시를 진행해야 하므로 명확한 구역계 설정이 필수 • 경관심의 대상과 연계하여 운영함
규모	• 경관자원의 특성에 따라 모두 다름	• 면적이 넓은 경우는 경관권역으로 구분되므로 소규모 점적인 지역에 설정	• 지자체 상황에 따라 넓은 지역을 지정할 수도 있으나, 집중 관리를 해야 하므로 너무 넓은 지역을 지정하는 것은 바람직하지 않음 • 일반적으로 가로 단위, 블록 단위로 지정하는 것이 바람직함
관리 방식	• 중요도에 따라 우수경관자원을 구분 • 경관관련 사업, 관련부서와 협력 등을 통한 관리 • 별도의 DB로 관리하는 것이 바람직함	• 경관자원 중 일부를 경관거점으로 지정할 수 있음 • 유형별 경관거점을 설정하고 가이드라인을 적용하는 방식으로 관리함 • 경관사업을 통해 관리할 수도 있음	• 경관자원이나 경관거점을 포함한 구역을 중점경관관리구역으로 지정할 수 있음 • 조례에서 중점경관관리구역 내 경관심의 대상을 지정할 수 있음 • 가이드라인을 적용하고 이를 심의를 통해 실행함 • 경관사업, 협정 등 경관행정력을 우선 집중할 수 있음

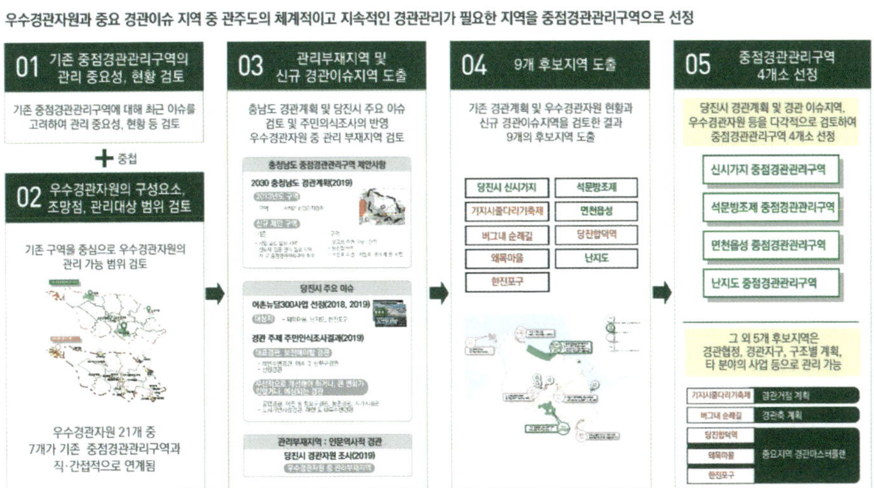

그림 II-49 중점경관관리구역 선정 과정 예시 (당진시, 2021)

차이가 있을 수 있기 때문에 현실적인 상황을 고려해서 구역설정을 하여야 한다. 너무 넓고 많은 지역을 중점경관관리구역으로 설정하는 경우에는 경관심의 대상이 감당하기 어려울 정도로 많아질 수도 있고 민원이 많이 발생하여 관리에 어려움이 있을 수도 있다. 반대로 중점경관관리구역을 소극적으로 설정하는 경우에는 경관계획을 수립해도 실제로 경관이 긍정적으로 바뀌는 것이 없다고 생각할 수 있다. 따라서 지자체 상황을 고려하여 중점경관관리구역의 개수, 규모, 범위 등을 정하는 것이 매우 중요하다. 처음 경관계획을 수립하는 경우에는 4-6개 정도의 구역을 설정하고, 재정비를 거치면서 구역을 점차 넓혀가는 것이 현실적인 방법이 될 수 있다.

중점경관관리구역은 향후 가이드라인 적용과 경관심의 운영을 대상이 되므로 구역에 포함되는지가 매우 중요하다. 따라서 구역계가 명확히 제시되어야 하고 이는 향후 구역고시를 통해 민원인들이 확인할 수 있도록 하여야 한다. 다만, 경관기본구상 단계에서는 명확한 구역계 설정보다는 어느 지역이 중점경관관리구역으로 지정해야 하는지에 대한 타당성과 개략적인 범위, 기본방향 등을 제시하고 경관기본계획 단계에서 구체화하는 방식으로 진행하는 것이 바람직하다.

3.5 경관기본구상 종합

1) 경관기본구상도 작성

이상에서 기본방향, 미래상, 추진전략, 경관구조 설정 등을 통하여 전체 대상지역에 대한 경관기본구상 과정을 살펴보았다. 특히 경관구조 설정을 위한 경관권역, 경관축, 경관거점, 중점경관관리구역은 서로 다른 대상이 아니라 경관계획을 수립하기 위한 계획단위이므로 이를 종합적으로 검토하는 과정이 반드시 필요하다. 경관계획수립지침에서는 중요경관자원, 경관권역, 경관축, 경관거점 등의 계획대상과 범위를 포함하여 경관기본구상도를 작성하도록 하고 있다. 개별적인 경관계획단위를 중첩시켜 경관구조를 파악하고, 계획단위별로 기본방향과 주요 내용을 일목요연하게 표현하여 이후 경관기본계획의 기초가 되도록 작성하여야 한다.

[경관계획수립지침] 8-2-1. 경관기본구상도

(1) 경관기본구상도는 경관계획대상지역의 전반적인 경관골격에 대한 구상으로 양호한 경관을 보전, 관리 및 형성 등의 방향을 설정한 도면이다.

(2) 경관기본구상, 중요경관자원, 경관권역, 경관축, 경관거점 등의 계획대상과 범위를 표시한다.

(3) 경관기본구상도는 계획대상을 모두 포함하도록 하며, 계획대상과 범위를 명확하게 구분하여야 하고, 범례를 통하여 도면의 이해가 쉽도록 작성한다.

(4) 경관기본구상도는 계획대상지역의 규모에 따라 계획의 내용을 표현하기에 적당한 축적 수준을 선택하여 작성한다.

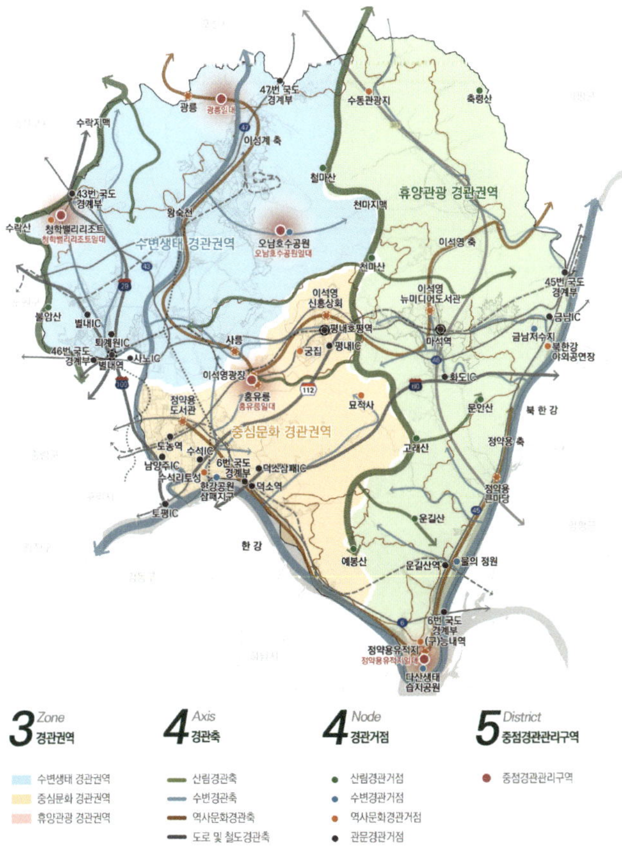

그림 II-50 경관기본구상도 예시 (남양주시, 2021)

2) 경관기본구상 내용 종합

경관구상도에서는 대상지 전역에 대한 내용을 하나의 도면으로 표현하기 때문에 경관구조와 같은 거시적인 내용을 파악하기에는 편리하나, 계획단위별로 세부 구상을 파악하기에는 무리가 있다. 경관권역 또는 경관축에 해당하는 주요 목표와 관리방향 등을 도면과 함께 표시하면 훨씬 더 전체 대상지에 대한 이해도가 높아질 수 있다. 다만, 이 경우에 너무 많은 내용을 도면에 표시하는 경우 오히려 중요한 내용이 전달되지 않는 경우도 있으므로 중요 사항만 도면으로 정리하고, 필요한 경우에는 별도로 내용을 작성하는 것이 효과적이다.

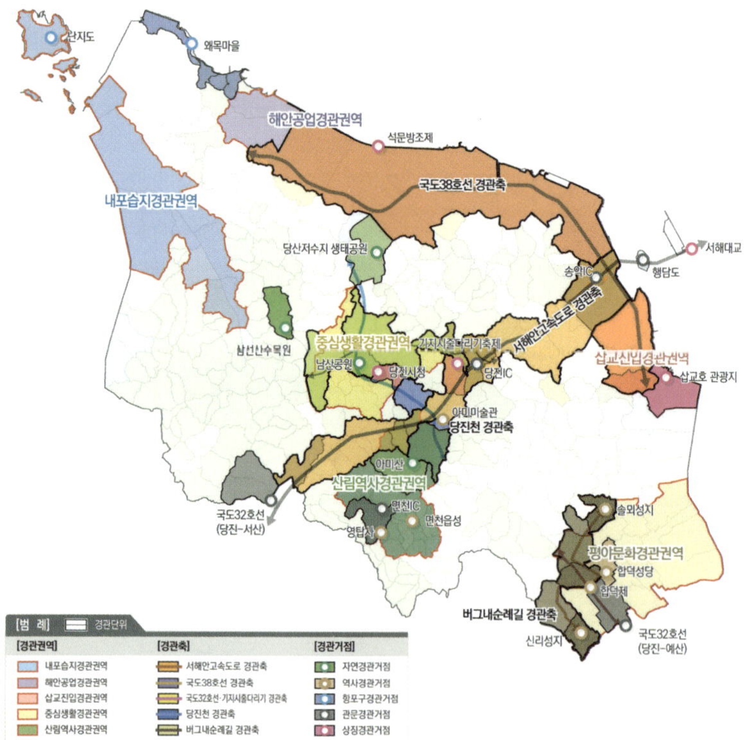

그림 II-51 경관구조 종합: 경관계획단위의 설정 예시 (당진시, 2021)

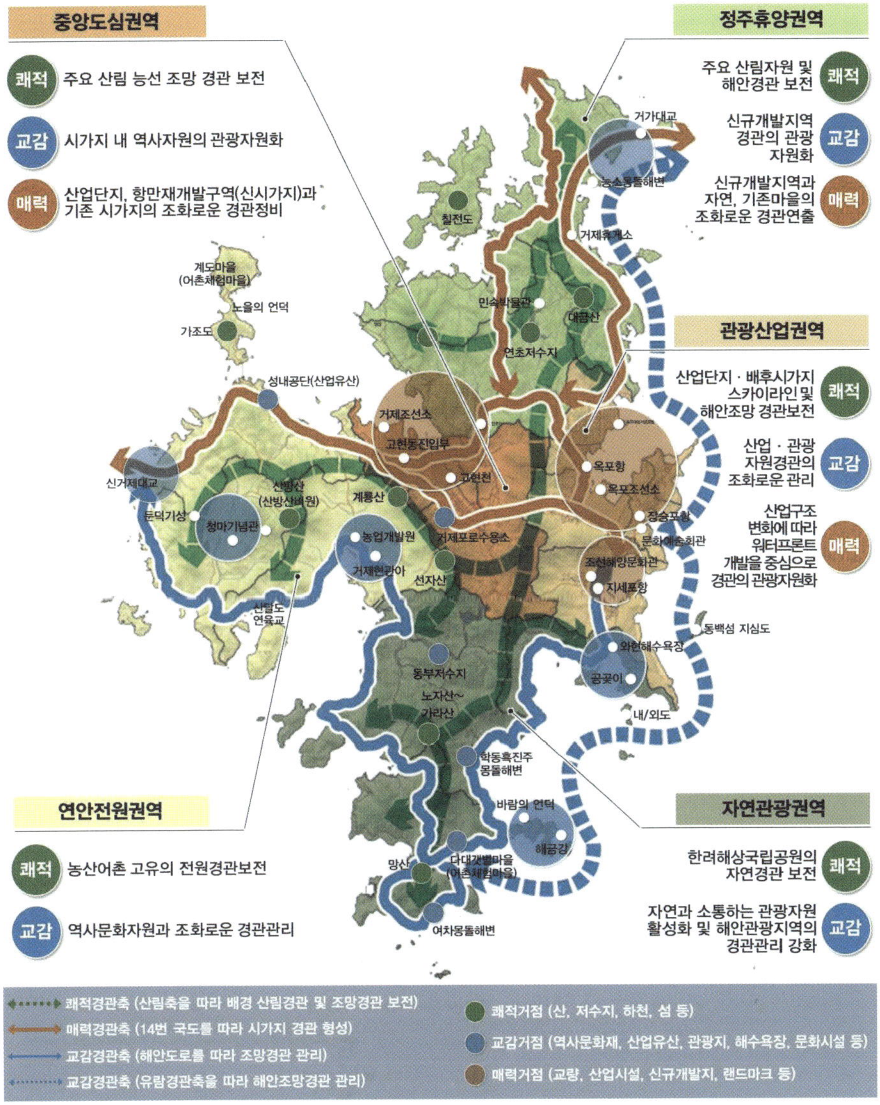

그림 II-52 경관기본구상도와 주요 내용 예시 (거제시, 2018)

4. 경관기본계획

4.1 개요

경관기본계획은 경관기본구상에서 제시한 기본방향, 미래상, 추진전략, 경관구조 등을 토대로 이를 구체화하여 경관권역계획, 경관축계획, 경관거점계획, 중점경관관리구역계획 등을 진행하는 단계이다. 경관구조에서 제시된 경관계획 단위(경관권역, 경관축, 경관거점)와 중점경관관리구역 등을 대상으로 현실적이고 구체적인 계획을 작성하는 단계라고 할 수 있다.

경관계획의 개요	경관현황조사 및 분석	경관기본구상	경관기본계획	경관가이드라인 (경관부문별계획)	실행계획
· 배경 및 목적 · 범위 및 내용 · 수립방법 및 수립과정	· 경관구조분석 · 경관자원조사 · 경관의식조사 · 관련계획 및 법규 조사 · 종합분석	· 기본방향 및 미래상 설정 · 추진전략 설정 · 경관구조 설정 · 경관기본구상 종합	· 경관권역, 경관축, 경관거점 등 계획 · 중점경관관리 구역 계획 · 경관지구 계획 · 경관기본계획도 작성	· 경관부문별계획 (도 경관계획) · 경관가이드라인 (시·군 경관계획)	· 관련제도연계 · 경관사업 · 경관협정 · 경관행정 · 경관조례 · 향후추진과제

그림 II-53 경관계획 진행과정과 경관기본계획 단계

[경관계획수립지침] 5-4-1. 경관기본계획의 개요

(1) 경관기본구상에서 설정한 경관권역, 경관축, 경관거점, 중점경관관리구역 등에 대해 경관의 보전, 관리 및 형성을 위한 계획방향 및 관리방안을 제시한다.
(2) 경관사업, 경관협정, 경관심의, 경관조례 등에 반영할 수 있도록 구체적으로 작성한다.
(3) 관할구역의 경관 창출에 중요한 역할을 하여 보다 중점적으로 경관을 보전·관리 및 형성해야 할 필요가 있는 지역을 중점경관관리구역으로 설정하고, 경관관리의 목표 및 보전·관리·형성을 위한 실행수단 등을 검토·제시한다. 중점경관관리구역은 경관권역, 경관축, 경관거점을 포함하거나 그 일부에 설정할 수 있으며, 중첩하여 설정할 수 있다.
(4) 경관지구의 관리방향을 제시하고, 필요시 경관지구의 신규 지정을 제안한다.

개별적인 계획 내용은 경관기본구상에서 제시한 미래상과 추진전략과 연계되도록 하여야 하며, 이후 경관사업, 경관협정, 경관심의, 경관조례 등의 실행계획 등을 통해 실제 경관에 적용될 수 있는 정도로 상세하게 작성하여야 한다. 즉, 경관기본계획은 경관기본구상의 내용을 구체화하여 관리단위별로 상세한 계획을 수립하고 이를 실행계획으로 연계시키는 과정이라고 할 수 있다. 현황조사와 경관기본구상의 내용을 잘 반영할수록 대상지의 경관현황과 특성에 부합하는 계획 내용이 될 수 있으므로 전 단계 내용을 잘 파악하는 것이 중요하다(그림 II-54 참조).

특히 중점경관관리구역은 조례를 통해 경관심의 대상을 지정하고 경관가이

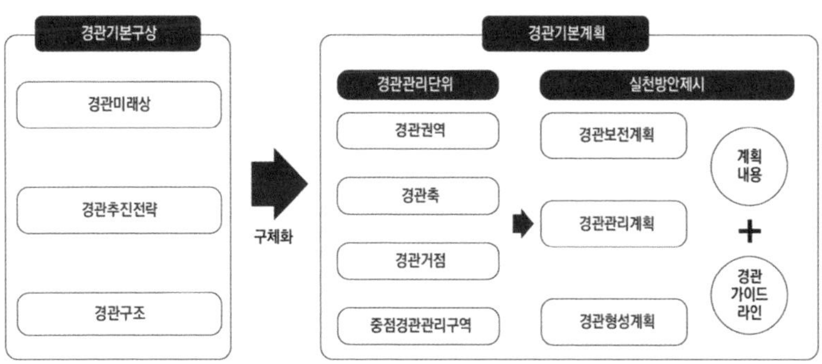

그림 II-54 경관기본구상과 경관기본계획의 관계 (남양주시, 2022)

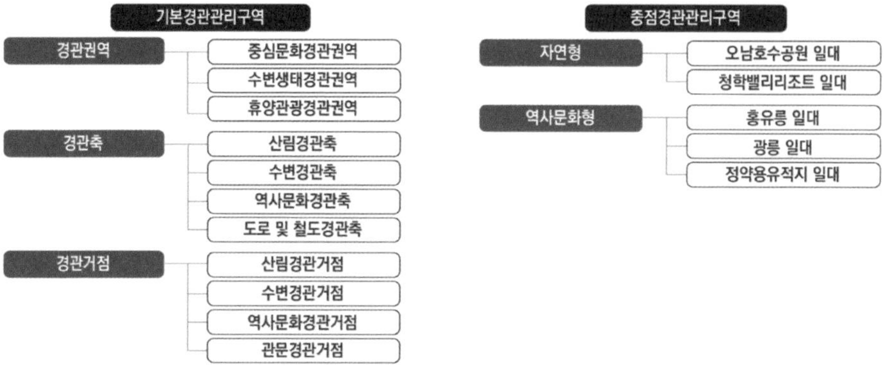

그림 II-55 경관계획단위 설정 예시 (남양주시, 2022)

드라인으로 통해 관리할 수 있으므로 상세한 계획을 수립하여야 한다. 또한 경관계획을 통해 기존 경관지구의 관리방안을 제시하고, 신규 경관지구 지정을 제안할 수 있다. 단, 경관지구 지정은 국토계획법에 의한 도시관리계획 상의 지구지정 절차를 따라야 한다.

기본계획 단계에서는 우선 계획단위를 설정하고 계획단위별로 내용을 작성하는 것이 가장 기본적인 과정이다. 이후에는 실행에 옮기기 위한 관리방안과 가이드라인을 작성하게 된다. 따라서 경관기본구상에서 제시한 경관권역, 경관축, 경관거점 등의 경관구조를 토대로 구체적인 경관계획단위를 결정하게 된다. 경관기본구상 단계에서는 구체적인 경계가 확정될 필요가 없었으나, 경관기본계획 단계에서는 향후 가이드라인 적용 여부를 파악할 수 있도록 구체적인 경계를 제시하는 것도 포함된다.

4.2 경관권역계획

경관권역은 가장 넓은 면적을 다루는 계획단위이므로 경관계획단위 중 가장 기본적인 것이라고 할 수 있다. 경관계획을 수립할 때 가장 먼저 경관권역을 설정하고 경관권역별 계획과 정책을 수립하는 경우가 많아 사실상 가장 기본적인 계획이다. 경관권역이 지자체 행정구역 전체를 포괄하는 경우가 많아 경관권역

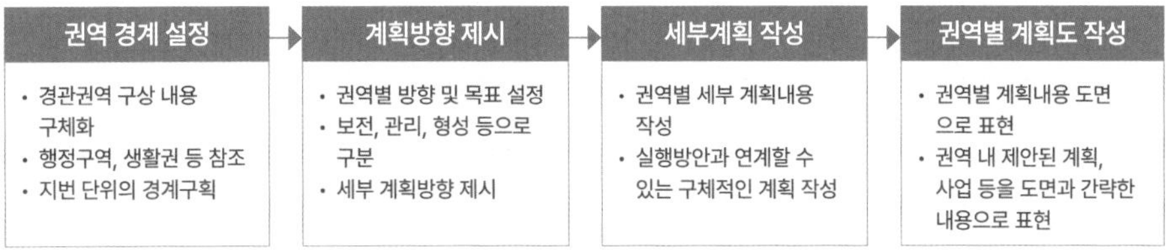

그림 II-56 경관권역계획 수립의 흐름

별 계획이 사실상 종합계획에 해당한다고 볼 수 있다.

경관계획수립지침에는 농산어촌, 산림경관, 주거지, 상업지, 공장, 산업경관, 역사문화경관 등 다양한 경관유형에 대한 내용을 다루도록 제시하고 있다. 그러나 이는 경관유형별 계획을 모두 수립하라는 뜻이 아니라, 해당 권역의 경관 특성에 따라 선택적으로 경관계획을 수립할 수 있다는 의미로 보는 것이 타당하다. 즉, 권역별 경관특성에 따라 어떤 경관유형에 관한 계획에 집중해야 하는지 판단하는 것도 중요하다고 할 수 있다.

[경관계획수립지침] 5-4-2. 경관권역계획

(1) 경관권역의 목표, 구현방향, 경관자원의 보전, 관리 및 형성을 위한 계획방향 및 관리방안을 수립한다.
(2) 농산어촌의 경우 생산활동과 주민생활의 반영 등을 통해 나타나는 경관의 보전 또는 관리방향을 수립한다.
(3) 우수한 산림경관의 경우 생태적 경관미를 제고하기 위하여 산림경관의 유형과 조성목적에 맞는 조성, 관리방향을 수립한다.
(4) 주거지, 상업지 등 시가지의 경우 지역의 공간이용 특성 등을 고려하여 계획방향을 수립한다.
(5) 공장이전지 등 과거 산업경관의 흔적이 있거나 그 특성이 형성된 지역의 경우 경관적 특성이 복원되거나 표출될 수 있도록 계획방향을 수립한다.
(6) 역사문화자원 및 주변 지역의 경우 역사적 가치를 보존하고 그 이미지에 맞는 경관특성이 유지되도록 계획방향을 수립한다.

1) 경관권역 경계 설정

경관권역계획은 가장 먼저 권역의 경계를 명확히 하는 것부터 시작해야 한다. 경관기본구상 단계에서 이미 경관권역을 설정하였으나, 구상단계에서는 명확한 경계를 구분하지 않는 경우가 많다. 그러나 경관기본계획 단계부터는 어느 경관권역에 해당하는지에 따라 적용해야 하는 가이드라인이 달라질 수 있으므로 경계를 명확하게 설정하여야 한다. 일반적으로 향후 실행계획 단계에서 행정편의성과 지역별 형평성 등을 고려하여 경관권역 구분은 행정구역 경계를 참고하는 경우가 많다(그림 II-57 왼쪽 참조).

경관권역 경계를 명확하게 설정한 이후에는 권역별 계획방향을 설정하고, 이를 구체화하는 세부 계획을 제시하게 된다. 이는 지자체 전체를 대상으로 경관기본구상에서 기본방향과 목표를 설정하는 과정과 유사하다. 경관기본구상에서의 미래상 설정과 유사하게 경관권역별 목표를 슬로건 형식으로 제시할 수도 있다. 권역별 목표는 보전, 관리, 형성 측면으로 구분하여 제시하고, 각 유형별로 보다 세부계

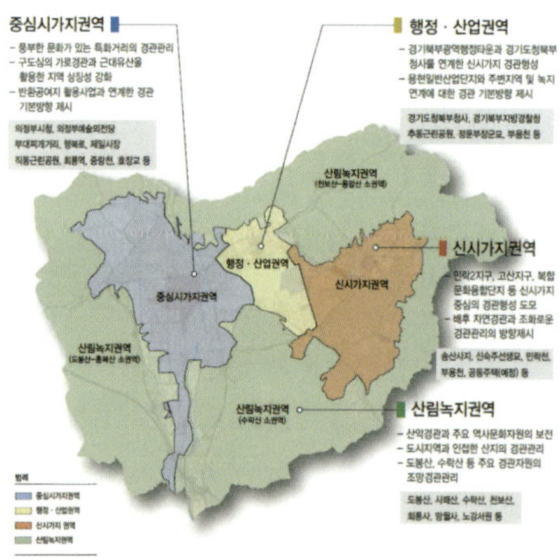

경관권역	권역별 기본방향	경관소권역
중심시가지권역	구도심 경관의 회복과 활력있는 도심경관 창출	–
행정· 산업권역	경기도청북부청사 중심의 조화로운 시가지경관	–
신시가지권역	자연과 조화되는 녹색시가지 경관	–
산림녹지권역	자연과 역사· 문화가 조화를 이루는 아름다운 경관 도시의 배경이 되는 자연경관이미지 보전	도봉산–홍복산 소권역 수락산 소권역 천보산–용암산 소권역

그림 II-57 경관권역 구분(왼쪽) 및 권역별 경관기본계획도(오른쪽) 예시 (의정부시, 2017)

획을 제시하는 경우가 많다. 그러나 보전, 관리, 형성의 구분은 반드시 지켜야하는 것은 아니고 대상지의 상황에 맞게 변경이 가능하다. 세부 계획은 경관기본구상에서의 추진전략과 유사한 기능이라고 볼 수 있는데, 다만 경관기본계획 단계의 세부계획은 좀 더 구체적인 범위와 상세한 내용을 포함하여야 한다는 점이 다르다.

경관권역별로 계획방향과 세부계획을 제시하였으면, 계획 내용과 적용범위를 파악할 수 있도록 이를 도면으로 표현하여야 한다. 한 개의 경관권역 내에 보통 여러 개의 계획과 사업이 제안되므로 권역별 계획도는 종합계획도처럼 복잡한 내용이 표현되는 것이 일반적이다(그림 II-57 오른쪽 참조). 도면에는 각 세부계획의 제목과 내용을 같이 표현하기도 하고, 구체적인 내용을 전달하기 위해서 별도의 설명 자료로 보완하기도 한다.

2) 경관권역별 계획 작성

계획방향과 세부계획으로 구분하여 경관권역별 계획을 작성하며, 내용을 쉽게 전달하기 위해서 사례 이미지, 삽도, 시뮬레이션 등을 추가하기도 한다. 사례 이미지를 사용할 때에 너무 많은 이미지를 제시하는 것은 오히려 계획내용 전달에 방해가 되므로 대상지와 관련이 높은 것을 사용하는 것이 바람직하다.

세부계획은 막연한 희망사항이 아니라 구체적으로 실현할 수 있는 내용으로 작성하여야 한다. 경관계획의 실효성이 떨어진다는 지적은 계획의 구체성과 직접 관련이 있는 것이므로, 현재 지자체의 재정적, 행정적 사항 등을 종합적으로 고려하여 실현가능한 범위로 계획을 작성하여야 한다. 계획내용은 가이드라인으로 연결될 수 있도록 구체적인 수준으로 작성하는 것이 중요하다.

현재 경관계획수립지침에서는 경관자원조사 단계에서 경관위해요소를 설정하고 이에 대한 관리 및 정비계획을 수립할 수 있도록 규정하고 있다. 경관자원조사에서 위해요소를 설정한 경우에는 해당 자원에 대한 계획을 경관권역계획에 포함하거나 중점경관관리구역계획에서 상세히 다루도록 규정하고 있다. 경관위해요소에 대해서 경관기본계획 단계에서 별도의 절로 구분하기도 하지만, 경관권역계획이나 중점경관관리구역계획에서 위해요소를 다루는 것이 효과적인 방법이다.

[경관계획수립지침] 5-2-1. 경관자원조사

(3) 조사방법

⑤ 시·군의 경관을 저해하는 주요 경관위해요소를 설정하고, 중점경관관리구역계획, 실행계획 등에서 주요 경관위해요소에 대한 관리·정비계획을 수립할 수 있도록 한다.

⑥ 상위 지자체에서 중요 경관자원 및 주요 경관위해요소를 정하여 관리하는 경우 이와 연계한다.

4.3 경관축계획

기본구상에서 제시한 경관축에 대해서도 구체적인 계획안을 작성하여야 한다. 경관권역계획이 대상지역 전체에 대한 내용을 다루거나 면적으로 넓은 지역에 대한 내용이라면, 경관축계획은 경관기본구상에서 설정한 선형으로 긴 대

그림 II-58 경관권역계획도와 세부계획 내용 예시: 남양주시 중심문화경관권역 (남양주시, 2022)

그림 II-59 경관권역 세부계획 내용 예시 (안양시, 2016)

상에 대한 계획을 작성한다. 경관계획수립지침에서는 경관축을 조망경관축, 가로경관축, 녹지경관축, 수변경관축 등의 유형으로 구분하고 각 유형별로 작성 방향을 제시하고 있다(경관계획수립지침 5-4-3 참고). 지침에서 제시한 경관유형은 일반적인 구분이므로 반드시 이 지침을 따를 필요는 없으며, 대상지의 경관특성에 맞춰 유연한 유형구분을 사용하는 것이 더 바람직하다.

1) 경관축 경계 설정

경관권역과 마찬가지로 경관축계획을 하기 위해서는 우선 경관축의 경계를 설정하는 것이 중요하다. 현재 경관축계획에서는 경계를 구체적으로 설정하지 않고 개념적으로 축의 위치만을 제시하는 경우가 많으나, 실제 경관가이드라인을 적용하는 실행계획과 연계성을 고려해 볼 때에는 반드시 경관축의 경계를 설정하는 것이 필요하다. 경관축은 일반적으로 도로, 철도, 하천, 해안선 등을 따라 지정되므로 각 대상의 경계로부터 일정 거리 이내로 지정하거나, 대상지 주변 필지 경계선으로 범위를 지정할 수 있다. 다만, 필지경계선으로 경계를 지정하기 위해서는 많은 시간과 노력이 필요하므로 향후 가이드라인 적용이 어느 정도 엄격하게 적용되어야 하는지 판단하고 경계를 구분하는 방식을 결정하는 것이 바람직하다.

[경관계획수립지침] 5-4-3. 경관축계획

(1) 경관축의 목표, 구현방향, 경관자원의 보전·관리 및 형성을 위한 계획방향 및 관리방안을 수립한다.
(2) 지역을 대표하는 뛰어난 자연경관, 랜드마크, 역사문화자원, 상징적 건축물이나 구조물 등에 대한 조망경관축의 경우 주요 접근로와 조망점, 조망경관자원과 조망점 사이에 있는 건축물과 가로의 규모 등에 대한 계획방향을 수립한다.
(3) 시가지의 중심가로와 상징성이 큰 가로, 경관자원이 많은 가로에 설정된 가로경관축의 경우 가로경관자원을 보전하기 위한 목표와 방향이나 특색있는 가로경관을 연속적·통합적으로 형성하기 위한 방향 등을 수립한다.
(4) 우수한 산림, 공원, 녹지 등에 설정된 녹지경관축의 경우 연속성을 확보하거나 조망을 확보하기 위한 계획방향을 수립한다.
(5) 강이나 수로, 호수, 해안을 따라 형성되는 수변경관축의 경우 조망기회 확대, 개방감 확보, 연속적 경관의 보전·관리 및 형성을 위한 계획방향을 수립한다.

2) 경관축 유형별 계획 작성

경계가 설정된 이후에는 경관축 유형별 계획을 작성한다. 계획 수립 방식은 경관권역계획과 동일하게 계획방향을 설정하고, 이를 구체화하는 세부계획을 제시한다. 경관권역의 경우에는 계획목표를 슬로건으로 제시하는 경우도 많이 있으나, 경관축에 대해서는 비교적 단순하게 계획목적을 보전, 관리, 형성 등으로 구분하고 계획을 제시하는 경우가 일반적이다.

경관축이 지정된 지역은 보통 경관권역이 이미 설정되어 있는 경우가 대부분이므로 경관축계획을 작성할 때에는 이미 경관권역에서 다룬 내용은 제외하고 선형적 공간과 관련된 내용을 중점적으로 작성하여야 한다. 예를 들어, 경관권역 전반에 걸친 건축물관련 계획 내용은 경관권역계획에서 작성하고, 그 외에 가로경관축에 접한 건축물의 규모, 배치, 형태 등은 가로경관축계획에서 추가적으로 제시하는 것이 바람직하다.

경관축 유형별로 계획 주안점을 살펴보면, 가로경관축에서는 민간부문과 공공부문이 모두 관련되는 경우가 많으므로 개별 건축물에 대한 구체적인 사항과 함께 보도, 가로수, 옥외광고물, 가로시설물 등에 대한 내용도 포함하여야 한다. 수변경관축은 수변 활용 관련 내용과 함께 수변에서 조망이 되는 건축물의 규모 등도 중요한 계획 내용이 될 수 있으며, 녹지경관축은 거시적인 측면에서의 녹지연결이나 조망확보 등의 내용을 제시할 수 있다. 다만, 녹지경관축의 경우에는 산림, 녹지, 공원 등으로 구성되어 공원녹지기본계획에서 다루는 내용과 겹치는 경우가 많으므로 공원녹지 자체보다는 경관적인 측면에서 녹지경관의 활용과 관리에 필요한 사항을 중심으로 작성하는 것이 바람직하다. 경관적인 사항이 많지 않고 생태적인 측면에서 중요성이 높다면, 경관구상 단계에서

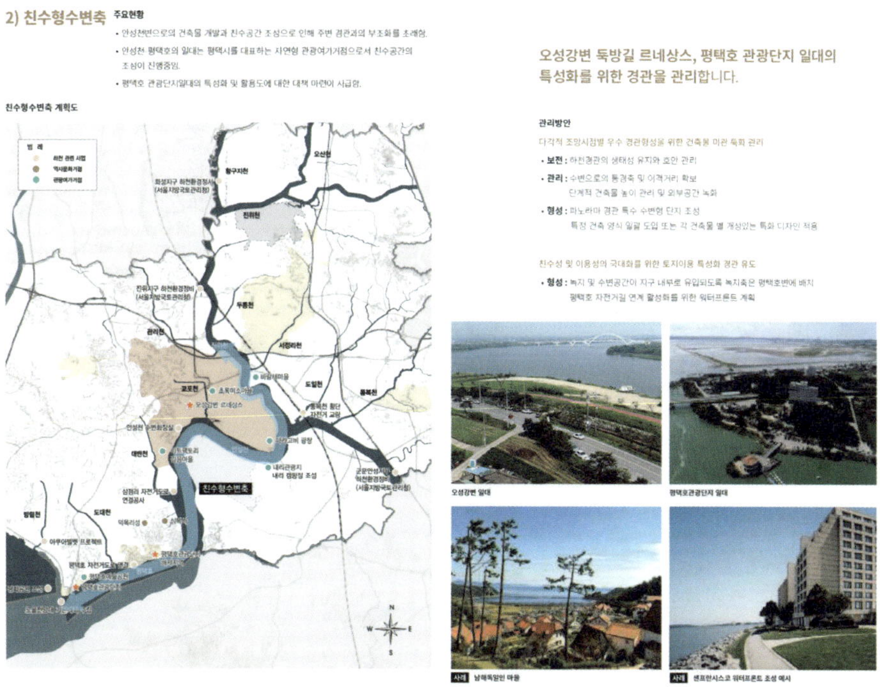

그림 II-60 수변경관축 계획방향 및 관리방안 예시 (평택시, 2017)

과감하게 경관축에서 제외하는 것도 검토할 수 있다.

경관축 중에서 특별히 관리 필요성이 높은 대상에 대해서는 유형별 작성 외에 특정한 경관축에 대한 계획을 수립할 수도 있다. 예를 들어서 지자체의 상장 가로나 주요 하천의 경우에는 별도의 경관축 계획을 수립하기도 한다.

경관축 유형축별로 계획을 작성한 후에는 각 계획이 적용되는 구역을 파악할 수 있도록 이를 도면으로 표현하여야 한다. 경관축계획 도면은 경관권역계획과

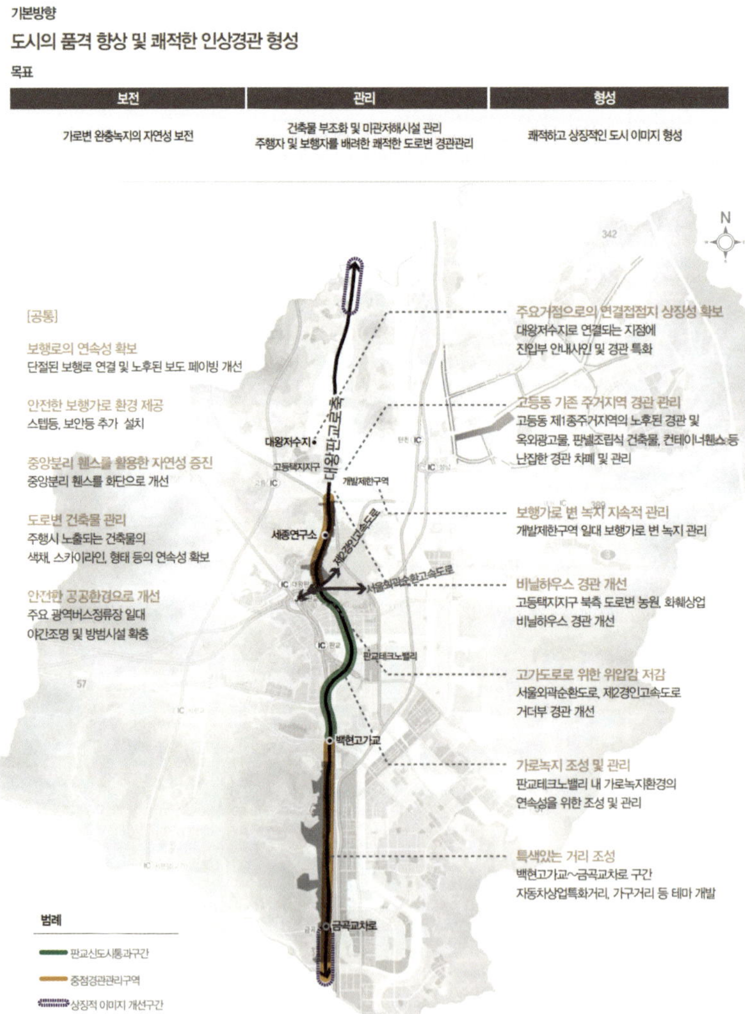

그림 II-61 경관축 세부계획 사례: 대왕판교로축 종합계획도 (성남시, 2018)

표 II-3 도로경관축 세부계획 사례 (성남시, 2018)

주요 과제	관리대상	지침내용	관련계획
연속성	가로녹지	판교테크노밸리 내 우수하게 조성된 가로녹지 환경이 대왕판교로 일대 연속될 수 있도록 조성하고 관리	녹지환경 가이드라인
	개발제한구역	개발제한구역 일대 보행가로 변 관리되지 않은 녹지로 인한 은닉공간이 발생하지 않도록 밝고 쾌적한 가로로 지속적으로 관리	보행환경 가이드라인
	보행가로	단절된 보행로를 연결하고 노후된 보도 페이빙을 개선하여 보행로의 연속성 확보	
		안전한 보행가로 환경제공을 위하여 스텝등, 보안등 추가 설치	
	중앙분리대	중앙분리 휀스를 화단으로 개선하여 자연성 증진	
조망성	건축물	주행 시 노출되는 도로변 건축물 경관의 조화로운 파노라마 경관을 제공하기 위해 색채, 스카이라인, 형태 등의 연속성 확보	건축물 가이드라인
	고가도로	서울외곽순환도로, 제2경인고속도로 고가도로로 인한 위압감 저감을 위하여 거더부 경관 개선	사회기반시설 가이드라인
	비닐하우스	고등택지지구 북측 도로변으로 조성되어 있는 농원, 화훼상업 비닐하우스 경관을 개선하여 개발환경과 균형적인 경관이 제공될 수 있도록 관리	경관사업 경관협정
	고등동 기존 주거지역	고등택지개발지구와 마주보는 기존 고등동 제1종주거지역의 노후된 경관과 옥외광고물, 판넬조립식 건축물, 컨테이너 휀스 등 난잡한 경관 차폐 및 관리	건축물 가이드라인
특성화	상업건축물	백현고가교~금곡교차로 구간 자동차상업특화거리, 가구거리 등 테마를 개발하여 특색 있는 거리 조성	경관사업
	버스정류장	주요 광역버스정류장 일대 야간조명 및 방범시설을 확충하고 안전한 공공환경으로 개선	야간환경 가이드라인
	주요거점으로의 연결 접점지	대왕저수지로 연결되는 지점에 진입부 안내사인 및 경관을 특화하여 상징성 확보	경관사업

유사하게 경관축의 위치, 경계, 계획방향과 세부계획 등을 도면에 표현한다. 계획내용이 많을 경우에는 도면과 함께 세부 계획을 별도로 작성할 수 있으며, 내용을 쉽게 전달하기 위해서 사례 이미지나, 삽도, 시뮬레이션 등을 추가하기도 한다. 경관축에 대한 계획내용도 역시 구체적으로 작성하여 실행이 가능하도록 하여야 한다. 특히 경관가이드라인과 연계가 잘 될 수 있도록 작성하는 것이 중요하다.

도로와 하천 같은 물리적인 축 외에도 시각적으로 연결되는 조망축에 대한 내용도 경관축계획에서 다룰 수 있다. 조망지점과 조망대상, 둘 사이의 연결축, 조망대상 후면부 등에 대한 내용도 조망경관축계획으로 작성할 수 있다. 특히 멀리서도 조망이 되는 우수경관자원에 대해서는 조망경관축계획을 작성하여

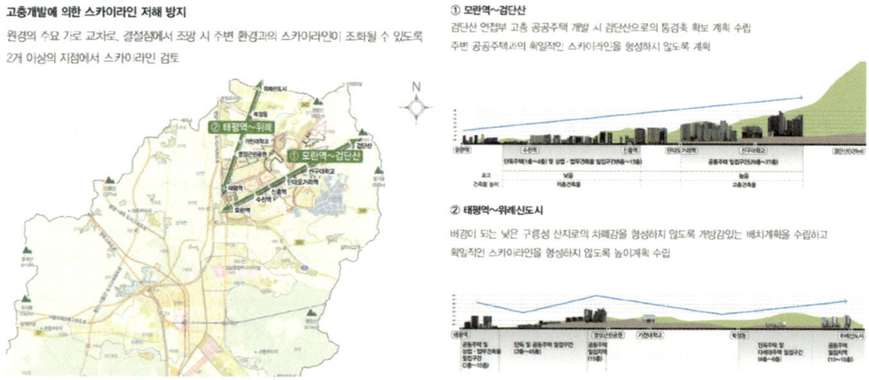

그림 II-62 주변 산림조망을 위한 조망관리계획 예시 (성남시, 2018)

경관자원으로 향하는 조망을 관리할 수 있다. 다만, 조망을 확보하기 위해서는 건축물의 높이나 배치 등을 통제해야 하는 현실적인 어려움이 있기 때문에 실제 관리가 가능한지 검토한 후에 조망경관축계획을 제시하여야 한다. 조망경관축계획을 제시하고 있으나 실제에서 적용하지 못하는 경우가 많기 때문이다.

외국에서는 중요한 경관자원을 중심으로 조망을 확보하기 위해 건축물의 높이를 관리하고 있는 사례들이 많이 있다. 그중 가장 유명한 것으로 런던의 조망관리체계(London View Management Frame, 2012)를 들 수 있다. 템즈 강변에 위치하고 있는 세인트폴대성당을 주요 지점에서 조망할 수 있도록 쐐기형태의 영역을 설정하고 그 영역에 포함되는 건축물의 높이를 관리하는 시스템이다. 건축물의 높이를 관리한다는 것은 개인의 재산권을 제한한다는 의미이기도 하므로 실제 적용하기 쉽지 않은 문제가 있다. 그럼에도 개발요구가 높은 런던에서 이러한 조망관리체계가 잘 작동하고 있는 이유는 조망대상인 세인트폴대성당에 대한 시민의 공감대가 형성되었기 때문이다. 따라서 조망축계획을 제시하고자 할 때에는 현실적인 상황을 충분히 파악하여 조망관리가 가능한 대상에 대한 계획을 수립하는 것이 바람직하다.

국내에서도 우수한 조망을 유지하기 위한 시도는 여러 차례 있었으나, 경관보전을 위한 공감보다 개발에 대한 수요가 강하여 구체적으로 실현되지 못하였다. 서울특별시 자연녹지경관계획(2011)에서는 조망경관형성구역의 개념을 제시한 바가 있다. 방법적으로는 앞서 소개한 런던의 조망관리체계와 유사한 접

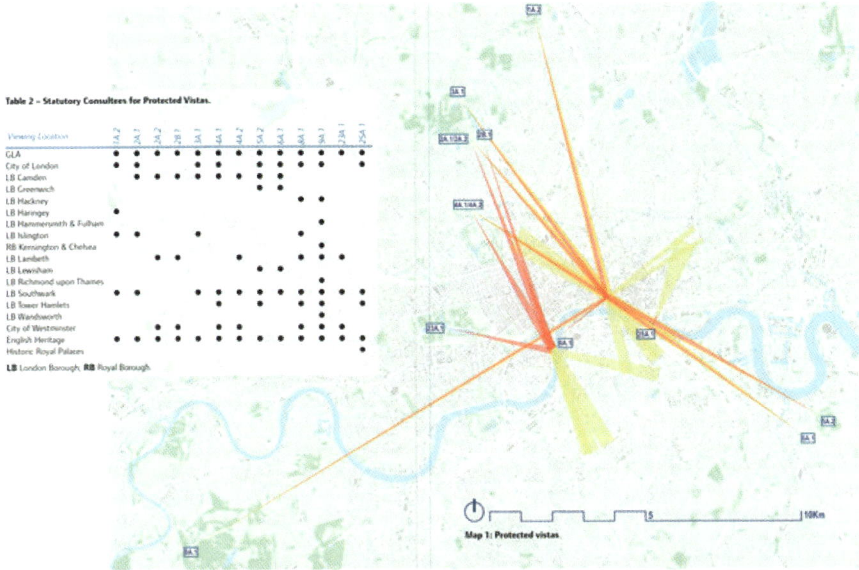

Table 2 – Statutory Consultees for Protected Vistas.

Viewing Location	1A.2	2A.1	2A.2	2B.1	3A.1	4A.1	4A.2	5A.2	6A.1	8A.1	9A.1	23A.1	25A.1
GLA	•	•	•	•	•	•	•	•	•	•	•	•	•
City of London	•	•			•	•		•	•	•	•		•
LB Camden		•	•	•	•	•	•	•	•				
LB Greenwich								•	•				
LB Hackney										•	•		
LB Haringey	•												
LB Hammersmith & Fulham											•		
LB Islington	•	•			•					•			
RB Kensington & Chelsea											•		
LB Lambeth			•	•			•			•	•	•	
LB Lewisham								•	•				
LB Richmond upon Thames											•		
LB Southwark	•	•			•	•	•	•	•	•	•	•	•
LB Tower Hamlets						•		•		•	•		•
LB Wandsworth											•		
City of Westminster			•	•		•	•			•	•	•	
English Heritage	•	•	•	•	•	•	•	•	•	•	•	•	•
Historic Royal Palaces													•

LB London Borough, RB Royal Borough

그림 II-63 세인트폴 대성당 조망 확보를 위한 조망관리체계 (London, 2012)

근이었는데, 주요 산의 5부 능선을 조망할 수 있도록 조망축에 포함되는 건축물의 높이를 규제하는 방식을 제안하였으나 구체적으로 실현되지는 못하였다.

가로경관 향상을 위해 경관지구를 지정하고 관리한 사례는 강동구에서 찾아볼 수 있다. 강동구(2022)는 가로구성요소의 관리를 통한 정연한 가로경관을 조성하기 위해 조망가로특화경관지구를 지정하고 계획을 작성하였다. 계획방향 및 관리방안을 제시하고 구체적인 관리기준을 제시하여 향후 경관심의를 통해 경관을 관리할 수 있도록 하였다.

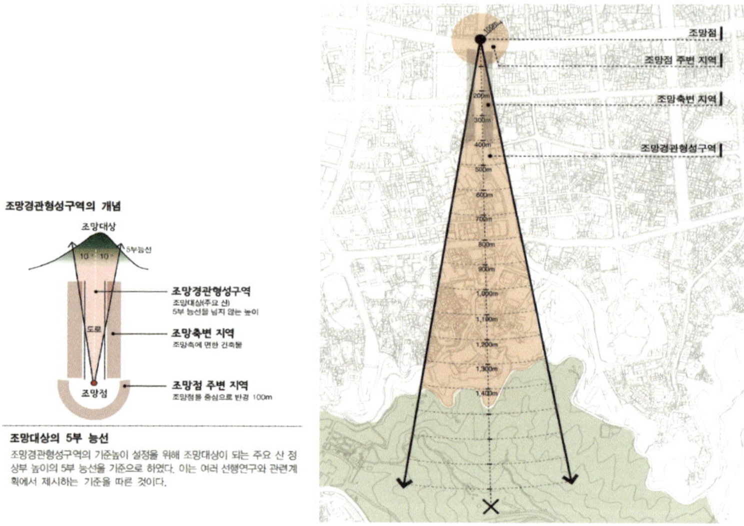

그림 II-64 조망경관형성구역의 개념과 높이관리도 (서울특별시, 2010)

표 II-4 조망가로특화경관지구의 목표 및 기본방향 (강동구, 2022)

목표	가로구성요소의 관리를 통한 정연한 가로경관 조성
기본방향	① 가로변 건축물에 대한 입체적 경관관리
	② 쾌적하고 정돈된 가로경관 조성
	③ 가로변 옥외광고물의 중점적인 관리
	④ 강동구의 특성을 반영한 상징적인 이미지 조성

표 II-5 조망가로특화경관지구의 관리대상 및 주요 관리 내용 (강동구, 2022)

구분	주요내용
용도제한	• 제2종 근린생활시설중 옥외에 철탑이 있는 골프연습장, 동시설중 옥외에 철탑이 있는 골프연습장, 공장, 창고시설, 자동차 관련시설 중 세차장 및 차고, 교정 및 군사시설 중 갱생보호시설, 그밖에 범죄자의 갱생·보육·교육·보건 등의 용도로 쓰는 시설, 단란주점으로서 제2종 근린생활시설에 해당하지 아니하는 것, 유흥주점이나 그밖에 이와 비슷한 것, 관광진흥법에 따른 유원시설업의 시설, 무도장, 무도학원, 카지노영업소 등 위락시설의 건축물 용도 제한
건축물 높이	• 건축물 높이 : 6층 이하 • 건축위원회 또는 경관위원회 심의를 거쳐 경관상 지장이 없다고 인정하는 경우 : 8층 이하
건축선 후퇴부분 등의 관리	• 건축선 후퇴부분에는 공작물, 담장, 계단, 주차장, 화단, 영업과 관련된 시설물 및 그 밖의 이와 유사한 시설물 설치 금지 • 일부 허용의 경우 : 허가권자가 차량의 진·출입을 금지하기 위하여 볼라드·돌의자 등을 설치하도록 하는 때, 조경을 위한 식수를 하는 때, 공공보도의 보행환경 개선과 도시미관 향상을 위하여 지하철출입구 또는 환기구 등을 건물 또는 대지 내에 설치하는 때, 보행자의 편익 또는 가로미관 향상을 위하여 공간이용계획을 수립하여 지구단위계획으로 고시한 경우 또는 허가권자가 해당 도시계획위원회의 심의를 거친 때

4.4 경관거점계획

[경관계획수립지침] 5-4-4. 경관거점계획

(1) 경관거점의 목표, 구현방향, 경관자원의 보전, 관리 및 형성하기 위한 계획방향 및 관리계획을 수립한다.

(2) 지역의 랜드마크가 되는 건축물, 시설물, 수목, 장소 등의 경우 경관형성과 조망 확보를 위한 계획방향을 수립한다.

(3) 전통마을이나 전통건축물, 근현대의 중요 건축물, 전통문화, 생활상 등 역사문화자원의 경우 보존과 활용을 위한 계획방향을 수립한다.

1) 경관거점 경계 설정

경관권역과 경관축에 대한 계획 이후에는 경관거점에 대한 계획을 수립한다. 경관기본구상에서 제시한 경관거점은 유형별로 구분되어 있으므로 계획내용도 경관거점 유형별 계획을 수립하는 것이 일반적이다. 경관거점의 숫자가 많은 경우에는 개별적인 거점에 대해 계획내용을 수립하는 것이 매우 어렵기 때문에 유형별 계획을 수립하는 방식이 자주 사용되고 있다.

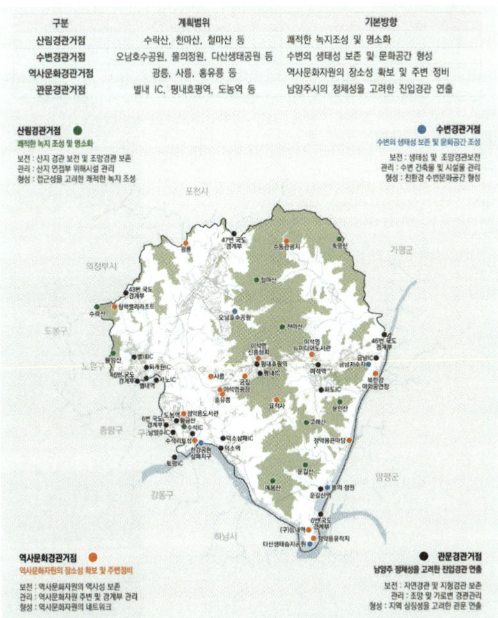

그림 II-65 경관거점 유형별 계획방향 예시 (남양주시, 2022)

경관거점 유형에 대해서 경관계획수립지침에서는 특별한 구분기준을 제시하고 있지는 않아서 지자체 경관특성에 맞추어 유형을 구분하고 있다. 흔히 사용되는 경관거점의 유형으로는 지표경관거점,

진입경관거점, 역사문화경관거점, 수경관거점, 녹지경관거점 등이 있다.

경관권역이나 경관축과 마찬가지로 경관거점에 대해서도 경계를 설정하는 것이 중요하다. 현재 경관거점계획에서는 경계를 설정하지 않는 경우가 많으나 향후 경관가이드라인을 적용하기 위해서는 역시 경관거점에 대해서도 가급적 경계를 설정하는 것이 바람직하다.

2) 경관거점 유형별 계획 작성

경관거점 유형별 계획에는 목표 및 구현방향, 경관자원의 보전, 관리 및 형성하기 위한 계획방향 및 관리계획 등을 포함하여야 한다. 경관권역이나 경관축보다 경관거점의 수가 많아 개별 거점별로 계획을 수립하기 어렵기 때문에 경관거점 유형별로 계획을 작성하게 된다. 특별히 경관적으로 중요하다고 판단되는 거점은 중점경관관리구역으로 지정하여 상세한 관리방안을 작성하고, 일반적인 경관거점은 유형별 계획내용을 작성한다. 또한, 상당수의 경관자원이 경관거점과 겹칠 수 있으므로 경관자원과 연동해서 경관거점을 관리하는 것이 효율적이다.

그림 II-66 경관거점 유형별 계획 예시: 역사문화경관거점 (남양주시, 2022)

경관거점 유형별로 계획내용을 작성한 후에는 각 계획내용이 적용되는 구역을 파악할 수 있도록 이를 도면으로 표현한다. 경관거점계획 도면에는 경관거점의 유형, 각 거점의 위치 및 범위, 유형별 계획방향과 세부계획 등을 도면에 표현한다. 경관거점 유형별로 내용이 많을 경우에는 도면과 함께 세부계획을 별도로 작성할 수 있으며, 내용을 쉽게 전달하기 위해서 사례 이미지나 삽도, 시뮬레이션 등을 추가할 수 있다. 다른 계획과 마찬가지로 경관거점계획도 구체적으로 작성하여 실행 가능하도록 하는 것이 중요하다. 특히 가이드라인과 연계가 잘 될 수 있도록 작성하여야 한다.

4.5 중점경관관리구역계획

1) 중점경관관리구역 경계 설정

중점경관관리구역은 중점적으로 경관을 보전·관리 및 형성해야 할 필요가 있는 구역을 지정하는 것이므로 경관권역, 경관축, 경관거점계획보다 더 구체적이고 실행 가능한 수준으로 작성하여야 한다. 다만, 구역의 전반적인 경관관리를 위한 계획이므로 개별 건축물보다는 구역 전체에 대한 종합적인 접근을 하는 것이 바람직하다. 중점경관관리구역계획의 진행은 중점경관관리구역의 지정, 계획내용 작성, 실행방안 제시, 관련도면 작성 등의 순서로 진행한다.

경관계획을 재정비하는 경우에는 기존 중점경관관리구역을 변경 또는 해제하거나 신규로 지정하는 내용을 중점경관관리구역계획에 포함하여야 한다. 이 내용은 경관기본구상 단계에서 다룰 수도 있으나 계획의 구체성을 고려해 볼 때 경관기본계획 단계에서 다룰 수는 것이 효율적이다. 중점경관관리구역을 새로 추가하거나 해제하고자 할 때에는 기존 계획의 적용여부, 경관개선 효과, 행정측면에서의 관리 가능성 등을 종합적으로 판단하여야 한다. 관리가 필요한 후보지역을 우선 도출한 이후에 지자체 상황에 맞는 기준에 따라 최종 중점경관관리구역을 선정하는 방법도 효과적인 방식이다. 기존 중점경관관리구역과 신규 후보지 등을 모두 포함한 후에 지자체 의견을 참고하고 지자체 우선순위에 따라 최종 구역을 선정할 수 있다.

타법에서 이미 엄격하게 관리되고 있는 대상에 대해 중점경관관리구역을 중복 지정하는 것은 신중한 것이 좋다. 예를 들어, 문화재보호법에 의한 보호구역은 문화재청에서 이미 엄격한 규제와 관리를 시행하고 있다. 여기에 경관계획에서 다시 중점경관관리구역을 지정하는 것은 해당 토지 소유주에게는 이중 규제라는 인식을 줄 수 있을 뿐만 아니라 관리주체도 서로 달라 행정의 효율성도 매우 떨어지게 된다. 경관계획에 의한 경관관리 실효성도 거의 없기 때문에 중복 지정하는 것은 바람직하지 않다. 따라서 중점경관관리구역을 지정하기 전에 타법에서 관리가 되고 있는지에 대해서도 상세히 검토하여야 한다.

문화재의 경우 보호구역 내는 문화재보호법에 의해 관리가 철저히 되나 주변구역에 대한 관리가 허술한 경우가 있다. 오히려 이렇게 문화재보호구역 주변지역에 대해 경관관리가 필요한 경우가 있다면 이를 중점경관관리구역 지정하는 것은 바람직하다.

[경관계획수립지침] 5-4-5. 중점경관관리구역계획

(1) 중점경관관리구역의 명칭·위치·기본방향 등을 제시하고, 구역 내에 포함된 경관자원의 보전·관리 및 형성을 위한 계획방향 및 관리계획을 수립한다.
(2) 중점경관관리구역의 계획방향을 실행하기 위한 경관 관련 지역·지구·구역 지정, 지구단위계획 수립, 경관사업 및 경관협정 우선 적용 등의 방안을 검토·제시한다.
(3) 경관계획 수립권자는 중점경관관리구역을 설정하고자 하는 경우에는 토지이용규제 기본법제12조에 따른 국토이용정보체계상에 구축되어 있는 지적(地籍)이 표시된 지형도에 중점경관관리구역의 경계를 표시한 도면을 작성하여야 한다.
(4) (3)에 따른 도면을 작성할 때에는 축척 500분의 1 이상 1천500분의 1 이하(녹지지역의 임야, 관리지역, 농림지역 및 자연환경보전지역은 축척 3천분의 1 이상 6천분의 1 이하로 할 수 있다)로 작성하여야 한다.

경관권역, 경관축, 경관거점에서 경계의 중요성에 대해서 언급한 바 있으나, 중점경관관리구역은 경계의 중요성이 훨씬 큰 계획대상이다. 중점경관관리구역을 관리하는 수단 중에서 가장 규제적 성격이 강한 것이 경관심의이다. 중점경관관리구역 내 건축물 중 지자체 경관조례에서 지정한 대상은 반드시 경관심의를 받도록 되어 있다. 건축주 입장에서는 해당 건축물이 중점경관관리구역에 포함되는지 아닌지가 매우 중요한 사항이므로 중점경관관리구역의 경계는 매우 민감하다고 할 수 있다.

이러 상황을 반영하여 중점경관관리구역은 경관계획 수립 이후에 지적고시를 하여 민원인이 확인할 수 있도록 규정하고 있다(경관계획수립지침 5-4-5의 (3)항). 중점경관관리구역의 경계는 지적선이나 도로 같은 명확한 경계를 기준으로 작성하는 것이 바람직하다. 지적선과 일치하지 않은 경계를 설정한 경우에는 해당 건축물의 경관심의 대상 여부를 판단하기 어려우므로 신중히 경계를 작성할 필요가 있다.

2) 중점경관관리구역계획 작성

중점경관관리구역계획은 최대한 구체적으로 계획을 수립하여야 한다. 중점경관관리구역계획은 지자체가 직접 추진하는 내용부터 개별 건축주가 지켜야 하는 사항까지 다양한 주체가 관련된 내용으로 작성된다. 구체적으로는 대상지 경관특성 개요, 구역의 범위와 경계, 기본방향, 형성 및 관리방안, 실행방안 등을 포함하여야 하며, 이해를 돕기 위한 사례 이미지, 삽도, 시뮬레이션 등을 추가하기도 한다.

중점경관관리구역에 대한 실행방안은 다른 대상보다 구체적으로 제시하는 것이 바람직하다. 예를 들어, 계획내용 성격에 따라 경관사업, 경관협정, 경관심의 및 경관가이드라인, 경관조례 등의 실행계획과 연계시켜 제시하는 것이 좋다. 특히 경관가이드라인은 경관심의에서 심의를 받는 주체와 심의위원회 간의 공통된 기준이 되므로 중점경관관리구역계획 단계에서 기본적인 사항을 제시하고 세부적인 내용은 이후 가이드라인 단계에서 작성하는 것이 효율적이다.

중점경관관리구역계획 내용을 지구단위계획과 연계하는 방안도 검토할 수 있다. 중점경관관리구역계획에서 지정한 구역에 대해 지구단위계획을 수립하도록 하고, 중점경관관리구역계획의 내용을 지구단위계획의 경관계획에 반영하는 연계방안에 대한 제안도 제시된 바가 있다(건축공간연구소, 2022). 그러나 실제 지구단위계획에서 중점경관관리구역계획 내용을 반영하도록 하는 제도가 도입되기 전

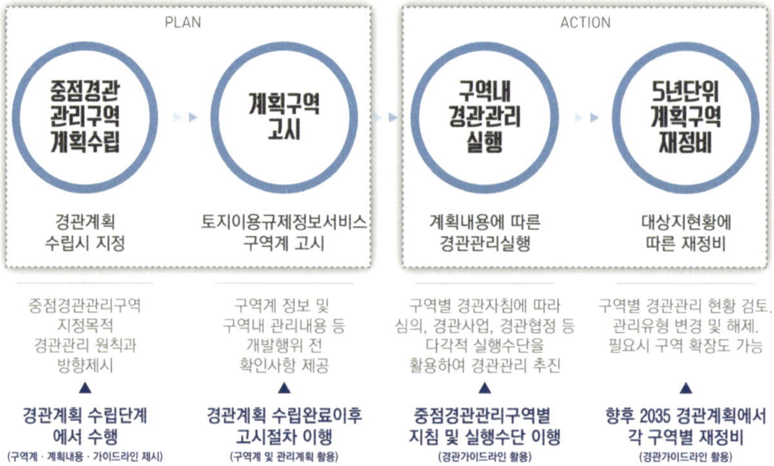

그림 II-67 중점경관관리구역 운영 계획 사례 (인천광역시, 2017)

까지는 관련 부서 간의 원활한 협력이 전제되어야 가능한 상황이라고 할 수 있다.

중점경관관리구역계획 내용은 계획대상과 범위, 계획내용, 실행방안 등을 포함하여 도면과 세부 내용으로 작성한다. 목표와 세부내용은 단계적으로 구분하여 제시하고, 이해를 돕기 위해서 현장사진, 삽도, 시뮬레이션 등을 추가한다. 이때 이미지는 사례 사진보다는 대상지 현황 사진을 사용하는 것이 바람직하고, 시뮬레이션도 현황사진과 변경 후 이미지를 비교하는 용도로 대상지를 상세히 파악할 수 있는 자료를 사용하는 것이 좋다.

계획 내용은 도면과 상세설명으로 표현하는데, 도면은 계획내용이 충분히 표현될 수 있는 수준으로 작성하여야 한다. 경관계획수립지침 상에서는 1/500~1/1,500 수준, 농림지역이나 자연환경보전지역의 경우에는 1/3,000~1/6,000 수준을 제시하고 있으나, 축척은 계획내용이 충분히 전달될 수 있는 수준으로 유연하게 적용하는 것이 바람직하다.

경관계획수립지침에 따르면 광역 지자체에서도 중점경관관리구역을 지정할 수 있으나, 실행과 심의를 전제로 중점경관관리구역을 지정하는 취지를 고려해 볼 때 광역 지자체 보다는 기초 지자체에서 지정하고 관리하는 것이 맞다고 할 수 있다. 따라서 광역 지자체에서는 기초 지자체에서 중점경관관리구역을 지정

학의천 중점경관관리구역

주요경관특성

- ○ 학의천은 동안구 주요생활권과 밀접한 하천으로 수려한 수변경관을 형성하고 있음
- ○ 잘 정비된 산책로와 자전거도로가 위치하고 동안구 주거지내 보행로가 하천으로 이어져 있어 접근성이 우수함
- ○ 공공청사와 평촌공원, 주거지역을 거쳐 학의천으로 생활녹지축이 형성
- ○ 학의천과 인접하여 첨단 산업단지인 평촌스마트스퀘어가 개발중 임
- ○ 천변 경관은 대체로 우수한 편이며 지속적인 유지관리가 요구되고 주차장 진입부와 관양로의 협소한 보행자도로에 대한 경관정비 방안이 요구됨

구역설정범위

- ○ 학의천의 하천폭과 주변 경관을 고려하여 수변 경계(하천구역 및 하천시설선)에서 40m범위를 구역 경계로 설정함 (덕천교 ~ 의왕시계부 40m)

기본방향

- ○ 경관보전 : 자연형 하천의 원형경관 보전
- ○ 경관관리 : 아름다운 수변경관 유지를 위해 생태경관, 천변시설물 등 지속적인 경관 관리
- ○ 경관형성 : 천변 주차장 진입부 경관 정비, 연접 도로의 보행공간 조성 등 하천과 인공시설물의 조화로운 경관 형성 유도

형성 및 관리방안

- ○ 하천변에 입지한 주택, 공장 등의 건축물 및 시설물은 자연과 조화로운 경관을 이루도록 관리하고 불량경관요소는 시각적으로 노출되지 않도록 차폐할 수 있는 방안 적용
- ○ 하천 진입부와 교량하부 통과도로 등 진입부 인공시설물의 경관개선을 통해 하천과 조화로운 경관 형성 유도
- ○ 향후 평촌스마트스퀘어 개발 시 하천 통경축을 확보하고 자연적 요소를 활용한 보행로 경관정비 권장
- ○ 학의천 연접도로의 보행로 단절구간을 정비하여 보행경관 연속성 확보

중점경관관리구역 계획

그림 II-68 중점경관관리구역 기본방향 및 종합계획도 사례 (안양시, 2016)

경관계획 ■ 보전계획 ■ 관리계획 ■ 형성계획

1 하천생태자연경관 적극 보전

- 학의천의 수려한 하천생태자연경관을 보전하기 위하여 지속적으로 관리
- 주변 인공시설물로 인한 자연경관이미지 훼손을 방지하기 위해 가로수 식재 및 녹지대 조성 등 권장
- 쉼터, 벤치, 옹벽 등에 돌담, 담쟁이넝쿨 등의 자연적 요소 최대한 활용

학의천 하천생태경관 보전　　하천변 인공시설물의 자연경관이미지 조성

2 조망경관보전

- 조망경관보전 및 관리를 위해 산지, 하천 등 주요 자연경관 주변의 건축물 스카이라인 관리
- 하천변 개방감 확보를 위해 연접한 건축물은 일정거리를 이격하여 개방감을 확보하고 하천에서 시가지로 갈수록 높아지는 v자형 스카이라인 계획 권장
- 주요 조망지점을 선정하여 하천의 수려한 조망경관을 즐길 수 있도록 산책로와 연계된 수변데크 설치

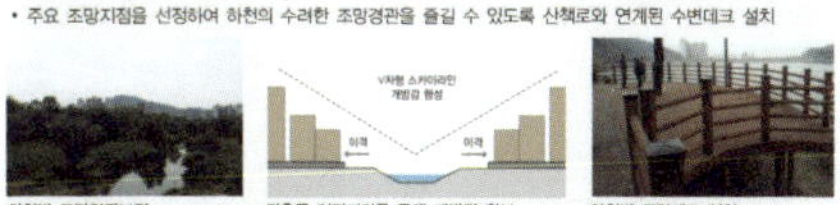

하천변 조망경관보전　　건축물 이격거리를 통해 개방감 확보　　하천변 조망데크 설치

3 인공시설물(교량, 주차장 등)경관 관리

- 하천변 인공시설물의 경관이질감을 최소화 할 수 있도록 교량 하부, 주차장 진입부 등에 자연적 요소를 활용하여 하천과 조화로운 경관 형성
- 주차장 진입부 주변 경관을 정비하여 쾌적성을 확보하고 돌담, 화단 등의 자연적 요소를 적극 활용하여 하천과 조화로운 경관 형성 유도
- 교량하부는 보행자를 위한 쉼터, 벤치, 공연대 등을 설치하여 커뮤니티 공간으로 활용토록 조성

자연적 요소 활용　　시설물 주변 경관 정비　　커뮤니티 공간 조성

4 하천변 연접도로 보행로 및 산책로 단절구간 경관 정비

- 하천변 자연형 산책로 정비를 통하여 보행경관의 연속성 확보
- 산책로 주변 풍부한 수목식재 및 녹화를 통하여 하천과 조화로운 자연경관을 이루도록 함
- 학의천 연접 도로(관양로)의 보행로 확폭 및 볼라드 설치 등 보행자의 안전을 고려한 CPTED 디자인 반영

자연형 산책로의 정비　　산책로 주변 풍부한 수목식재 및 녹화　　관양로의 보행경관 정비

5 신규 개발사업지구와 하천의 조화로운 경관 형성

- 평촌스마트스퀘어 등 하천과 연접하여 개발되는 신규 개발사업지구는 하천으로의 시각적 개방감과 환경을 제고할 수 있는 통경축 및 시각회랑 확보 권장
- 학의천 중점경관관리구역이 일부라도 포함되는 개발사업지구는 지구단위계획 수립 시 하천을 고려한 경관상세계획 수립 권장
- 지구단위계획을 수립할 경우 건축물, 오픈스페이스 등의 경관요소에 대해 본 경관계획을 반영한 지침 마련

하천으로의 조망감 확보　　하천을 고려한 경관계획 수립 및 지침 마련

6 하천 진입부 경관 형성

- 평촌신도시 녹지축을 통해 학의천으로 진입하는 진입부의 인지성 강화를 위한 조경식재 및 시설물을 설치
- 교량 하부 통과도로는 돌담과 화단 등의 자연적요소를 활용한 진입경관을 형성하여 하천 진입부의 인지성을 확보하고 자연과 조화로운 경관을 형성토록 유도

학의천으로의 진입부 인지성 강화　　하천과 조화로운 경관 형성

그림 II-69 중점경관관리구역 보전, 관리, 형성 계획 내용 사례 (안양시, 2016)

하고 관리할 수 있도록 지원하는 것이 바람직하다. 최근 광역 지자체 경관계획에서는 직접 중점경관관리구역을 지정하지 않고 기초 지자체에서 지정할 수 있도록 후보지역을 제안하는 방식을 주로 사용하고 있는데, 매우 바람직한 방향이라고 하겠다(그림 II-70 참조).

다만, 경관계획 의무수립 대상이 아닌 기초 지자체에 중점경관관리구역을 지정할 필요가 있는 경우 또는 2개 이상의 지자체에 걸친 구역이나 기초 지자체에서 경관계획을 수립하지 않는 경우 등에 한해서 광역 지자체에서 중점경관관리구역을 직접 지정하고 관리하여야 한다.

중점경관관리구역은 구역 내 건축물은 경관심의를 받아야 하므로 일반적으로 규제라는 인식이 강하다. 그러나 중점경관관리구역은 지자체에서 집중적으로 경관향상을 위한 노력하는 대상이므로 긍정적인 부분에 대한 인식을 높이는 것도 중요하다. 예를 들어, 경관사업을 위한 예산을 우선 배정한다거나 전문가 및 행정지원으로 경관협정을 유도하는 방안 등을 검토할 수 있다.

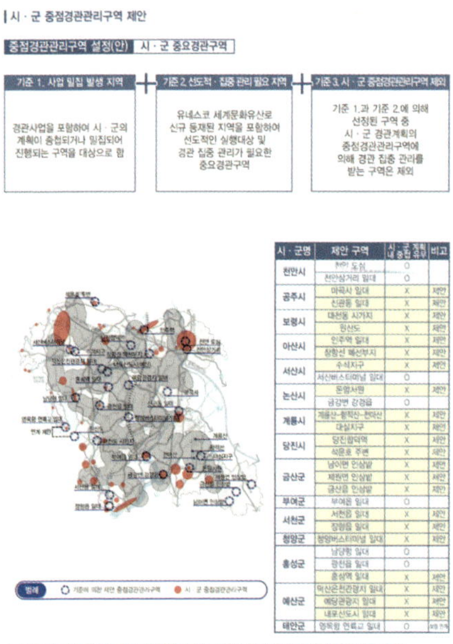

그림 II-70 기초 지자체에 중점경관관리구역 지정을 제안하는 사례 (충청남도, 2019)

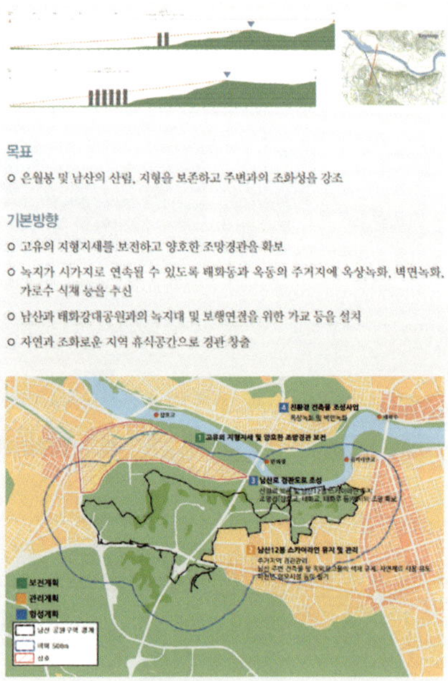

그림 II-71 광역 지자체에서 중점 경관관리구역을 직접 지정하는 사례 (울산광역시, 2016)

4.6 경관지구계획

[경관계획수립지침] 5-4-6. 경관지구계획

(1) 기 지정되어 있는 경관지구에 대하여 지구별 경관관리요소와 경관관리방향을 제시하고 관리계획을 수립할 수 있다.

(2) 경관의 보전·관리 및 형성을 위해 필요한 경우 경관지구의 신규 지정을 제안한다.

(3) 경관지구에 대한 관리계획은 도시·군관리계획의 관련 내용을 참고하여, 3차원의 입체적·통합적인 경관관리를 위해 보완이 필요한 사항을 추가적으로 제시한다.

(4) 경관계획 내용의 실현을 위해 상세한 구분이 필요한 경우에는 시·군 도시계획조례에 반영할 수 있도록 경관지구의 세분을 제안한다.

경관계획수립지침은 경관지구에 대한 관리계획을 경관계획에 포함할 수 있도록 규정하고 있다. 경관지구별 경관관리요소와 경관관리방향을 제시하고 관리계획을 수립할 수 있으며, 경관의 보전, 관리, 형성을 위해 필요한 경우 신규로 경관지구를 지정을 제안할 수도 있다.

그러나 경관지구에 적용되는 규제사항은 국토이용및계획에관한법률, 건축법 등에서 다루고 있으므로 경관법으로 관리할 수 있는 사항이 많지 않으며, 경관지구 신규 지정과 관련한 절차 역시 국계법에 따라야 한다. 또한 경관지구의 세분을 제안할 수도 있으나 이 역시 지자체 도시계획조례에 반영해야 하는 사항이라 현실적인 어려움이 있다. 이처럼 경관계획에서 제시한 경관지구 관련 내용이 실제로 적용되는 사례는 많지 않기 때문에 최근에는 경관지구와 관련한 내용을 작성하지 않고 집중적으로 경관관리가 필요한 경우에 중점경관관리구역을 활용하여 경관심의로 관리하는 경우가 많다.

그러나 경관지구 내 건축물은 경관심의 대상이므로 경관지구 내 건축물에 대한 경관가이드라인을 작성하고 이를 경관심의를 통해 관리하는 것은 가능하다. 특히 경관법 제28조에 따라 지자체 조례로 경관심의 대상 건축물을 추가로 지정할 수 있으므로, 경관지구 내 소규모 건축물에 대해서 지자체 경관심의 대상으로 정하고 관리하는 방안도 가능하다. 따라서 경관지구 내 건축물 관리를 위

성남시 경관계획

성남시 건축조례

건축심의 대상
- 분양하는 부분의 바닥면적의 합계가 3천제곱미터 이상 건축물
- 오피스텔로서 30실(室) 이상인 건축물
- 주택 외의 용도로 바닥면적의 합계가 3천제곱미터 이상인 것
- 주택건설 사업계획의 승인을 얻어야 하는 공동 주택
- 미관지구안에서 다음 각 목의 건축에 관한 사항

....

→ 건축심의

\+

성남시 경관조례

경관심의 대상
- 경관지구 내 건축물 (경관지구 내 제외대상은 6층 이하 또는 연면적 2천제곱미터 이하 건축물)
- 중점경관관리구역 내 3층 이상 또는 연면적 2천제곱미터 초과 건축물
- 공공건축물로서 연면적 2천제곱미터 초과 건축물
- 「건축법」 제11조에 따른 허가 대상 건축물로서 10층 이상 또는 연면적 2만제곱미터 이상 건축물

....

→ 경관심의

경관지구 경관가이드라인

항목	내용
배치	• 주요 간선가로에 면한 필지는 대지 경계선에서 충분히 후퇴하여 배치 • 주변 건축물과의 가로변 배치 연속성 확보하도록 건축선을 통일하여 배치
규모·높이	• 주요 간선가로에서 조망 시 인접 건축물에 비해 지나치게 돌출, 강조되지 않도록 조화로운 규모 및 형태로 계획
형태·외관	• 건축물이 장방형으로 과도한 폭원으로 계획될 경우 입면의 분절을 통해 시각적 영향 저감 • 인접 건축물과의 연속성있는 형태 및 재료 사용 • 건축물 간의 연속적인 스카이라인 형성을 위해 돌출되는 탑상부의 과도한 디자인 지양
외부공간	• 건축선 후퇴부는 통행이 가능한 구조로 하며, 통행에 장애를 주는 시설물을 설치 또는 적치하지 않도록 관리 • 건축선 후퇴부는 보도와 동일하거나 유사한 포장으로 하고 단차가 없도록 조성 • 가각부에는 공개공지, 쌈지쉼터 등 오픈스페이스 도입 권장
부속시설	• 옥상의 물탱크, 냉난방시설, 세탁물건조대, 장독대 등 부대시설의 외부 노출 지양하고 별도공간을 마련하여 차폐 • 굴뚝, 환기설비 기타 이와 유사한 것을 건축물 전면에 설치 금지
색채 옥외광고물 야간조명	• 동일 가로 내 통일감 있고 정돈된 색채를 계획하고 「성남시 색채가이드라인」 준용 • 편안하고 정돈된 도시미관을 조성하도록 「성남시 옥외광고물 가이드라인」 준용 • 가로변 야간안전성을 확보하는 조명을 계획하고 「성남시 경관계획 ~ 야간환경 • 가이드라인」 준용

그림 II-72 건축심의와 경관심의의 역할

[경관법] 제28조(건축물의 경관 심의)

① 다음 각 호의 어느 하나에 해당하는 건축물을 건축하려는 자는 대통령령으로 정하는 바에 따라 경관위원회의 심의를 거쳐야 한다.

1. 경관지구의 건축물(해당 지방자치단체의 조례로 정하는 건축물은 제외한다)
2. 중점경관관리구역의 건축물로서 해당 지방자치단체의 조례로 정하는 건축물
3. 지방자치단체, 「공공기관의 운영에 관한 법률」에 따른 공공기관 또는 「지방공기업법」에 따른 지방공기업이 건축하는 건축물로서 해당 지방자치단체의 조례로 정하는 건축물
4. 그 밖에 관할지역의 경관관리를 위하여 필요한 건축물로서 해당 지방자치단체의 조례로 정하는 건축물

한 내용을 경관지구계획으로 작성하여야 한다.

경관지구 내 소규모 건축물들이 오히려 관리가 잘 안 되고 있는 상황을 고려해 볼 때 고려할 수 있는 방법이라고 할 수 있다. 다만, 이 경우에는 건축법에 의한 건축심의와 경관법에 경관심의의 역할을 잘 구분하여 효과적인 경관관리가 될 수 있도록 하는 것이 중요하다.

경관지구에 대한 계획 내용은 경관지구의 경계를 표시한 도면과 각 경관지구별 경관관리의 목적과 관리요소, 요소별 관리 내용을 포함한 내용을 작성한다. 또한 이해를 돕기 위해 사례 이미지, 삽도 등을 추가할 수 있다. 경관지구계획을 토대로 경관가이드라인을 작성하게 되는데, 이는 경관심의에서 중요한 기준이 되므로 구체적이고 명확한 내용으로 작성해야 한다.

4.7 경관계획도 및 경관시뮬레이션

1) 경관계획도 작성

지금까지 제시된 경관권역, 경관축, 경관거점, 중점경관관리구역, 경관지구 등에 대한 계획 수립 이후에는 이를 종합한 경관계획도 또는 경관기본계획도를 작성한다. 경관계획도는 계획대상의 규모와 특성에 따라 보전, 관리, 형성의 대상과 목표를 제시하는 도면으로 계획내용을 구체적으로 표현할 수 있는 수준의 축척을 사용하여야 한다.

[경관계획수립지침] 8-2-2. 경관계획도

(1) 경관계획도는 향후 경관의 보존, 관리 및 형성의 방향 설정을 위해 계획대상의 규모 및 특성에 따라 보전·관리 및 형성의 대상과 목표를 제시하는 도면이다.

(2) 경관권역, 경관축, 경관거점, 중점경관관리구역, 경관지구 등을 구체적으로 파악할 수 있도록 표기하고, 필요시 범례를 추가하여 이해가 쉽도록 작성한다.

(3) 경관계획도는 계획대상지역의 규모에 따라 계획의 내용을 표현하기에 적당한 축적 수준을 선택하여 작성한다.

계획 내용이 방대하여 하나의 도면에 모두 표현하는 것은 어렵기 때문에 구역별로 나누어 표현하거나 중요한 내용을 중심으로 도면을 구성하는 것이 현실적이다(그림 II-73 참조). 현장에서는 경관권역 단위로 계획내용을 종합하는 방식도 자주 사용하고 있다(그림 II-74 참조).

경관계획도를 작성하는 취지가 전체 계획내용을 한눈에 파악하기 위한 것이

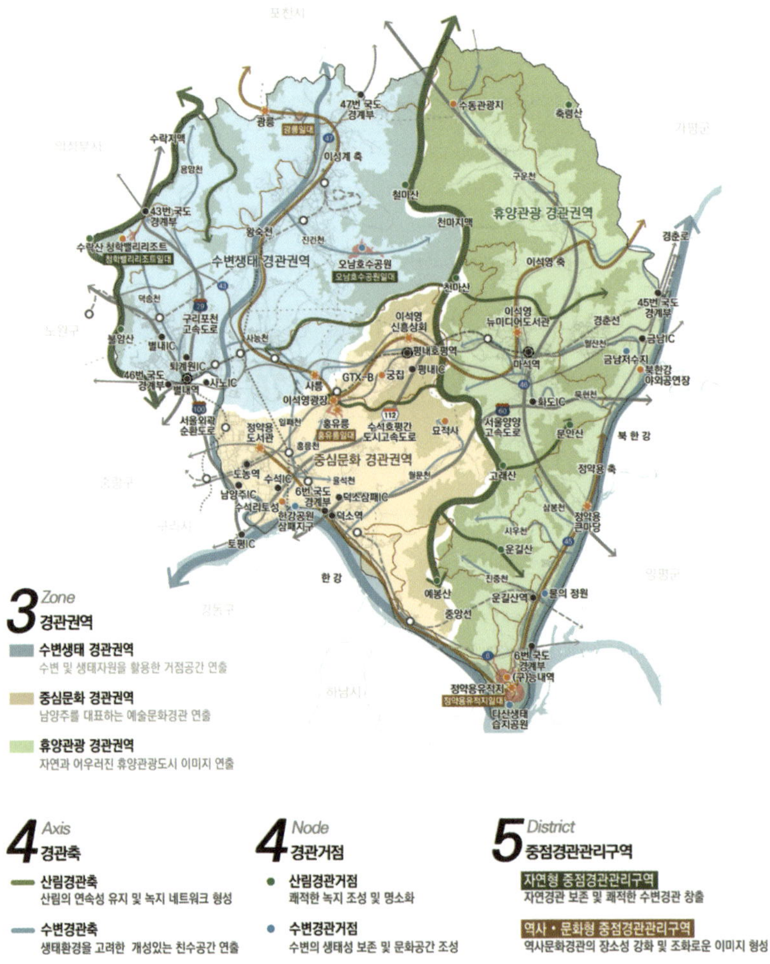

그림 II-73 경관계획도 작성 예시: 지자체 전체 (남양주시, 2022)

므로 이후 계획 진행 추진을 위한 실행 방안도 같이 정리되어 제시되는 것도 매우 유용하다. 즉, 계획 내용별로 경관가이드라인, 경관사업, 경관협정, 경관조례, 관련계획과의 연계 등 추진 실행방안을 함께 제시하면 해당 내용을 어떻게 관리하여야 한다는 내용을 쉽게 파악할 수 있으므로 향후 경관 관리에 매우 유용하다.

그림 II-74 경관계획도 작성 예시: 권역별 계획 (의정부시, 2017)

2) 경관시뮬레이션

경관계획수립지침에서는 경관계획도를 작성하는 과정에서 경관시뮬레이션을 작성하도록 규정하고 있다(경관계획수립지침 8-2-2 제4항). 경관계획의 주요 내용을 시각적으로 표현하기 위해서 시뮬레이션을 작성하도록 하고 있는데, 지자체 전역을 대상으로 하는 경관계획에서 경관시뮬레이션의 효용에 대해서는 의문이 든다. 일반적으로 경관시뮬레이션은 사업 전후의 경관변화를 비교하기 위한 용도로 경관심의에서 주로 사용하고 있는데, 경관계획에 대해서는 효과를 검증하기 어려운 점이 있기 때문이다.

따라서 경관계획 내용 중 경관사업을 시행한 이후의 모습이나 경관지구, 중점경관관리구역 같이 제한된 구역에서 해당 가이드라인이 적용된 이후의 모습을 제시하는 용도로 제한하여 참고적으로 경관시뮬레이션을 작성하는 것이 현실적인 방법이라고 판단된다.

[경관계획수립지침] 8-2-2. 경관계획도

(4) 경관시뮬레이션

① 경관계획의 주요 내용을 시각적으로 표현하기 위해서 조망대상과 시각회랑, 보전 및 관리대상 등의 표현이 명확하게 표현되도록 시뮬레이션을 작성할 수 있다.

② 경관시뮬레이션은 도로, 공원, 전망대, 교차로 등의 조망점에서 사람 눈높이에서 보이는 조망을 위주로 제작한다.

③ 관할구역 전체를 대상으로 계획하는 경관계획의 경관시뮬레이션은 시각회랑, 조망축 등의 설정 등과 같은 형태와 규모 등을 판단하기 위한 자료로 활용하기 위해 작성한다. 지형, 도로 및 건물의 형태, 높이, 녹지 등에 대한 단순한 형태의 모델링을 제작하여 사용한다.

④ 관할구역 일부 또는 특정경관유형이나 특정경관요소에 대해 계획하는 특정경관계획의 경우, 주요 조망점에서의 조망과 경관축, 경관거점 등의 주요 대상에 대한 경관변화를 판단하거나 예시에 필요할 경우에만 작성한다.

⑤ 효율적·객관적인 경관시뮬레이션을 위해 국토공간계획지원체계(KOPSS)의 경관계획지원모형이 구축된 시·군의 경우에는 이를 적극 활용한다.

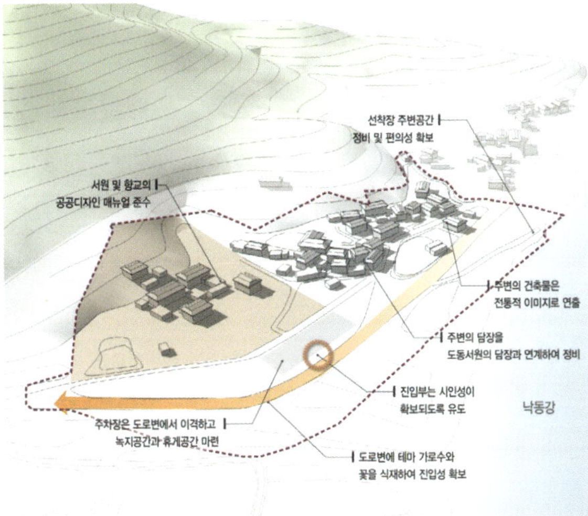

그림 II-75 중점경관관리구역 지침 적용 후 시뮬레이션 (달성군, 2017)

그림 II-76 경관사업에 의한 경관변화 시뮬레이션 (안양시, 2016)

5. 경관가이드라인

5.1 개요

경관가이드라인은 경관기본계획에서 제시한 계획내용을 실현하기 위한 실제적이고 구체적인 제어방법을 설정하는 단계이다. 경관가이드라인은 경관기본구상 및 경관기본계획에서 설정한 경관권역, 경관축, 경관거점, 중점경관관리구역, 경관지구, 경관유형, 경관요소 등에 대한 실행방안을 의미한다. '5. 경관가이드라인' 등과 같이 제목에 사용된 '경관가이드라인'은 경관부문별계획을 포함한 개념이다.

경관부문별계획과 경관가이드라인은 관련법령 및 상위계획을 반영하고, 경관기본구상의 미래상과 경관기본계획의 계획내용에 부합해야 하며, 지역특성이 반영되도록 작성하여, 도시마다의 고유한 자연, 역사와 문화, 산업 등을 살릴 수 있어야 한다. 도시골격형성과 관련된 거시적 차원의 지침은 엄격하게 지켜야 할 내용을 중심으로 제시하고, 단지설계와 관련된 미시적 차원의 지침은 다양한 디자인을 유도할 수 있는 형태로 제시하는 것이 바람직하다. 경관부문별계획과 경관가이드라인은 해당 공간 및 개별 요소에 대한 계획, 사업, 협정, 심의

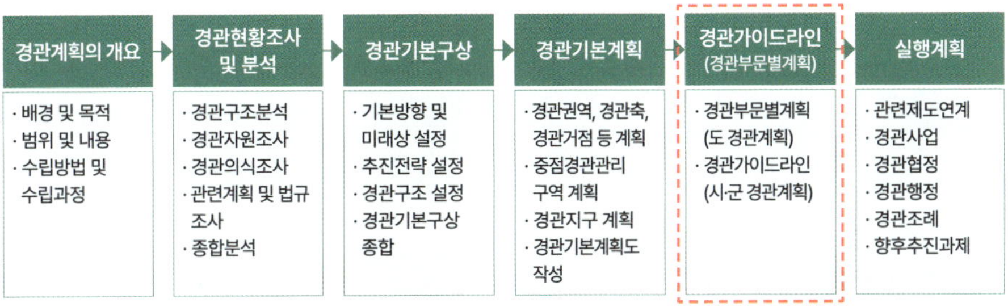

그림 II-77 경관계획 진행과정과 경관가이드라인 단계

등에 활용되며, 특히 심의기준으로 사용하기 때문에 심의대상과 연계하여 마련하는 등 활용성을 충분히 고려해야 한다.

'5. 경관가이드라인'에서는 경관부문별계획, 경관가이드라인, 경관설계지침, 세부지침 등의 용어를 사용한다. 도 경관계획에서는 경관부문별계획을, 시·군 경관계획에서는 경관가이드라인을, 특정경관계획에서는 경관설계지침을 마련한다. 경관부문별계획, 경관가이드라인, 경관설계지침에서 제시되는 각각의 세부내용을 세부지침이라고 한다.

1) 경관가이드라인의 위계

경관가이드라인은 경관계획의 위계에 따라 구분되며, 도 경관계획에서 수립하는 '경관부문별계획'과 시·군 경관계획에서 수립하는 '경관가이드라인'이 있다. 경관부문별계획과 경관가이드라인은 각각 지침의 종류와 내용에 차이가 있으며, 구체적인 내용은 다음과 같다.

① 도 경관계획의 경관부문별계획

도 경관계획은 도 및 특·광역시 관할구역 전체에 대한 경관의 기본방향과 기본방침을 정하는 것으로 관할구역 경관관리를 위한 경관부문별계획을 제시할 수 있다. 경관부문별계획은 시·도 경관계획에서 설정한 경관권역, 경관축, 경관거점, 경관지구, 중점경관관리구역 등의 관리단위에 대한 관리계획을 실행하기 위한 경관유형별 관리계획 또는 경관요소별 관리계획을 마련할 수 있다. 경관

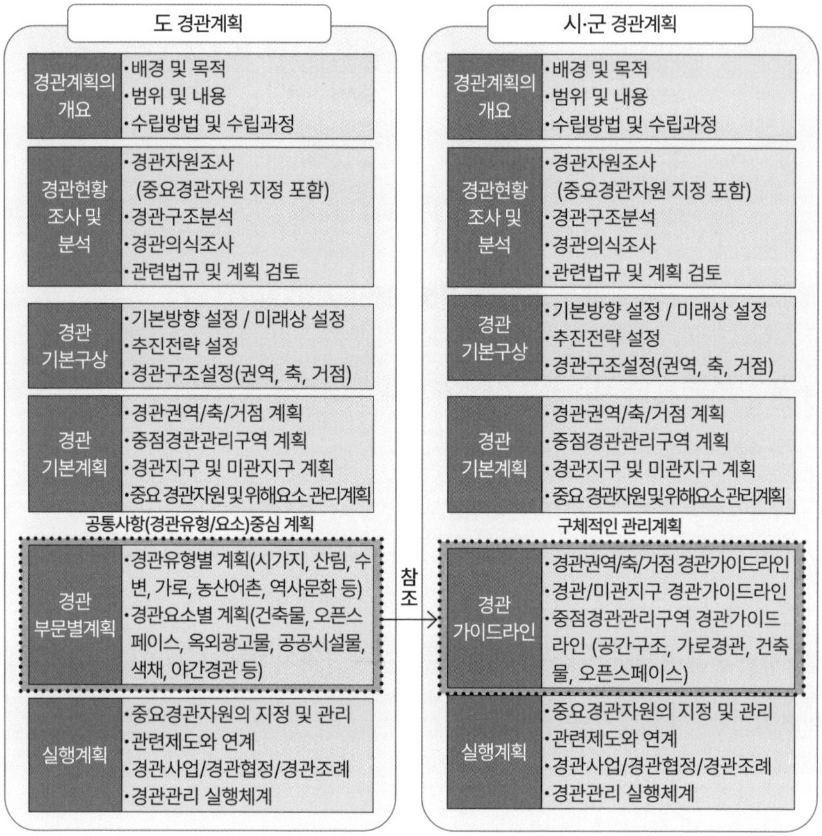

그림 II-78 경관가이드라인의 위계 (주신하와 김경인, 2015)

유형별 관리계획과 경관요소별 관리계획은 모든 유형과 모든 요소에 대해 반드시 수립하는 것은 아니고, 관할구역의 경관특성에 따라 경관관리가 필요한 경관유형 또는 경관요소를 선택하여 수립할 수 있다. 인구, 재정, 행정 등의 이유로 기초 지자체가 경관계획을 수립하지 않는 경우를 고려하도록 한다. 참고로 경관부문별계획은 도 경관계획에서 수립하는 방향적 성격이기 때문에 경관유형별 관리계획이나 경관요소별 관리계획과 같이 '관리계획'이라는 용어를 사용한다. 여기서 관리계획은 도시계획 상의 도시관리계획과는 다르다.

경관부문별계획은 대상지역에 대해 거시적인 측면에서 다루어야 하는 공통적인 지침이 중심을 이루고, 구체적인 실행사항보다는 경관에 대한 관리원칙,

관리요소, 관리방향 등을 적용할 필요가 있을 경우에 제시한다. 도 경관계획의 경관기본계획을 바탕으로 관할구역 내 기초 지자체에 공통으로 적용할 수 있는 내용으로 작성한다.

[경관계획수립지침] 4-5-1. 경관부문별계획의 개요

(1) 경관기본계획의 내용을 바탕으로 관할구역 내의 기초 지자체에서 공통으로 관리할 필요가 있는 경관유형 또는 경관요소에 대해서는 기초 지자체가 공통으로 적용할 수 있는 경관유형별 또는 경관요소별 관리계획을 제시할 수 있다.

(2) 경관유형별 관리계획은 관할구역 내에 동일한 경관유형(산림, 수변, 가로, 농산어촌, 역사문화, 시가지 등)에 대해서 경관관리방향, 관리요소 및 원칙 등을 적용할 필요가 있을 경우에 제시한다.

(3) 경관요소별 관리계획은 경관의 보전, 관리 및 형성을 위한 계획내용을 건축물, 오픈스페이스, 옥외광고물, 공공시설물, 색채, 야간조명 등의 경관구성 요소별로 경관설계의 방향, 원칙 등을 적용할 필요가 있을 경우에 제시한다.

(4) 관할구역의 경관특성에 따라 관리가 필요한 경관유형 또는 경관요소를 부분적으로 선택하여 수립할 수 있다.

② 시·군 경관계획의 경관가이드라인

시·군 경관계획은 시·군·구 관할구역 전체에 대한 경관의 구체적인 실행방안을 제시하는 것으로 관할구역 경관관리를 위한 경관가이드라인을 제시할 수 있다. 경관가이드라인은 시·군·구 경관계획에서 설정한 경관권역·경관축·경관거점, 중점경관관리구역, 경관지구 등의 관리단위에 대한 관리계획을 실행하기 위한 경관권역 등의 경관가이드라인, 중점경관관리구역 경관가이드라인, 경관지구 경관가이드라인으로 구분할 수 있다. 경관권역 등의 경관가이드라인은 반드시 마련되어야 하지만 경관지구 경관가이드라인과 중점경관관리구역 경관가이드라인은 경관지구 또는 중점경관관리구역을 설정한 경우에만 수립한다.

경관가이드라인은 대상지역에 대해 미시적인 측면까지 다룰 수 있는 특화된 지침을 포함하여 구체적으로 작성하도록 하고 있으며, 대상지역이나 대상별로 경관요소에 대한 구체적인 경관 기본원칙, 설계요소, 설계방향 등을 제시할 필요가 있을 경우에 작성한다. 도 경관계획 또는 광역지자체 경관계획의 경관부문별계획이 수립되어 있는 경우에는 제시된 내용 중에서 당해 지자체에 해당되는 사항과 필요한 사항을 도출하여 반영한다. 이때 경관부문별계획에서 제시한 내용보다 지침을 구체화하거나 범위를 좁힐 수 있다.

[경관계획수립지침] 5-5-1. 경관가이드라인의 개요

(1) 경관권역, 경관축, 경관거점, 경관지구·미관지구* 및 경관중점관리구역**에 대한 경관기본계획 내용의 실행을 위해 해당 구역별로 경관요소에 대한 구체적인 설계방향, 원칙 등을 제시할 필요가 있을 경우 경관가이드라인을 작성하고, 이를 경관설계지침도로 제시한다.

(2) 상위지자체의 경관계획 중 경관부문별계획이 수립되어 있는 경우에는 해당 내용과 연계하고, 해당 구역의 장소성과 경관적 특성을 반영하여 작성한다.

*미관지구는 2018년에 폐지되었고, **경관중점관리구역은 2014년 이후로 중점경관관리구역으로 명칭이 변경되었으나 경관계획수립지침 상에는 아직 반영되어 있지 않음

③ 도 경관계획과 시·군 경관계획의 관계

시·군 경관계획의 경관가이드라인은 해당 지자체에 공통으로 적용되는 일반 가이드라인과 해당 지자체만의 지역특성을 반영한 특화 가이드라인이 있을 수 있나. 일반 가이드리인온 도 경관계획(광역지자체 경관계획)이 수립되어 있어야 가능하며, 이때 시·군 경관계획에서는 일반 가이드라인을 별도로 마련할 필요가 없고, 도 경관계획이 수립되지 않은 경우에는 시·군 경관계획 수립 시 일반 가이드라인을 함께 마련해야 한다. 즉, 도 경관계획이 수립된 경우에는 그 내용을 시·군에서 일반 가이드라인으로 활용할 수 있다는 것을 의미한다. 여기서 말하는 '일반 가이드라인'과 '특화 가이드라인'은 법적인 구분은 아니며, 일반 가이드라인은 우리나라의 전체 지자체에 공통적으로 나타나는 특징이나 문제를 관리하기 위한 가이드라인이고, 특화 가이드라인은 해당 지자체에서 특징적으로 나타나거나 차별화하기 위한 가이드라인을 설명하기 위한 용어이다.

그러나 도 경관계획의 경관부문별계획 수준이 시·군 경관계획의 경관가이드라인 수준까지 포함하는 것은 아니다. 즉, 도 경관계획에서 경관부문별계획의 수준과 시·군 경관계획에서 경관가이드라인의 수준이 동일한 것은 아니라는 의미이다. 도 경관계획의 경관부문별계획에서 시·군 경관계획의 경관가이드라인과 동일한 대상을 다룰 수 있기 때문에, 동일 대상이라면 경관부문별계획에서는 일반적인 수준을, 경관가이드라인에서는 좀 더 상세한 수준을 다룬다. 경관부문별계획에서는 개괄적이고 일반적인 기준과 수치를 제시하고, 경관가이드라인에서는 구체적이고 규제적인 기준과 수치를 제시하게 된다. 시·군 경관계획의 경관가이드라인 요소는 도 경관계획의 경관부문별계획 요소와 위계상으로는 동일하고 내용적으로는 상세하다.

예를 들어, 경기도와 화성시를 살펴보자. 광역지자체인 경기도 경관계획에서는 경관유형별 관리계획 또는 경관요소별 관리계획을 작성한다. 이에 따라 기초 지자체인 화성시 경관계획에서는 경기도 경관계획의 경관부문별계획에서 화성시에 적용 가능한 내용을 추출한 후 화성시 만의 경관특성을 반영한 내용을 추가하여 화성시 경관계획의 경관가이드라인으로 작성하면 된다.

④ 경관계획과 공공디자인 진흥계획과의 관계

공공디자인 진흥에 관한 법률에 따라 도와 시·군 등에서 공공디자인 진흥계획이 수립된 경우가 있는데, 공공디자인 진흥계획과 경관계획은 연계 또는 정합성이 유지되도록 해야 한다. 또 경관계획에서는 공공디자인에 대한 기본원칙을 담고, 공공디자인 진흥계획에서는 세부적인 내용을 다루도록 해야 한다. 공공디자인 진흥계획이 먼저 수립된 경우에는 그 내용을 받아서 경관계획에서 공공디자인에 대한 기본원칙을 설정하고, 경관계획이 먼저 수립된 경우에는 그 기본원칙을 받아서 공공디자인 진흥계획에 담도록 한다. 경관계획에서는 전체 이미지, 즉 도시 전체나 가로 전체 등 공간에 대한 기본방향을 수립하고, 공공디자인 진흥계획에서는 구체적인 시설물에 대한 내용을 수립한다.

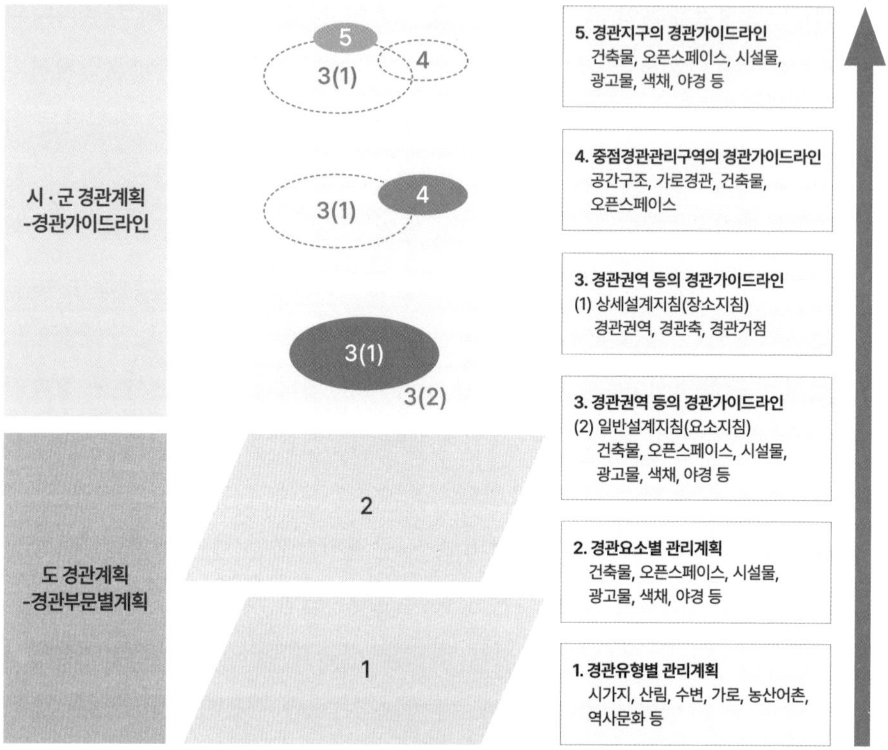

그림 II-79 경관부문별계획과 경관가이드라인의 종류

2) 경관가이드라인의 종류

경관부문별계획과 경관가이드라인의 종류에는 경관유형별 관리계획, 경관요소별 관리계획, 경관권역 등의 경관가이드라인, 중점경관관리구역의 경관가이드라인, 경관지구의 경관가이드라인이 있으며, 각각은 세부지침의 수준에 차이가 있고 구체적인 내용은 5.2 경관부문별계획과 5.3 경관가이드라인에서 설명한다.

5.2 경관부문별계획

1) 경관유형별 관리계획

경관유형별 관리계획은 관할구역 내 동일한 경관유형에 대해 다루어야 하는 지침으로, 경관유형에 따라 경관의 보전, 관리, 형성을 위한 경관 기본방향, 관리요소, 관리방향 등을 적용할 필요가 있을 경우에 제시한다. 기본방향, 관리요소, 관리방향은 지자체마다 다르고 동일 지자체에서도 경관계획을 수립하는 시기별로 다를 수 있다.

경관유형별 관리계획은 도 경관계획에서 작성하며, 시·군 경관계획에서는 이를 참고 또는 반영한다. 경관유형은 관할구역마다 다를 수 있고, 관할구역의 경관특성을 고려하여 시가지경관, 산림경관, 수변경관, 가로경관, 농산어촌경관, 역사문화경관 등으로 구분하여 작성할 수 있으며 필요한 경우 세분하거나 추가하거나 삭제할 수 있다.

경관유형별 관리계획이 적용되는 범위를 합해도 관할구역 전체가 되지 않을 수 있다. 경관유형별로 해당구역의 경관을 일관되고 체계적으로 관리하기 위한 내용을 포함한다. 경관유형별 관리계획은 유형별로 다음 사항을 고려하여 작성한다.

산림경관은 산림, 가로수, 마을숲 등의 녹지와 주변경관을 관리하기 위한 경관 관리요소와 관리방향을 제시한다. 산림경관 관리계획은 산림경관의 유형구분, 내용정리방법 등을 기술한다. 수변경관은 바다, 강·하천, 저수지 등의 수자원과 주변경관을 관리하기 위한 경관 관리요소와 관리방향을 제시한다.

역사문화경관은 역사자원, 문화자원, 관광자원 등과 주변경관을 통합적으로 관리하기 위한 경관 관리요소와 관리방향을 제시한다. 농산어촌경관은 농촌, 산촌, 어촌 등의 취락과 주변경관을 관리하기 위한 경관 관리요소와 관리방향을 제시한다.

시가지경관은 주거, 상업, 공업 등의 용도지역별 특성에 따른 지역경관을 통합적으로 관리하기 위한 경관 관리요소와 관리방향을 제시한다. 가로경관은 가로를 중심으로 가로시설물, 주변건축물 등 주변경관을 통합적으로 관리하기 위한 경관 관리요소와 관리방향을 제시한다.

<table>
<tr><td>구역명칭</td><td colspan="2">경기도 광역경관관리구역 ⑨ 수도권 순환도로 경관구역</td></tr>
<tr><td>경관테마</td><td colspan="2">“수도권 미래발전을 견인할 수도권 상징도로의 위상”</td></tr>
<tr><td>구역선정배경</td><td>· 도내 여러 지역들을 연결함으로써 경기도 성장을 견인하게 제2순환도로가 건설 중으로 경기도는 2개의 환상벨트를 구축하게 되었음.
· 수도권 순환도로의 내·외부 경관은 ‘경기도에 대한 이미지’를 갖게 하는 중요한 위상을 지니는 바, 광역경관관리구역으로 지정하여 경관을 관리할 필요가 있음.
· 경계는 도로변에서 약 30m 이내 지역으로 설정하였음.</td><td rowspan="2">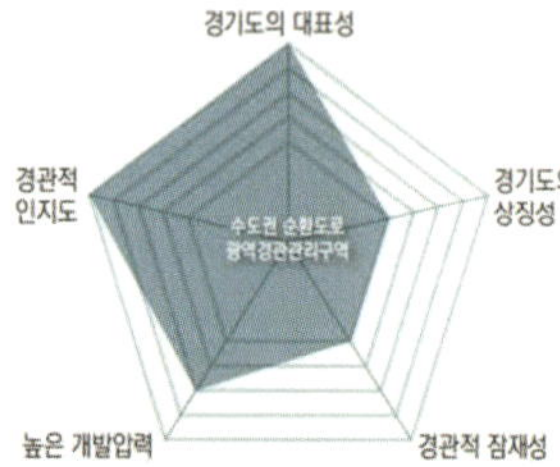
</td></tr>
<tr><td>해당시군</td><td>김포시, 고양시, 파주시, 양주시, 의정부시, 남양주시, 구리시, 하남시, 이천시, 광주시, 용인시, 성남시, 의왕시, 군포시, 안양시, 시흥시, 부천시, 안산시, 화성시 등</td></tr>
<tr><td>위치 및 경관자원</td><td colspan="2">
</td></tr>
</table>

그림 II-80 경기도 광역경관관리구역 관리 계획 예시 (경기도, 2020)

[경관계획수립지침] 4-5-2. 경관유형별 관리계획

(1) 경관유형별 계획은 관할구역의 경관특성을 고려하여 시가지경관, 산림경관, 수변경관, 가로경관, 농산어촌경관, 역사문화경관 등으로 구분하여 작성할 수 있으며, 필요한 경우 세분하거나 추가할 수 있다.

(2) 각 경관유형별로 해당지역 경관을 일관되고 체계적으로 관리하기 위한 통합방안을 포함한다.

(3) 경관유형별 경관계획은 보존, 관리 및 형성을 위한 기본방향을 제시하되 유형별로 다음사항을 고려하여 작성한다.

① 시가지경관의 경우 주거지, 상업지 등의 특성에 따른 지역경관을 통합적으로 관리하기 위한 경관관리요소와 관리방향을 제시한다.

② 산림경관의 경우 산림, 가로수, 마을숲 등의 녹지와 주변경관을 관리하기 위한 경관관리요소와 관리방향을 제시한다.

③ 수변경관의 경우 바다, 하천, 저수지 등의 물과 주변경관을 관리하기 위한 경관관리요소와 관리방향을 제시한다.

④ 가로경관의 경우 가로를 중심으로 가로시설물, 주변건축물 등 주변경관을 통합적으로 관리하기 위한 경관관리요소와 관리방향을 제시한다.

⑤ 농산어촌경관의 경우 농촌, 산촌, 어촌 등의 취락과 주변경관을 관리하기 위한 경관관리요소와 관리방향을 제시한다.

⑥ 역사문화경관의 경우 역사자원, 문화자원, 관광자원 등의 경관자원과 주변경관을 통합적으로 관리하기 위한 경관관리요소와 관리방향을 제시한다.

2) 경관요소별 관리계획

경관요소별 관리계획은 관할구역 내 동일한 경관요소에 대해 다루어야 하는 지침으로서, 경관요소에 따라 경관의 보전, 관리, 형성을 위한 경관 기본방향, 관리요소, 관리방향 등을 적용할 필요가 있을 경우에 제시한다. 기본방향, 관리요소, 관리방향은 지자체마다 다르고 동일 지자체에서도 경관계획을 수립하는 시기별로 다를 수 있다.

경관요소별 관리계획은 도 경관계획과 시·군 경관계획에서 작성할 수 있으며, 시·군 경관계획에서는 도 경관계획의 내용을 반영하여 작성한다. 경관요소별 관리계획은 모든 경관요소에 대해 수립할 필요가 없으며, 경관요소는 관할구역의 경관기본계획 또는 경관심의대상 등에 따라서도 다를 수 있다. 관할구역의 경관특성을 고려하여 건축물 경관, 오픈스페이스 경관, 옥외광고물 경관, 공공시설물 경관, 경관색채, 야간경관 등으로 구분하여 작성할 수 있으며 필요한 경우 세분하거나 추가할 수 있다. 경관심의대상에 따라 관리요소를 설정하고 관리내용은 심의기준으로 활용하며 이들이 기초 지자체에서 공통적으로 사용할 수 있도록 해야 한다.

경관심의대상은 건축물, 개발사업, 사회기반시설 사업 등으로 구분하고 있고 이는 지자체마다 다를 수 있다. 건축물은 단독주택, 공동주택, 상업건축물, 공업건축물, 공공건축물 등을 심의대상으로 하고 있고, 사회기반시설사업은 도로, 하천, 철도, 도시철도 등을 심의대상으로 하고 있다. 이때 건축물은 관리계획에 오픈스페이스, 옥외광고물, 공공시설물, 색채경관, 야간경관 등을 포함하여 작성하는 것이 좋다.

경관요소별 관리계획 시 적용대상이 명확히 구분되도록 범위가 설정되어야 하고, 타 법에서 설정된 내용은 포함되지 않도록 한다. 공공디자인 진흥계획이

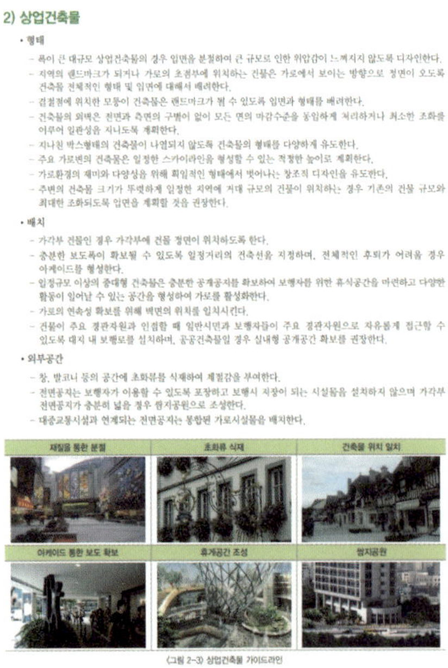

2) 상업건축물

• 형태
- 폭이 큰 대규모 상업건축물의 경우 입면을 분절하여 큰 규모로 인한 위압감이 느껴지지 않도록 디자인한다.
- 지역의 랜드마크가 되거나 가로의 초점부에 위치하는 건물은 가로에서 보이는 방향으로 정면이 오도록 건축물 전체적인 형태 및 입면에 대해서 배려한다.
- 결절점에 위치한 모퉁이 건축물은 랜드마크가 될 수 있도록 입면과 형태를 배려한다.
- 건축물의 외벽은 전면과 측면의 구별이 없어 모든 면의 마감수준을 동일하게 처리하거나 최소한 조화를 이루어 일관성을 지니도록 계획한다.
- 지나친 박스형태의 건축물이 나열되지 않도록 건축물의 형태를 다양하게 유도한다.
- 주요 가로변의 건축물은 일정한 스카이라인을 형성할 수 있는 적정한 높이로 계획한다.
- 가로환경의 재미와 다양성을 위해 획일적인 형태에서 벗어나는 창조적 디자인을 유도한다.
- 주변의 건축물 크기가 뚜렷하게 일정한 지역에 거대 규모의 건물이 위치하는 경우 기존의 건물 규모와 최대한 조화되도록 입면을 계획할 것을 권장한다.

• 배치
- 가각부 건물인 경우 가각부에 건물 정면이 위치하도록 한다.
- 충분한 보도폭이 확보될 수 있도록 일정거리의 건축선을 지정하며, 전체적인 후퇴가 어려울 경우 아케이드를 형성한다.
- 일정규모 이상의 중대형 건축물은 충분한 공개공지를 확보하여 보행자를 위한 휴식공간을 마련하고 다양한 활동이 일어날 수 있는 공간을 형성하여 가로를 활성화한다.
- 가로의 연속성 확보를 위해 벽면의 위치를 일치시킨다.
- 건물이 주요 경관자원과 인접할 때 일반시민과 보행자들이 주요 경관자원으로 자유롭게 접근할 수 있도록 대지 내 보행로를 설치하며, 공공건축물일 경우 실내형 공개공간 확보를 권장한다.

• 외부공간
- 창, 발코니 등의 공간에 초화류를 식재하여 계절감을 부여한다.
- 전면공지는 보행자가 이용할 수 있도록 포장하고 보행시 지장이 되는 시설물을 설치하지 않으며 가각부 전면공지가 충분히 넓을 경우 쌈지공원으로 조성한다.
- 대중교통시설과 연계되는 전면공지는 통합된 가로시설물을 배치한다.

(그림 2-3) 상업건축물 가이드라인

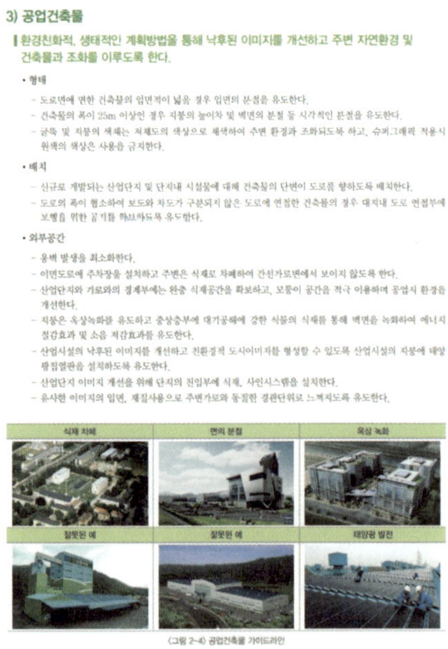

3) 공업건축물

환경친화적, 생태적인 계획방법을 통해 낙후된 이미지를 개선하고 주변 자연환경 및 건축물과 조화를 이루도록 한다.

• 형태
- 도로변에 면한 건축물의 입면적이 넓을 경우 입면의 분절을 유도한다.
- 건축물의 폭이 25m 이상인 경우 지붕의 높이차 및 벽면의 분절 등 시각적인 분절을 유도한다.
- 굴뚝 및 지붕의 색채는 저채도의 색상으로 채색하여 주변 환경과 조화되도록 하고, 슈퍼그래픽 적용시 원색의 색상은 사용을 금지한다.

• 배치
- 신규로 개발되는 산업단지 및 단지내 시설물에 대해 건축물의 단변이 도로를 향하도록 배치한다.
- 도로의 폭이 협소하여 보도와 차도가 구분되지 않은 도로에 연접한 건축물의 경우 대지내 도로 연접부에 보행을 위한 공지를 확보하도록 유도한다.

• 외부공간
- 옹벽 발생을 최소화한다.
- 이면도로에 주차장을 설치하고 주변은 식재로 차폐하여 간선가로변에서 보이지 않도록 한다.
- 산업단지와 가로와의 경계부에는 완충 식재공간을 확보하고, 모퉁이 공간을 적극 이용하여 공업지 환경을 개선한다.
- 지붕은 옥상녹화를 유도하고 중상층부에 대기공해에 강한 식물의 식재를 통해 벽면을 녹화하여 에너지 절감효과 및 소음 저감효과를 유도한다.
- 산업시설의 낙후된 이미지를 개선하고 친환경적 도시이미지를 형성할 수 있도록 산업시설의 지붕에 태양광집열판을 설치하도록 유도한다.
- 산업단지 이미지 개선을 위해 단지의 진입부에 식재, 사인시스템을 설치한다.
- 유사한 이미지의 입면, 재질사용으로 주변가로와 동질한 경관단위로 느껴지도록 유도한다.

(그림 2-4) 공업건축물 가이드라인

그림 II-81 경관요소별 경관가이드라인 예시 (대구광역시, 2018)

수립된 경우에는 공공디자인 대상과 가이드라인을 경관계획에 포함되도록 한다. 경관요소별 관리계획은 요소별로 다음 사항을 고려하여 작성한다.

건축물 경관은 주변 경관과의 조화성, 가로에서의 연속성, 보행에서의 변화성 등의 기본방향을 제시하고, 통일 또는 강조 등의 경관창출에 필요한 경관 관리요소와 관리방향을 제시한다. 건축물은 건축용도별로 구분할 수 있으며, 건축물의 배치 및 규모, 외관 및 형태, 외부공간에 관한 사항을 다룰 수 있다.

오픈스페이스 경관은 경관적 연계성, 가로의 연속성 등을 확보하기 위한 기본방향을 제시하고, 연계성, 연속성 등의 경관창출에 필요한 경관 관리요소와 관리방향을 제시한다. 오픈스페이스는 공개공지, 가로, 도로, 하천, 공원 등의 다양한 요소가 포함되기 때문에 우선 관리요소의 설정이 중요하다. 건축물과 관련이 있는 공개공지나 가로 등은 건축물 관리계획에서 다루는 것이 좋다. 사회기반시설 사업이 심의에서 다루는 도로, 하천 등을 관리요소로 설정하는 것이 좋다. 관리내용은 요소별로 차이가 크고 경관적인 측면에서 필요한 요소만을 설정하도록 한다.

옥외광고물 경관은 가로경관의 통일, 건물과의 조화 등을 위한 기본방향을 제시하고, 관리지역별 광고물 종류 및 수량 등의 경관 관리요소와 관리방향을 제시한다. 옥외광고물은 옥외광고물 관련법에서 다루는 요소와 기준 이외에 경관적으로 관리되어야 하는 지역, 요소, 내용을 다루도록 한다. 옥외광고물 관련법에서 다루는 동일 요소에 대해 관리내용을 강화할 수 있다.

공공시설물 경관은 주변과 조화성, 가로의 연속성·쾌적성 등을 확보하기 위한 기본방향을 제시하고, 시설물의 배치, 형태, 규모, 통합설치계획 등의 경관 관리요소와 관리방향을 제시한다. 공공시설물은 유형과 종류가 다양하기 때문에 구체적인 사항보다는 기본원칙에 가까운 관리내용을 설정한다. 이때 공공디자인 진흥계획이 수립된 경우는 공공시설물에 대한 원칙과 기준을 경관가이드라인에 담도록 한다.

색채경관은 지역의 통일성, 조화성 등을 위한 기본방향을 제시하고, 사용색 범위와 사용방법 등의 경관 관리요소와 관리방향을 제시한다. 이때 색채표기는 먼셀, NCS 등 국제표준규격을 사용한다. 색채경관은 모든 요소와 관련이 있기 때문에 구체적인 사항보다는 기본원칙에 가까운 관리내용을 설정한다. 이때 공공디자인 진흥계획 또는 색채경관계획(특정경관계획)이 수립된 경우는 색채에 대한 원칙과 기준을 경관가이드라인에 담도록 한다.

야간경관은 상징성, 연속성 등을 위한 기본방향을 제시하고, 연출 및 관리를 위한 경관 관리요소와 관리방향을 제시한다. 야간경관은 건축물과 오픈스페이스와 밀접한 관련이 있기 때문에 이때는 각각의 요소에 포함되도록 하고, 구체적인 사항보다는 기본원칙에 가까운 관리내용을 설정한다. 이때 공공디자인 진흥계획 또는 야간경관계획(특정경관계획)이 수립된 경우는 야간조명에 대한 원칙과 기준을 경관가이드라인에 담도록 한다.

[경관계획수립지침] 4-5-3. 경관요소별 관리계획

(1) 경관요소별 계획은 건축물, 오픈스페이스, 옥외광고물, 공공시설물, 경관색채, 야간경관 등으로 구분하여 작성할 수 있으며, 필요한 경우 세분하거나 추가할 수 있다.

(2) 해당지역 경관을 일관되고 체계적으로 관리하기 위해 경관구성요소에 대한 통합적인 경관관리방안을 포함한다.

(3) 경관요소에 따라 다음 사항을 고려하여 작성한다.

① 건축물의 경우 주변 경관과의 조화 및 연속성 등을 유지하기 위한 기본방향을 제시하고, 통일 또는 강조 등의 경관창출에 필요한 경관관리요소와 관리방향을 제시한다.

② 오픈스페이스의 경우 경관적 연계성, 가로의 연속성 등을 확보하기 위한 기본방향을 제시하고, 연계성, 연속성 등의 경관창출에 필요한 경관관리요소와 관리방향을 제시한다.

③ 옥외광고물의 경우 가로경관의 통일, 건물과의 조화 등을 위한 기본방향을 제시하고, 관리지역별 광고물 종류 및 수량 등의 경관관리요소와 관리방향을 제시한다.

④ 공공시설물의 경우 조화성, 가로의 연속성.쾌적성 등을 확보하기 위한 기본방향을 제시하고, 시설물의 배치, 형태, 규모, 통합설치계획 등의 경관관리요소와 관리방향을 제시한다.

⑤ 색채경관의 경우 지역의 통일성, 조화성 등을 위한 기본방향을 제시하고, 사용색 범위와 사용방법 등의 경관관리요소와 관리방향을 제시한다. 이 때 색채표기는 먼셀, NCS 등 국제표준규격을 사용한다.

⑥ 야간경관의 경우 상징성, 연속성 등을 위한 기본방향을 제시하고, 연출 및 관리를 위한 경관관리요소와 관리방향을 제시한다.

5.3 경관가이드라인

1) 경관권역 등의 경관가이드라인

경관권역 등의 경관가이드라인은 경관권역, 경관축, 경관거점에 대해 해당 구역의 경관특성을 고려하여 공간단위별로 경관 관리요소를 정하고 이에 대한 설계지침 등 관리기준을 제시한다. 경관권역 등의 경관가이드라인은 경관권역, 경관축, 경관거점의 구역에 전반적으로 적용되는 일반설계지침(요소지침)과 경관권역, 경관축, 경관거점의 특정장소나 일부대상에 적용되는 상세설계지침(장소지침)으로 구분하여 제시할 수 있다. 여기에서의 일반설계지침은 경관계획수립지침에서 말하는 '지침'과 동일한 의미이고 상세설계지침은 경관계획수립지침에서 말하는 '상세지침'과 동일한 의미이다.

일반설계지침은 구성요소별로 제시하는 어디나 적용되는 일반적인 사항이고, 상세설계지침은 공간단위별로 제시하는 권역특성을 나타내는 지침이다. 일반설계지침은 권역으로 묶이지 않고 도시나 지역에서 도출되는 문제 위주로 보아야 하고 상세설계지침은 경관권역, 경관축, 경관거점의 장소에서 도출되는 특성 위주로 보아야 한다. 시·군 경관계획의 일반설계지침은 도 경관계획의 경관요소별 관리계획에서 도출하거나 추가해서 수립한다. 일반설계지침은 해당 지자체 전체에 공통적으로 적용할 경관요소별 가이드라인을 상위 지자체의 경관부문별계획과 연계하여 경관 관리항목을 정하고 이에 대한 경관 관리기준을 제시할 수 있다.

상세설계지침(장소지침)은 경관권역, 경관축, 경관거점에 대해 해당구역의 경관특성을 고려하여 공간단위별로 경관 관리요소를 정하고 이에 대한 경관 관리기준을 제시한다. 경관권역, 경관축, 경관거점에 대해 각각 가이드라인을 설정할 경우 지침이 많아질 수 있으므로 경관권역 내에서 공간단위로 설정하는 것을 권장한다. 때로는 경관축에 대해서만 관리요소를 설정할 수도 있다.

경관권역 등의 경관가이드라인은 경관권역, 경관축, 경관거점에 대해서만 수립하는 것은 아니며 공간단위 또는 구성요소 등에 대해 작성할 수 있다. 지자체의 경관 관리단위에 따라 공간을 구분하고 해당 공간을 관리하기 위한 가이드

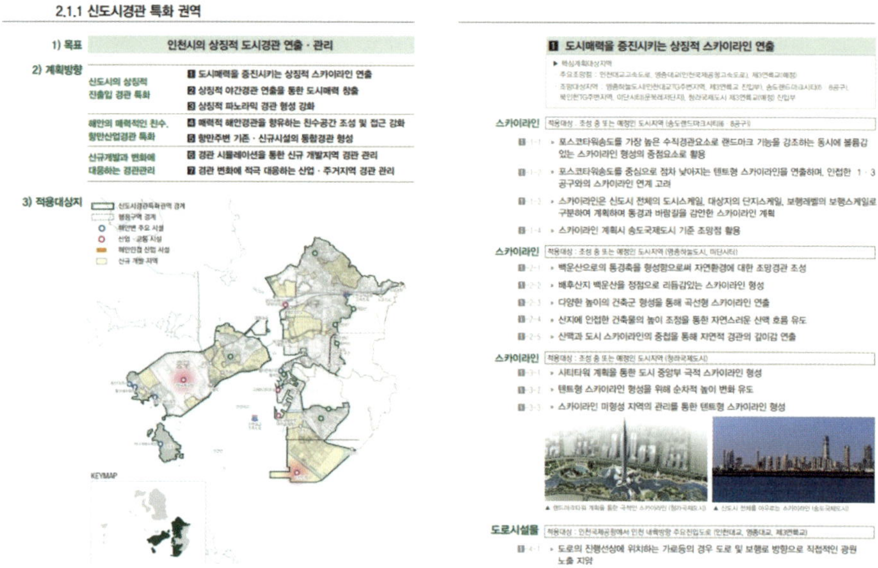

그림 II-82 경관권역별 경관가이드라인 예시 (인천광역시, 2017)

그림 II-83 경관요소별 경관가이드라인 예시 (군산시, 2018)

라인을 작성하는 것이다. 경관권역 등의 경관가이드라인은 경관관리단위를 어떻게 구분하느냐에 따라 가이드라인의 구성이 달라질 수 있다.

경관권역 등의 경관가이드라인은 시·군 경관계획에서 작성하며, 공간단위별 가이드라인과 구성요소별 가이드라인의 영역이 일치할 수도 있고 공간단위별 가이드라인이 구성요소별 가이드라인의 영역보다 더 작아질 수도 있다. 경관권역 등의 경관가이드라인 중에서 일반설계지침의 관리요소와 관리기준은 경관요소별 관리계획을 참고하도록 한다.

경관권역 가이드라인과 경관권역 등의 가이드라인은 차이가 있다. 경관권역 가이드라인은 경관권역에 대해서만 작성하지만 경관권역 등의 가이드라인은 경관권역, 경관축, 경관거점을 포함하여 작성하는 것이다.

[경관계획수립지침] 5-5-2. 경관권역 등의 경관가이드라인

(1) 경관권역, 경관축 및 경관거점에 대해 해당 구역의 경관특성을 고려하여 공간단위별로 경관관리요소를 정하고 이에 대한 설계지침 등 관리기준을 제시한다.

(2) 설계지침은 경관권역 등의 구역에 전반적으로 적용되는 일반설계지침과 경관권역 등의 구역 중 특정 장소나 대상에만 적용되는 상세지침*으로 구분하여 제시할 수 있다.

* 상세지침은 상세설계지침으로 용어를 변경하는 것이 일반설계지침과 일관성을 유지할 수 있으며, 향후 개정 시 반영이 필요함

2) 중점경관관리구역의 경관가이드라인

중점경관관리구역의 경관가이드라인은 중점경관관리구역의 특성을 반영하여 경관의 보전, 관리 및 형성을 위한 장소 중심의 구체적이고 입체적인 경관계획을 수립한다. 계획 및 공간의 위계를 고려하여 중점경관관리구역에 일반적으로 적용되는 기본지침과 특정 장소·대상에 적용되는 상세지침으로 구분하여 작성할 수 있다.

중점경관관리구역의 경관가이드라인은 경관기본계획에서 중점경관관리구역으로 지정된 곳에만 적용한다. 중점경관관리구역의 경관가이드라인에는 공간구조, 가로경관, 건축물, 오픈스페이스 등에 대한 보전·관리 및 형성을 위한 계획내용을

포함하되 요소 단위의 개별적 계획이 아닌 공간 단위의 통합적 계획을 수립한다.

일반적으로 시·군 경관계획에서 중점경관관리구역계획을 수립하지만 도 경관계획에서 중점경관관리구역계획을 수립하는 경우도 있다. 도에서 직접 관리할 필요가 있는 경우에는 중점경관관리구역의 경관가이드라인을 도 경관계획에서 마련하고, 도 경관계획에서 중점경관관리구역계획을 수립하고 시·군 경관계획에서 중점경관관리구역을 지정·관리하는 경우에는 도 경관계획에서 원칙만 다루고 그 원칙에 따라 시·군 경관계획에서 가이드라인을 마련하도록 한다. 중점경관관리구역의 경관가이드라인은 관련계획, 경관사업, 경관협정, 경관심의 등에 반영할 수 있도록 구체적으로 작성한다.

중점경관관리구역의 경관가이드라인은 크게 공간구조, 가로경관, 건축물, 오픈스페이스로 구분하고 있으며, 구체적인 작성내용은 다음과 같다. 작성내용이 경관계획수립지침에 제시되어 있으나 지나치게 구체적이어서 경관계획의 위계를 고려하여 작성한다.

공간구조는 공간의 위계와 성격을 고려하여 공간의 특성이 잘 드러날 수 있도록 계획한다. 단지 및 블록 배치 시 가로변 경관과 인접 대지와의 관계, 보행활동 등을 고려하여 경관계획을 수립한다. 주변 지역의 지형·지세 및 건축물·시설물 현황을 고려하여 구역의 전체적인 경관을 향상시킬 수 있도록 스카이라인을 계획한다.

가로경관은 전체적으로 조화롭고 통일감 있는 가로경관을 조성할 수 있도록 공공과 민간이 관리하는 대상과 장소를 포괄하여 건축물, 식재, 가로시설물, 공원 및 녹지 등 다양한 요소들의 통합적인 계획을 작성한다. 가로의 위계에 따른 특성이 나타날 수 있도록 계획하며, 특화가로 및 자전거도로, 보행자 전용도로 등의 계획을 검토한다. 안전하고 쾌적한 가로경관을 조성할 수 있도록 차량, 주차 및 보행동선을 검토하고, 각종 가로시설물은 가능한 통합하여 설치되도록 계획한다.

건축물은 건축물의 통일 또는 강조 등 경관창출이 필요한 경우에 경관 보전, 관리, 형성 등의 경관계획을 작성한다. 가로의 연속성 확보를 위한 건축선, 건축형태, 광고물, 아케이드 등의 계획방향을 제시한다. 주변 건축물과의 조화를 위한 외관, 출입구, 경계부, 조경 등의 계획방향을 제시한다. 필요시 공동주택, 단독주택, 상업시설, 근린생활시설, 공공시설, 도시지원시설 등에 대한 건축물의 규모 및 배치, 형태 및 외관, 외부공간 등의 계획을 제시할 수 있다. 광고물은 관리할 지역을 유도, 규제수준의 관리등급에 따라 일반지역과 특정구역 등으로 구분하여 다르게 계획한다.

오픈스페이스는 공간구조에 대한 이해를 전제로, 이와 연계된 오픈스페이스의 위치 및 공간기능, 역할 등에 대한 계획을 작성한다. 녹시율 증진, 녹지 접근성의 확대, 생태 환경개선에 기여할 수 있는 경관계획을 수립한다. 공간의 주요 축 형성을 위한 공원, 녹지, 도로, 수변 등과의 연계를 고려한 경관계획을 작성한다. 건축물 외부공간 형성을 위한 공개공지, 공공공지, 경계부 등의 경관계획을 작성한다. 세부요소로는 도입 테마, 도입수종의 종류와 크기와 배치, 공간의 형태와 설계 등에 대해 작성할 수 있다.

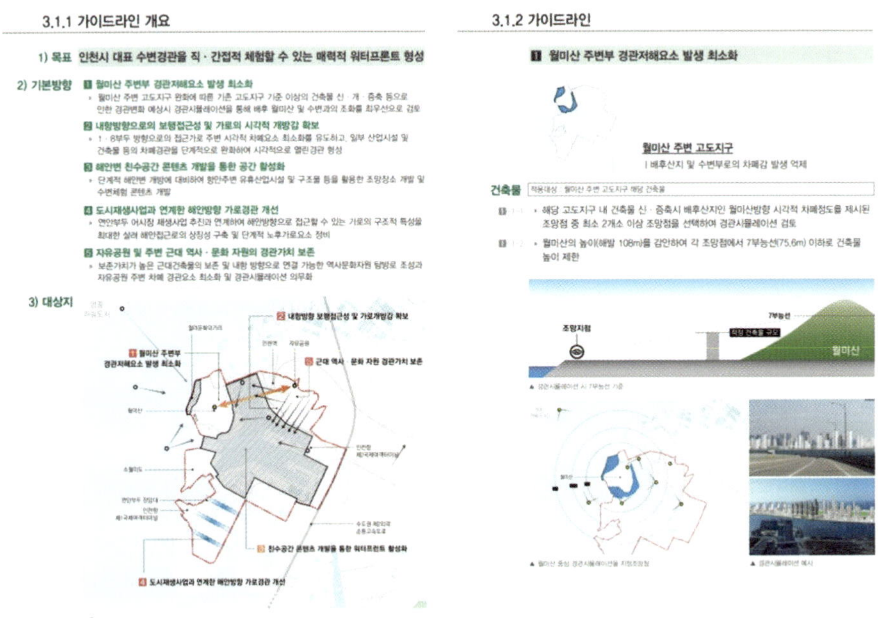

그림 II-84 인천항 중점경관관리구역 경관가이드라인 예시 (인천광역시, 2017)

그림 II-85 근대역사문화지구 중점경관관리구역 경관가이드라인 예시 (군산시, 2018)

[경관계획수립지침] 5-5-4. 중점경관관리구역의 경관가이드라인
5-5-4-1. 작성방향

(1) 중점경관관리구역의 특성을 반영하여 경관의 보전, 관리 및 형성을 위한 장소중심의 구체적이고 입체적인 경관계획을 수립한다.

(2) 공간구조, 가로경관, 건축물, 오픈스페이스 등에 대한 보전·관리 및 형성을 위한 계획 내용을 포함하되, 개별 요소단위의 계획이 아닌 공간 단위의 통합적 계획을 수립한다.

(3) 중점경관관리계획의 내용은 향후 경관조례, 경관사업, 경관협정, 경관심의, 지구단위계획 등의 실행방안에 반영할 수 있도록 구체적으로 작성한다.

[경관계획수립지침] 5-5-4. 중점경관관리구역의 경관가이드라인
5-5-4-2. 작성내용

(1) 공간구조

① 공간의 위계와 성격을 고려하여, 공간의 특성이 잘 드러날 수 있도록 계획한다.

② 단지 및 블록 배치 시 가로변 경관과 인접대지와의 관계, 보행활동 등을 고려하여 경관계획을 수립한다.

③ 주변 지역의 지형·지세 및 건축물·시설물 현황을 고려하여 구역의 전체적인 경관을 향상시킬 수 있도록 스카이라인을 계획한다.

(2) 가로경관

① 전체적으로 조화롭고 통일감 있는 가로경관을 조성할 수 있도록 공공과 민간이 관리하는 대상·장소를 포괄하여 건축물, 식재, 가로시설물, 공원 및 녹지 등 다양한 요소들의 통합적인 계획을 작성하도록 한다.

② 가로의 위계에 따른 특성이 나타날 수 있도록 계획하며, 특화가로 및 자전거도로, 보행자 전용도로 등의 계획을 검토한다.

③ 안전하고 쾌적한 가로경관을 조성할 수 있도록 차량, 주차 및 보행동선을 검토하고, 각종 가로시설물은 가능한 통합하여 설치되도록 계획한다.

(3) 건축물

① 건축물의 통일 또는 강조 등 경관 창출이 필요한 경우에 경관보전, 관리 형성 등의 경관계획을 작성한다.

② 가로의 연속성 확보를 위한 건축선, 건축형태, 광고물, 아케이드 등의 계획방향을 제시한다.

③ 주변 건축물과의 조화를 위한 외관, 출입구, 경계부, 조경 등의 계획방향을 제시한다.

④ 필요시 공동주택, 단독주택, 상업시설, 근린생활시설, 공공시설, 도시지원시설 등에 대한 건축물의 규모 및 배치, 형태 및 외관, 외부공간 등의 계획을 제시할 수 있다.

가. 공동주택의 경우 다음 각 호에 관한 계획을 제시할 수 있다.

㉠ 건축물의 규모 및 배치 : 스카이라인, 건축선, 통경축, 주동형태, 중저층 배치구간, 탑상형 배치구간, 단지경계부 처리, 부속동의 위치 등

㉡ 건축물의 형태 및 외관 : 주동길이, 지붕형태, 부속동, 필로티, 색채 등

㉢ 외부공간 : 단지입구, 공공조경, 광장, 담장, 지상주차, 보행자 통로 등

나. 단독주택의 경우 다음에 각 호에 관한 계획을 제시할 수 있다.

㉠ 건축물의 규모 및 배치 : 건축선, 배치, 길이 등

㉡ 건축물의 형태 및 외관 : 지붕, 창문, 발코니, 형태, 색채, 재료 등

㉢ 외부공간 : 공개공지, 조경, 입구, 경계부 등

다. 상업 및 근린생활시설의 경우 각 호에 관한 계획을 제시할 수 있다.

㉠ 건축물의 규모 및 배치 : 건축선, 배치방향, 필지크기 등

㉡ 건축물의 형태 및 외관 : 입면설계, 1층부 높이, 아케이드, 지붕, 색채 등

㉢ 외부공간 : 공개공지, 전면공지, 담장, 진출입구, 공공통로, 주차장 등

라. 공공건축물의 경우 다음 각 호에 관한 계획을 제시할 수 있다.

㉠ 건축물의 규모 및 배치 : 건축선, 배치방향 등

ⓛ 건축물의 형태 및 외관 : 형태, 재료, 색채, 지붕 등

ⓒ 외부공간 : 공개공지, 조경, 입구, 경계부 등

⑤ 옥외광고물은 관리할 지역을 유도 및 규제수준의 관리등급에 따라 일반지역과 특정구역 등으로 구분하여 다르게 계획한다.

가. 가로의 조화성 형성을 위한 광고물 종류, 형태, 색채, 재료 등의 경관계획을 작성한다.

나. 관리지역별로 가로형 간판 등(가로형, 돌출형, 지주이용형, 창문이용형 광고물 등)의 설치 가능한 광고물 종류를 구분하고, 이에 대한 상세도를 작성할 수 있다. 또한 각 종류별 설치위치, 수량, 크기, 색채, 재료, 서체, 조명 등의 항목별 지침을 계획할 수 있다.

다. 필요한 경우 차양막, 전자식광고물, 현수막 등의 설치계획을 정할 수 있다.

(4) 오픈스페이스

① 공간구조에 대한 이해를 전제로, 이와 연계된 오픈스페이스의 위치 및 공간기능, 역할등에 대한 계획을 작성한다.

② 경관적 측면에서 기여할 수 있는 녹시율 증진, 녹지 접근성의 확대 및 생태 환경 개선에 기여할 수 있는 경관계획을 수립한다.

③ 공간의 주요축 형성을 위한 공원, 녹지, 도로, 수변 등과의 연계를 고려한 경관계획을 작성한다.

④ 건축물 외부공간 형성을 위한 공개공지, 공공공지, 경계부 등의 경관계획을 작성한다.

⑤ 세부요소로는 도입 테마, 도입수종의 종류와 크기와 배치, 공간의 형태와 설계 등에 대해 작성할 수 있다.

3) 경관지구의 경관가이드라인

경관지구의 경관가이드라인은 경관지구에 대한 경관관리를 위하여 지구별 특성을 고려한 건축물, 오픈스페이스, 옥외광고물, 공공시설물, 색채, 조명 등의 경관 관리요소와 이에 대한 설계지침 등 관리기준을 제시한다. 시·군 관리계획에서 규정하고 있는 내용과 연계하여 보다 입체적·통합적 경관관리를 위해 필요한 내용을 추가·보완하고 운영방안을 제시한다. 경관지구는 자연경관지구, 시가지경관지구, 특화경관지구로 구분하고 있으며 각 지구 내에서 건축제한을 두고 있다.

[국토계획및이용에관한법률 시행령 제31조] 용도지구의 지정

② 국토교통부장관, 시·도지사 또는 대도시 시장은 법 제37조제2항에 따라 도시·군관리계획결정으로 경관지구, 방재지구, 보호지구, 취락지구 및 개발진흥지구를 다음 각 호와 같이 세분하여 지정할 수 있다.

1. 경관지구
    - 가. 자연경관지구 : 산지·구릉지 등 자연경관을 보호하거나 유지하기 위하여 필요한 지구
    - 나. 시가지경관지구 : 지역 내 주거지, 중심지 등 시가지의 경관을 보호 또는 유지하거나 형성하기 위하여 필요한 지구
    - 다. 특화경관지구 : 지역 내 주요 수계의 수변 또는 문화적 보존가치가 큰 건축물 주변의 경관 등 특별한 경관을 보호 또는 유지하거나 형성하기 위하여 필요한 지구

즉, 경관지구의 경관가이드라인은 건축법에서의 건축제한 이외에 건축물, 오픈스페이스, 옥외광고물, 공공시설물, 색채, 조명 등의 사항에 대해 추가적으로 규정할 수 있다. 각 지구별 특성에 따라 규정사항이 달라질 수 있다. 자연경관지구와 시가지경관지구는 지구특성이 다르므로 지구별 차별화가 필요하며 자연경관지구가 여러 곳에 지정되어 있고, 지구별 지역특성이 달라지면 자연경관지구별로도 차별화가 필요할 수 있다. 경관지구 내 건축물은 경관심의대상이 되기 때문에 경관지구의 건축물 경관가이드라인은 건축물에 대한 경관심의기준으로 사용될 수 있다.

[경관계획수립지침] 5-5-3. 경관지구 및 미관지구*의 경관가이드라인

(1) 지구별 특성을 고려한 건축물, 오픈스페이스, 옥외광고물, 공공시설물, 색채 등의 경관관리요소와 이에 대한 설계지침 등 관리기준을 제시한다.

(2) 도시·군관리계획에서 규정하고 있는 내용과 연계하여 보다 입체적·통합적 경관관리를 위해 필요한 내용을 추가·보완하고 운영방안을 제시한다.

*미관지구는 2018년에 폐지되었으나 경관계획수립지침 상에는 아직 반영이 되어있지 않음

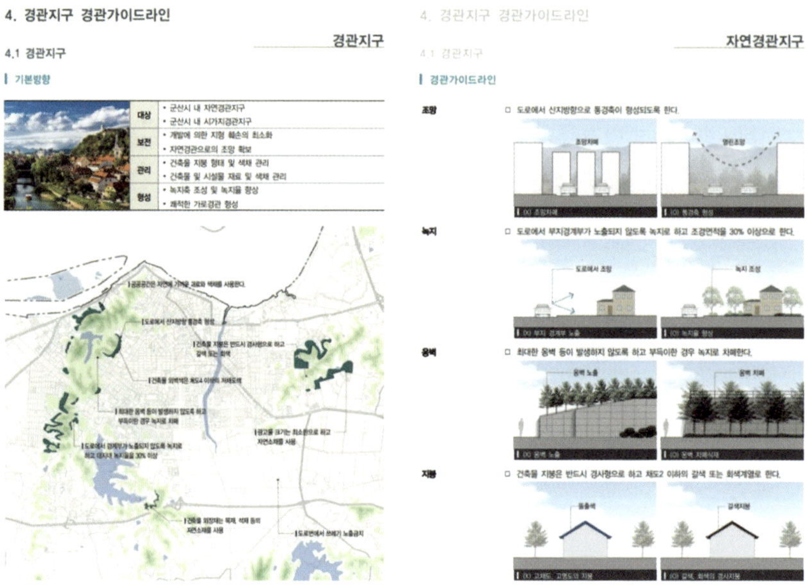

그림 II-86 경관지구 경관가이드라인 예시 (군산시, 2018)

시·군 경관계획에서 경관권역 등의 경관가이드라인과 경관지구의 경관가이드라인이 적용되는 구역은 공간적으로 중첩될 수 있으며, 경관권역 등의 경관가이드라인과 중점경관관리구역의 경관가이드라인도 겹칠 수 있다. 그러나 중점경관관리구역의 경관가이드라인과 경관지구의 경관가이드라인은 겹쳐질 수 없다. 경관지구로 지정하기 어려운 상황에서 중점경관관리구역으로 지정하고, 경관지구로 지정된 곳을 중점경관관리구역으로 지정하면 이중규제가 되기 때문에 원칙적으로는 중첩하여 지정하지 않는다.

5.4 경관가이드라인의 작성방법

1) 경관가이드라인의 구조설정

경관기본계획의 내용을 실행하기 위한 수단인 경관부문별계획 및 경관가이드라인은 경관기본계획의 관리단위와 밀접한 관련이 있다. 기존의 지자체 경관계획은 경관부문별계획 및 경관가이드라인의 종류가 지나치게 많고 필요성에 대해서도 의문이 있으며, 경관계획수립지침에서 제시한 경관유형별 관리계획, 경관요소별 관리계획, 경관권역 등의 경관가이드라인, 경관지구별 경관가이드라인, 중점경관관리구역별 경관가이드라인을 모두 수립해야 하는 것은 아니다.

용인시의 경우, 2020 용인시 경관기본계획(용인시, 2012)에서 설정한 관리단위가 경관권역 5개, 경관축 5개, 경관거점 5개, 중점경관관리구역 6개이고, 이에 대한 경관가이드라인으로 경관권역 5개, 경관축 1개, 경관거점 1개, 중점경관관리구역 6개와 건축물 5개, 오픈스페이스, 1개, 옥외광고물 1개, 공공시설물 3개, 색채 3개, 야간 2개, 조망 1개, 경관지구 2개, 미관지구 3개로 총 34개 종류의 경관가이드라인을 마련하였다. 그러나 34개의 경관가이드라인 중에서 실제로 사용된 것은 경관심의를 하고 있는 중점경관관리구역 6개, 경관지구 2개와 건축물 5개, 색채 3개로 총 16개에 불과하였다.

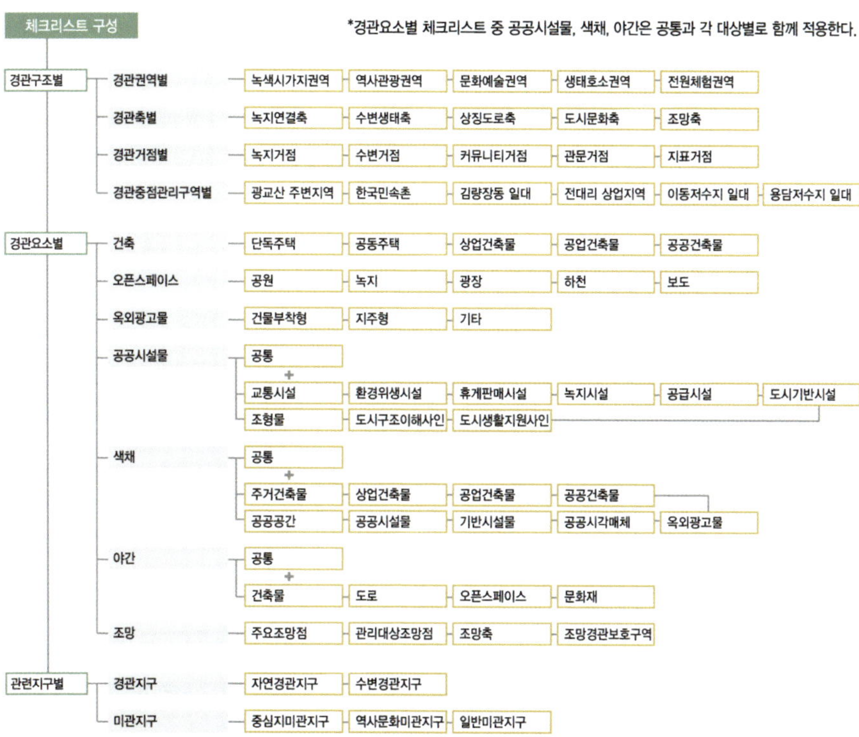

그림 II-87 경관가이드라인 구조 (용인시, 2012)

따라서 경관부문별계획 및 경관가이드라인은 경관기본계획과 연계되어야 하며 활용성을 고려하여 꼭 필요한 부분만 작성되어야 한다. 기초 지자체 경관기본계획에서는 경관권역 등의 경관가이드라인, 중점경관관리구역별 경관가이드라인, 경관지구별 경관가이드라인을 작성하게 되는데 이들의 중첩여부를 고려하여 적용성을 검토해야 한다. 경관부문별계획 및 경관가이드라인은 심의대상과 연계하여 설정하는 것이 좋다. 경관조례에서 정하는 중점경관관리구역과 경관지구 내의 건축물은 심의대상이 되기 때문에 경관요소별 가이드라인 보다는 상세한 가이드라인이 되어야 한다.

경관권역 등의 경관가이드라인은 경관기본계획에서 설정한 경관권역, 경관축, 경관거점의 중요한 위치에 대한 방향을 설정하는 상세설계지침(장소지침)과, 건축물, 오픈스페이스, 옥외광고물, 공공시설물, 색채, 야간경관의 일반설계지침(요소지침)이 있다. 상세설계지침은 경관권역에 적용될 가이드라인으로 장소별로 설정하며, 경관권역 내 특정장소에 대한 가이드라인이 되는데 하나의 가이드라인으로 작성할 수도 있고 권역별 가이드라인으로 작성할 수도 있다. 대구광역시 중구는 경관권역을 설정하지 않고 경관축과 경관거점에 대해서만 가이드라인을 마련했다. 대구광역시 달성군 기본경관계획(2017)에서는 경관권역별로, 경관축별로, 경관거점별로 경관가이드라인을 마련한 것이 아니라, 경관권역별 경관가이드라인(경관권역, 경관축, 경관거점 내용을 포함)을 마련했다.

일반설계지침은 건축물, 오픈스페이스, 옥외광고물, 공공시설물, 색채, 야간 경관의 요소별로 작성하지만 모든 요소가 심의대상은 아니기 때문에 중점적으로 다루어야 할 요소에 대해 경관가이드라인을 작성한다. 건축물 경관가이드라인에 건축물과 관련된 오픈스페이스, 옥외광고물, 공공시설물, 색채, 야간경관 등의 항목은 포함시키는 것이 좋다. 심의대상 사회기반시설인 도로, 철도, 도시철도, 하천 등에 대한 가이드라인은 전체를 포괄하여 작성하기도 하고 개별적으로 작성할 수도 있다.

중점경관관리구역의 경관가이드라인은 중점경관관리구역으로 설정된 경우에만 작성한다. 중점경관관리구역은 구역별로 경관특성이 다르고 지구단위계획수준의 지침으로 작성하기 때문에 중점경관관리구역별로 작성해야 한다.

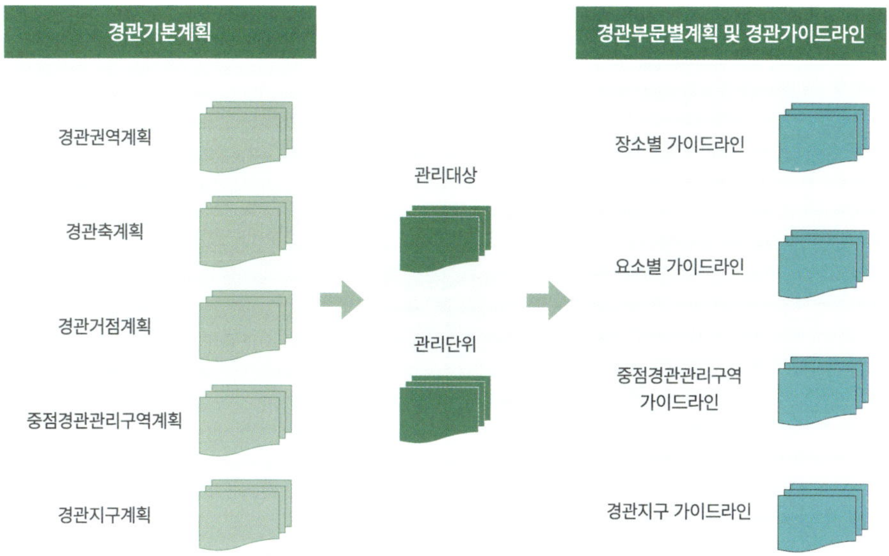

그림 II-88 경관기본계획과 경관가이드라인(경관부문별계획)의 관계

경관지구의 경관가이드라인은 경관지구로 지정된 경우에만 작성한다. 경관지구는 지구별로 지정목적과 경관특성이 다르기 때문에 지구별로 작성해야 한다. 예를 들어, 경관지구가 자연경관지구, 시가지경관지구, 특화경관지구로 구분되는 경우에는 지구별로 경관특성이 다르기 때문에 지구별로 작성해야 한다.

2) 경관가이드라인의 구성방법

경관가이드라인은 크게 경관부문별계획 및 경관가이드라인의 적용대상, 기본원칙, 항목 및 내용, 표현방법, 경관지침도로 구성된다. 적용대상은 해당 지침을 적용하는 장소 또는 요소를 말한다. 기본원칙은 원경, 중경, 근경에서 검토해야 할 것에 대한 원칙을 세운다. 항목 및 내용은 지침으로 사용할 수 있는 항목과 항목별 관리내용을 추출한다. 표현방법은 경관가이드라인에 대한 표현, 예시, 사례 등을 의미한다. 경관지침도는 적용되는 위치와 범위 등을 표시한다. 경관부문별계획 및 경관가이드라인의 구성에 대한 자세한 사항은 다음과 같다.

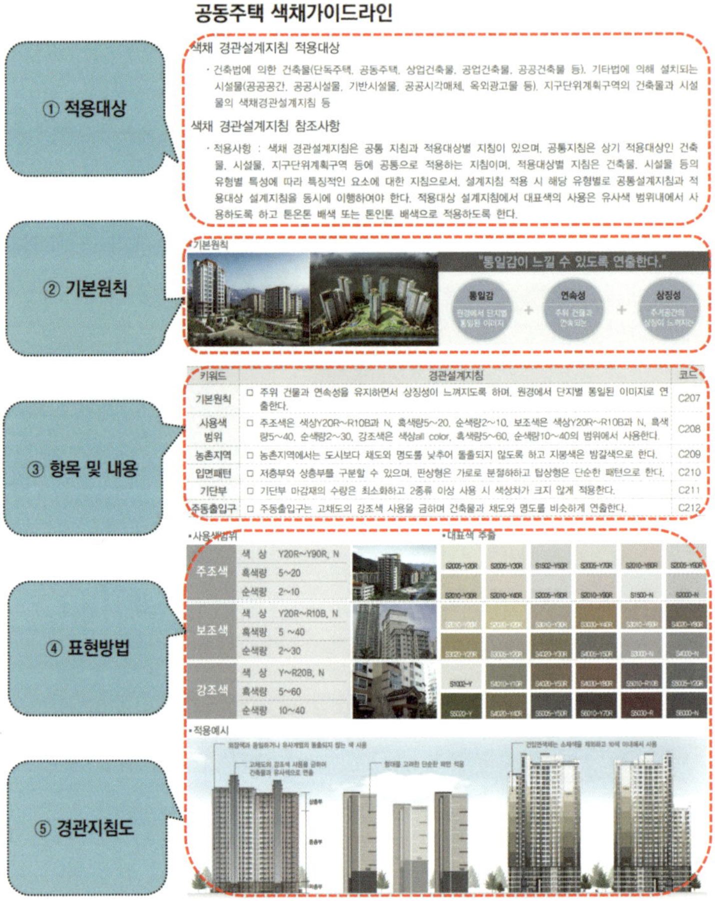

그림 II-89 경관가이드라인의 구성 (용인시 경관계획(2012)의 내용을 재구성함)

① 경관가이드라인의 적용대상 설정방법

2014년 경관법 전면개정에 따라 경관심의가 도입되면서 경관부문별계획 및 경관가이드라인이 경관심의의 기준으로 사용되고 있기 때문에 적용대상과 적용범위가 명확해야 한다. 그렇지 않으면 적용이 불가능해질 수 있고 분쟁이 생길 수도 있다. 따라서 경관부문별계획 및 경관가이드라인의 적용범위는 공간과 요소로 설정할 수 있으며 명확한 적용구역 또는 적용대상이 되도록 한다. 시·군 경관계획의 경관가이드라인은 심의대상과 관련이 많기 때문에 명확한 경계가 필요하지만, 도 경관계획은 구속력이 거의 없어서 경관유형별 관리계획의 범위나 대상이 명확하더라도 활용되지 않을 수 있다.

경관부문별계획 및 경관가이드라인의 적용범위는 관련법과 연계하고, 관련법에서 적용구역이나 적용대상이 명확히 규정되어 있는 내용을 준용하는 것이 좋다. 경관부문별계획 및 경관가이드라인의 적용구역 경계는 관련법에 의한 기준, 도로나 수변에서의 거리나 필지 등이 있고, 적용대상 설정방법은 관련법에 의한 기준, 도시계획시설에 의한 기준, 용도에 따른 기준, 공간위계에 따른 기준 등을 기준으로 구분할 수 있다. 대상지역의 경관특성과 계획내용을 고려하여 적합한 적용대상을 구분해야 하며 용도별로 구분하는 것이 일반적이다. 차등적 적용을 고려하여 공간위계에 따라 일반부와 특화부, 도시지역과 비도시지역 등으로 구분할 수 있다.

경관유형별 관리계획은 경관유형에 대한 지적고시가 되어 있지 않거나 애매한 부분이 많아 적용대상의 설정이 어려운 부분이 있어 적용범위는 개략적인 선형으로 표현하는 경우가 많다. 산림경관 관리계획은 국립공원, 자연공원, 개

그림 II-90 경관권역 경관가이드라인 적용범위 예시 (인천광역시, 2017)

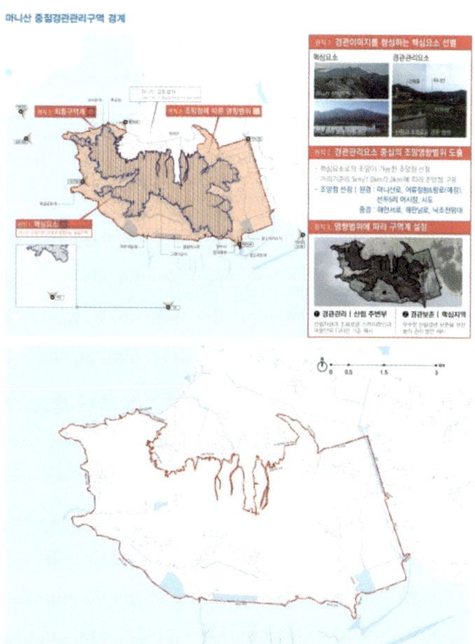

그림 II-91 중점경관관리구역 경관가이드라인 적용범위 예시 (인천광역시, 2017)

발제한구역, 자연환경보전지역 등과 연계하고, 농산어촌경관 관리계획은 읍면리 등의 행정구역이나 취락지구 등과 연계하며, 역사문화경관 관리계획은 역사문화환경보전지역 등과 연계한다. 시가지경관 관리계획은 읍·면·동지역, 용도지역 등과 연계할 수 있다. 가로경관 관리계획은 도로, 철도 등의 경계선으로부터 거리를 적용구역으로 설정할 수 있다. 수변경관 관리계획은 하천 또는 해안선 등으로부터의 거리로 설정할 수 있다.

경관요소별 관리계획 및 경관요소별 가이드라인은 적용대상의 설정이 비교적 명쾌하다. 건축물 가이드라인은 국토의 계획 및 이용에 관한 법률에서 용도지역 및 건축법 시행령에 의한 건축물 용도와 연계하여 주거건축물, 상업건축물, 공업건축물, 공공건축물 등 건축물 용도별로 설정한다. 예를 들어, 단독주택 경관가이드라인은 「건축법 시행령」의 단독주택용도 건축물에 대하여 적용하거나, 공동주택 경관가이드라인은 「건축법 시행령」의 공동주택과 상업용지 내 주거복합용도 건축물에 대하여 적용하며, 상업건축물 경관가이드라인은 「건축법 시행령」의 상업용지와 근린생활시설 등에 대하여 적용할 수 있다.

경관권역 등의 경관가이드라인은 지침을 적용할 장소에 대한 명확한 범위지정이 필요하다. 경계가 확실한 것은 경관가이드라인을 엄격히 적용한다는 것을 의미하기 때문에 경관권역, 경관축, 경관거점에 대해 경관가이드라인을 명확히 적용해야 한다면 경계가 명확해야 하지만 방향적 성격이나 일반적인 수준의 경관가이드라인을 적용하는 경우에는 경계가 뚜렷하지 않아도 된다.

중점경관관리구역 경관가이드라인은 필지가 명확히 구별되도록 경계를 설정해야 한다. 중점경관관리구역 경계는 향후 경관심의 대상 여부를 판단하는 기준이 되기 때문에 분명하게 제시되어야 한다. 경관지구의 경관가이드라인은 도시관리계획에서 지정한 경관지구의 범위를 그대로 준용하게 되고, 국계법에서 도시관리계획으로 지정하고 있기 때문에 경계가 명확하다.

② 경관가이드라인의 기본원칙 설정방법

경관부문별계획 및 경관가이드라인은 경관가이드라인의 종류별로 전체를 포괄하는 기본원칙을 작성한다. 기본원칙은 원경·중경·근경 또는 보전·관리·형성에 대한 기본방향과 가이드라인을 연결해주는 역할을 한다. 기본원칙을 지키는 방법 중의 하나가 가이드라인이 된다. 기본원칙을 지키기 위한 다양한 가이

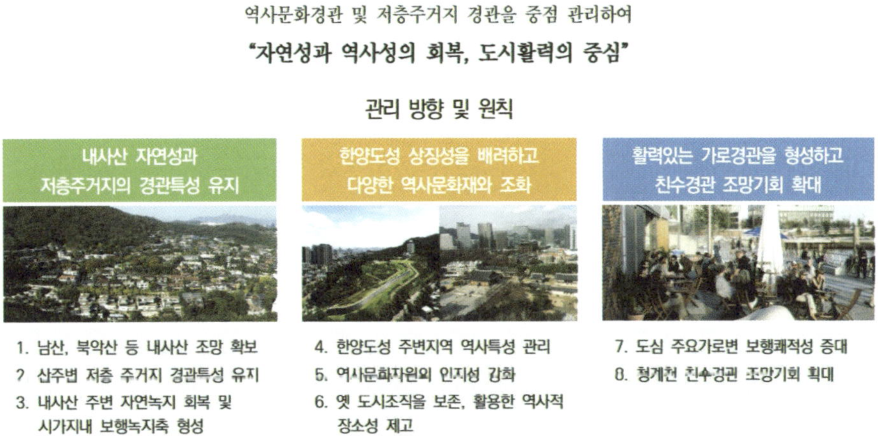

그림 II-92 역사도심 중점경관관리구역계획의 관리방향과 기본원칙 제시 사례 (서울특별시, 2017)

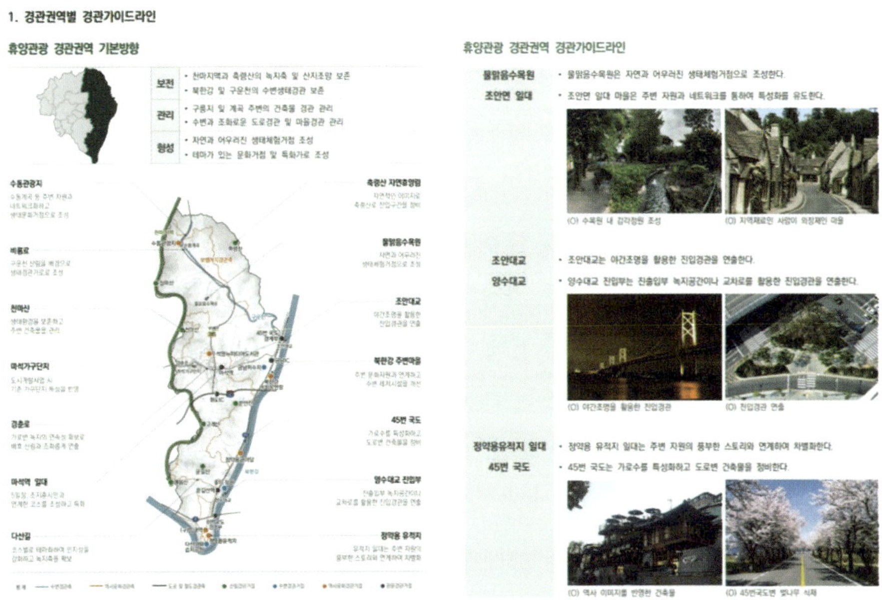

그림 II-93 경관권역 경관가이드라인의 기본원칙 사례 (남양주시, 2022)

드라인이 있을 수 있으나, 많은 수의 가이드라인을 마련하기 어렵기 때문에 기본원칙을 설정하여 가이드라인 수량에 대한 부담에서 벗어날 수 있게 된다.

기본원칙은 경관가이드라인 종류별로 전체를 포괄하고 필수적인 사항을 3-4가지 정도로 정리하고 이를 설명할 수 있는 긍정적인 사례를 제시하는 것이 좋다. 경관가이드라인의 항목과 내용이 기본원칙에 포함되도록 해야 한다. 예를 들어, '건축물의 입면변화를 도모한다'를 기본원칙으로 제시한다면 건축설계자가 이 기본원칙에 부합하는 여러 가지 방법을 고려해 볼 수 있게 된다.

기본원칙은 서울시 경관계획(2017)에서와 같이 경관관리 대상별로 제시할 수도 있고, 남양주 경관계획(2002)에서와 같이 보전, 관리, 형성에 따라 제시할 수도 있으며, 경관관리요소를 고려하여 원경, 중경, 근경에 따라 제시하는 경우도 있다.

③ 경관가이드라인의 항목 및 내용 설정방법

경관부문별계획 및 경관가이드라인의 항목 및 내용은 관리해야 할 지침의 항목과 내용을 추출하는 것으로 이것은 기본원칙과 연계되어야 한다. 경관부문별계획 및 경관가이드라인은 경관현황분석에서 도출된 문제점을 해결할 수 있도록 지침의 항목과 내용을 도출한다. 기초 지자체 경관계획의 경관가이드라인은 광역 지자체 경관계획의 경관요소별 관리계획에서 기초 지자체에 해당하는 항목과 내용을 추출하고, 기초 지자체의 미래상을 반영해서 경관요소별 가이드라인을 작성한다. 경관요소별 경관가이드라인과 중점경관관리구역별 경관가이드라인은 지침내용이 겹치지 않도록 한다.

경관요소별 경관가이드라인은 지침의 항목이 서로 다를 수 있다. 건축물은 규모 및 배치, 형태 및 외관, 외부공간 등에 대한 가이드라인 항목이 필요하고, 오픈스페이스는 공원, 녹지, 가로, 광장 등에 대한 가이드라인 항목이 필요하다. 공공시설물은 조화, 규모, 배치, 수량, 색채 등에 대한 가이드라인 항목이 필요하고, 옥외광고물은 수량, 부착방법, 외장재의 관계, 조명, 관리방법 등에 대한 가이드라인 항목이 필요하며, 색채는 색 범위, 색 수, 그래픽 등에 대한 가이드라인 항목이 필요하다.

경관부문별계획 및 경관가이드라인은 계획 및 공간의 위계에 따라 차등적으로 접근하는 방식으로, 모든 계획과 대상에 공통적으로 적용되는 공통지침과 특정 계획이나 대상에만 적용되는 특화지침으로 구분하여 제시할 수 있다. 동일한 지침내용이 반복되는 경우에는 공통지침으로 구분하는 것이 좋다. 공통지침은 현재 지자체의 문제점을 해결하고자 공통으로 적용할 수 있는 일반적인 사항으로 현황분석에서 도출된 문제점을 해결하는 내용이어야 한다. 특화지침은 미래상과 직접적으로 연관되어 해당 지자체만의 경관이미지를 구축할 수 있도록 하는 지침이다.

경관부문별계획 및 경관가이드라인은 지역특성을 나타내는 내용이 가미되어야 한다. 건물 층수나 1층부 처리 등 경관요소별 가이드라인 만으로는 지역의 정체성을 담아내는 데 한계가 있을 수 있다. 우리나라 대부분의 도시가 유사한 문제점을 가지고 있기 때문이다. 그렇지만 어느 정도는 지역성을 반영할 수 있는 요소가 있다. 예를 들어, 대구광역시 중구의 경우에는 근대유산이 많고 보행로가 좁은 특징이 있고, 대구광역시 달성군은 창고나 공장이 많아 건축외관이 삭막한 문제가 있다. 이러한 경관문제 해결을 위해 달성군에서 창고에 대한 가이드라인을 마련한다면 이는 좋은 환경을 만드는 가이드라인이지 특성을 살리는 가이드라인은 아니다. 특성을 살리려면 미래상과 연계되어야 하고 장소중심의 가이드라인이 반영되어야 한다.

표 II-6 중점경관관리구역 경관가이드라인의 대상 및 내용 (서울특별시, 2016)

관리원칙	관리대상	가이드라인	페이지
① 주요 산 주변 구릉지의 지형·지세 보호	주요 산 주변 중점경관관리구역 내 건축물	과도한 절·성토 지양하여 구릉지 원지형을 최대한 보호하는 배치계획 유도	5
② 주요 산 녹지축과 연계한 자연녹지경관 형성	주요 산 주변 중점경관관리구역 내 건축물	주요 산 자연녹지축과의 연계를 위해 풍부한 수목식재 및 녹화계획 유도	7-8
③ 주변지역 주거지 경관특성과 조화를 이루는 개발	주요 산 주변 중점경관관리구역 내 건축물	도시적 맥락이 단절되지 않도록 기준 도시조직을 고려하는 공간계획 유도	10
		저층 주거지역과의 조화를 고려한 스카이라인계획 유도	10
		연속성있는 가로경관을 위해 주변 건축물 고려한 규모 및 형태계획 유도	11

표 II-7 공동주택 경관가이드라인의 항목 및 내용 (용인시, 2012)

구분	기본방향	키워드	경관설계지침	코드
특화 지침	주변 경관자원과 연계하는 단지 내외부의 네트워크 구축	녹지축	단지 내부에는 주변 산지에서의 녹지축이 유입되도록 녹지축을 조성한다.	A201
			녹지조성을 위해 단지 내 도로 및 보행자 통로는 양변 2열씩 총 4열 식재가 되도록 권장한다.	A202
		경계부	소음 등의 민원발생 예상되는 단지 경계부에 방음둔덕을 설치하여 수림대 조성을 권장한다.	A203
			단지 경계부에 녹지 및 쉼터, 산책길 등 완충공간을 조성하여 녹지가로경관을 연출한다.	A204
		공중 정원	30층 이상의 고층은 중간층에 공중정원을 설치하여 친환경 이미지를 연출하도록 권장한다.	A205
	주변에 순응하는 스카이라인 연출	스카이 라인	자연지형에 순응한 스카이라인을 계획하되, 건축물 한 개동의 지나친 고저차를 지양한다.	A206
			주택밀집지역으로 점차 낮아지는 스카이라인을 권장하며 급격한 층고 변화를 지양한다.	A207
		경사지	경사지에는 경사를 활용한 테라스형 또는 개방감이 확보되는 타워형 주동 배치를 권장한다.	A208
	주변으로의 시각통로 확보	통경축	자연경관 등 경관요소에 대한 주요 조망 확보하기 위하여 통경축을 1개 이상 확보한다.	A209
		조망	간선도로, 공원, 하천변에 면한 주동과 단지 진입부는 개방감을 위하여 시각통로를 확보한다.	A210
		배치	주변과 조화로운 배치축을 설정하고, 개방감을 확보할 수 있도록 최대한 이격 배치한다.	A211
일반 지침	창의적 입면 연출	입면	저층부, 중층부, 고층부로 구분되도록 창의적인 입면을 계획하여 변화감이 있도록 권장한다.	A212
		마감재	주거동 저층부는 보행 및 휴게기능을 고려하여 석재 등의 자연친화적인 마감재로 권장한다.	A213
	주차장의 지하화 유도	주차장	주차장은 가급적 지하화하고, 지상부를 휴게 및 커뮤니티 광장 등으로 활용한다.	A214
	인공경관 지양	옹벽	옹벽은 단순 콘크리트 설치를 지양하고 법면녹화나 조경화단 등의 설치를 권장한다.	A215
	지붕의 통일감 부여	지붕	주거동 지붕은 단지별로 통일감 있게 하며, 형태는 경사형 지붕을 권장한다.	A216
	설비시설의 돌출 지양	설비 시설	각종 기계실, 물탱크실 등은 돌출이 되지 않도록 하여 건축물과의 일체감을 부여한다.	A217
	과도한 조명 지양	조명	주거동 지붕은 조명을 설치하되, 상층부를 강조하는 방식으로 유도하며 과도한 조명을 자제한다.	A218
	경계의 커뮤니티화	경계부	단지 경계는 커뮤니티를 위한 텃밭, 공중보도 등을 적극 도입하여 커뮤니티 활성화를 유도한다.	A219

④ 경관가이드라인의 표현방법

경관부문별계획 및 경관가이드라인은 글로 표현하기 때문에 글이 모두에게 동일한 의미를 전달하기 위해서는 부가적인 방법으로 설명을 추가할 수 있다. 추가적인 설명방식으로 서술형, 이미지형이 있는데, 상황에 따라 적절한 방법을 사용하여야 한다.

서술형은 글로 표현하는 방법으로 계획의 목적과 내용을 쉽게 이해할 수 있도록 서술해야 한다. 규제와 권장으로 구분하되 규제의 경우에는 '-하도록 한다', '-해야 한다' 등으로 표현하고 권장의 경우에는 '-할 수 있다'로 표현할 수 있다. 지침은 '글'로만 표현하는 것보다는 '예시 또는 사례'를 함께 제시하는 것이 좋다. 두 줄 이상의 긴 문장으로 표현하는 것보다는 한 번에 알아보기 쉬운 체크리스트로 변환하고 설명을 추가하는 것이 효과적이다. 수치를 기준으로 제시하는 것은 신중해야 한다. 수치를 제시하는 경우에는 한정된 숫자보다 가능한 범위를 제시하는 것이 바람직하다. 즉, 40도, 10m 등의 단정적인 숫자보다는 3m 이상, 3층 이하, 10m-20m 등의 범위로 표현하는 것이 좋다. 지침의 내용은 구체적인 정도가 다르며, 어떤 것은 수치형태로 어떤 것은 방향형태로 제시할 수 있다.

이미지형은 서술된 가이드라인을 그림, 삽도, 예시 등을 활용해서 이해를 높이는 역할을 하는 것으로 삽도형, 사례형, 예시형, 대안형, 선택형 등의 다양한 방식

표 II-8 글로 표현한 경관가이드라인 (용인시, 2012)

키워드	경관적으로 검토해야할 항목(Checklist)	코드
배치 조망	▢ 광교산 및 주변 구릉지로의 조망을 고려하여 건축물을 배치한다.	D101
	▢ 인동간격을 충분히 확보하고, 조망확보를 위한 건물의 방향을 고려하여 배치한다.	D102
규모 높이	▢ 광교산 및 주변 구릉지와의 조화로운 규모로 지나치게 강조되는 규모 및 돌출된 건축물을 지양한다.	D103
	▢ 자연지형과 어울리는 스카이라인이 형성되도록 한다.	D104
형태 외관	▢ 옥상의 물탱크, 냉난방시설 등 설비시설은 외부로 노출을 지양한다.	D105
	▢ 광교산 및 주변구릉지와 조화로운 지붕형태를 유도하며 경사지붕을 권장한다.	D106
	▢ 주변과 조화되는 옥상녹화, 벽면녹화를 유도한다.	D107
외부공간	▢ 옥외광고물이나 대형전광판 설치시 주변 경관의 영향을 고려하고, 주변과 조화되는 소재를 사용한다.	D108
	▢ 옥상부 대형광고물의 설치를 지양한다.	D109
	▢ 주변지형의 보호를 위하여 옹벽 등의 조성은 지양하되 부득이한 경우 친환경적인 소재를 사용한다.	D110
	▢ 가급적 친환경· 자연형 재료를 활용한 담장을 조성한다.	D111
	▢ 산책로, 등산로와 연계한 외부공간을 조성. 출발지점은 상징성 부여를 위해 오픈스페이스로 조성한다.	D112
	▢ 산책로, 등산로는 자연지형을 최대한 보존하도록 한다.	D113

을 사용할 수 있다. 삽도형은 지침을 간략하게 그림으로 표현하는 방법이며 해당 지침을 쉽게 전달할 수 있다. 사례형은 지침과 가장 유사한 내용의 사진을 사용하는 방법으로 대상지역과 일치하지 않는 내용도 포함될 수 있다. 예시형은 하나의 그림에 여러 가지 지침을 담은 종합적인 이미지로 가장 이상적인 이미지라고 할 수 있다. 대안형은 현재의 문제점에 대한 해결방안을 제시하는 방법으로 문제점을 해결하는 데에는 도움이 되지만 새로운 경관을 형성하기에는 미약하다. 선택형은 하나의 설계지침을 실현할 수 있는 방법을 여러 가지로 제시하고 선택할 수 있도

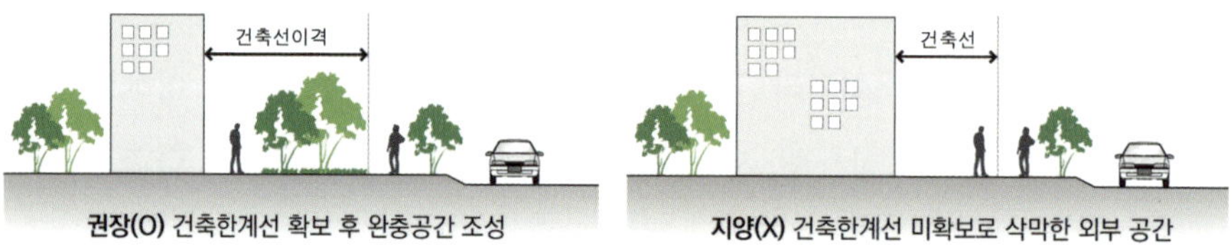

그림 II-94 삽도로 표현한 경관가이드라인 (용인시, 2012)

그림 II-95 이미지로 표현한 경관가이드라인 (구미시, 2010)

록 대안을 제시하는 방법이다. 선택형은 지침이 많을 때에는 사용하기 곤란하다.

⑤ 규제 정도에 따른 경관가이드라인의 구분

경관부문별계획 및 경관가이드라인은 도시관리를 위한 행정지도에 필요한 사항을 다루며, 규제정도에 따라 규제지침과 권장지침으로 구분할 수 있다. 법적 구속력이 있는 규제지침과 구속력은 없으나 경관을 보전, 관리, 형성하기 위한 권장 또는 유도하기 위한 지침으로 구분된다. 일반적으로 주요부에는 규제

그림 II-96 대표색으로 표현한 경관가이드라인 (용인시, 2012)

Ⅰ 주요산 자연녹지축과의 연계를 위해 풍부한 수목식재 및 녹화계획 유도

주요산 주변 중점경관관리구역 내 건축물의 외부공간은 옥상녹화, 벽면녹화, 식재계획 등 풍부한 수목 식재를 유도하여 주요산 주변에 녹지공간을 확보할 수 있도록 한다.

녹화계획 대상 / 건축물 후퇴부 녹화 / 단지경계부 수목 식재

[출처] (우)Sacramento Central City Urban Design Guidelines&Plan

그림 II-97 설명과 사례로 표현한 경관가이드라인 (서울시, 2016)

지침을, 일반부는 권장지침을 사용하여 관리하는 것이 효율적이다. 권장지침은 규제보다는 성능기준 적용에 필요 시 선택적으로 적용할 수 있도록 한다. 규제지침은 중점경관관리구역의 지정 및 운용에 필요한 사항, 지구단위계획구역의 운영에 필요한 사항, 경관사업 및 경관협정의 수행에 필요한 사항, 경관조례의 수립 등에 필요한 사항을 다룰 수 있다.

중점경관관리구역의 경관가이드라인은 통합적이고 입체적으로 표현하여 한눈에 알아보기 쉽게 작성한다. 지침은 계획의 목적과 내용을 쉽게 이해할 수 있도록 서술하며, 지침내용의 전달이 용이하도록 이미지 및 도면, 예시 또는 사례 등을 통해 제시한다. 경관가이드라인은 계획 및 공간의 위계를 고려하여 일반적으로 적용되는 기본지침과 특정 장소·대상에 적용되는 상세지침으로 구분하여 작성할 수 있다. 여기서 말하는 기본지침과 상세지침은 경관계획수립지침 5-5-4에서 사용하는 용어이며, 경관권역 등의 경관가이드라인의 일반설계지침, 상세설계지침은 경관계획수립지침 5-5-2에 따라 사용한다.

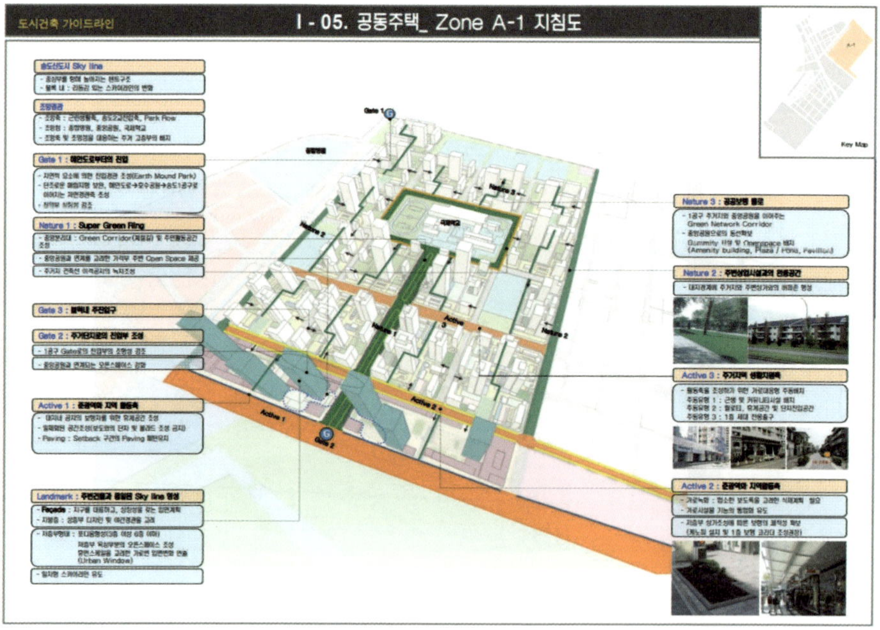

그림 II-98 중점경관관리구역 경관가이드라인 예시 (인천경제자유구역청, 2007)

[경관계획수립지침] 5-5-4. 중점경관관리구역의 경관가이드라인

5-5-4-3. 작성방법

(1) 공간구조, 가로, 건축물, 오픈스페이스를 통합적, 입체적으로 표현하여 한눈에 알아보기 쉽게 작성한다.
(2) 공간 및 계획의 위계를 고려하여, 중점경관관리구역에 일반적으로 적용되는 기본지침과 특정 장소·대상에 적용되는 상세지침으로 구분하여 작성할 수 있다.
(3) 계획의 목적과 내용을 쉽게 이해할 수 있도록 서술하며, 지침내용의 전달이 용이하도록 이미지 및 도면, 예시 등을 통해 제시한다.

[경관계획수립지침] 8-2-3. 경관지침도

(1) 경관지침도란 시·군 경관계획에서 제시한 경관보전·관리 및 형성 측면에서 경관관리가 필요한 대상에 대한 경관 지침사항을 표현하는 도면이다.
(2) 경관권역, 경관축, 경관거점, 중점경관관리구역, 경관지구와 관련된 계획내용 및 가이드라인을 파악할 수 있도록 표기하고 필요시 범례를 추가하여 이해가 쉽도록 경관지침도를 작성한다.
(3) 지침의 내용을 충분히 표시할 수 있는 수준의 축척을 사용하여 작성한다.
(4) 지역의 지정 범위가 넓어 계획의 내용을 상세하게 기술할 필요가 있다고 판단되는 경우에는 별도의 세부 도면을 작성하여야 한다.
(5) 규제가 필요한 경우 규제요소와 규제지역 등을 표시한 도면을 작성하여야 한다.

4-4-5. 중점경관관리구역계획

(1) 중점경관관리구역의 명칭·위치·기본방향 등을 제시하고, 구역 내에 포함된 경관자원의 보전·관리 및 형성을 위한 계획방향을 수립한다.
(2) 중점경관관리구역의 계획방향을 실행하기 위한 경관 관련 지역·지구·구역 지정, 지구단위계획 수립, 경관조례 관리, 경관사업 및 경관협정 우선 적용 등의 방안을 검토 · 제시한다.
(3) 경관계획 수립권자는 중점경관관리구역을 설정하고자 하는 경우에는 토지이용규제기본법 제12조에 따른 국토이용정보체계상에 구축되어 있는 지적(地籍)이 표시된 지형도에 중점경관관리구역의 경계를 표시한 도면을 작성하여야 한다.
(4) (3)에 따른 도면을 작성할 때에는 축척 500분의 1 이상 1천500분의 1 이하(녹지지역의 임야, 관리지역, 농림지역 및 자연환경보전지역은 축척 3천분의 1 이상 6천분의 1 이하로 할 수 있다)로 작성하여야 한다.

⑥ 경관지침도 작성

경관계획에서 제시한 경관의 보전·관리 및 형성 측면에서 경관관리가 필요한 대상지, 특정경관계획 대상지 또는 경관요소에 대한 경관지침사항을 도면으로 표현하여 제시한다. 범위가 넓어 계획의 내용을 상세하게 기술할 필요가 있다고 판단되는 경우에는 별도의 세부 도면을 작성하여야 하며, 규제가 필요한 경우에는 규제요소와 규제지역 등을 표시한 도면을 작성하여야 한다.

경관지침도는 경관권역, 경관축, 경관거점을 파악할 수 있도록 표기하고 필요시 범례를 추가하여 이해가 쉽도록 작성하고 1/5,000 수준의 축척으로 하는 것이 바람직하다. 중점경관관리구역의 경관지침도는 공간구조, 가로, 건축물, 오픈스페이스를 통합적, 입체적으로 표현하여 한눈에 알아보기 쉽게 작성한다.

그림 II-99 경관권역 경관지침도 예시 (대구광역시, 2015)

그림 II-100 경관권역 경관지침도 예시 (대구광역시 달서구, 2020)

5.5 경관가이드라인의 활용방안

1) 경관가이드라인의 경관체크리스트화

경관가이드라인을 활용하기 위해서는 경관체크리스트 형태로 만들어야 한다. 경관부문별계획 및 경관가이드라인은 지침별로 코드를 부여하고 경관체크리스트 형식으로 변환한다. 코드는 지침에 대한 설명을 경관계획에서 쉽게 찾을 수 있도록 하기 위함이다. 경관체크리스트는 설계자가 대상지에 적용여부를 스스로 평가할 수 있도록 적용, 부분적용, 미적용으로 구분하여 점수화하고, 어느 정도의 점수를 통과로 할 것인지를 결정한다. 이것을 양식으로 만들어 설계자, 관리자, 심의위원 등이 공통으로 사용할 수 있도록 한다. 경관가이드라인이 지자체마다 다를 수 있으므로 경관체크리스트도 지자체마다 다르게 된다.

표 II-9 자연경관지구 경관체크리스트 예시 (용인시, 2012)

구분	경관설계지침	코드	평가
배치, 조망	광교산 및 주변 구릉지로의 조망을 고려하여 건축물을 배치한다.	D101	
	인동간격을 충분히 확보하고, 조망확보를 위한 건물의 방향을 고려하여 배치한다.	D102	
규모, 높이	광교산 및 주변 구릉지와의 조화로운 규모로 지나치게 강조되는 규모 및 돌출된 건축물 지양한다.	D103	
	자연지형과 어울리는 스카이라인이 형성되도록 한다.	D104	
형태, 외관	옥상의 물탱크, 냉난방시설 등 설비시설은 외부로 노출을 지양한다.	D105	
	광교산 및 주변구릉지와 조화로운 지붕형태를 유도하며 경사지붕을 권장한다.	D106	
	주변과 조화되는 옥상녹화, 벽면녹화를 유도한다.	D107	
외부 공간	옥외광고물이나 대형전광판 설치시 주변 경관에 대한 영향을 고려하고, 주변과 조화되는 소재를 사용한다.	D108	
	옥상부 대형광고물의 설치를 지양한다.	D108	
	주변지형의 보호를 위하여 옹벽 등의 조성은 지양하되 부득이한 경우 친환경적인 소재 사용한다.	D110	
	가급적 친환경·자연형 재료를 활용한 담장을 조성한다.	D111	
	산책로, 등산로와 연계한 외부공간을 조성하고 출발지점은 상징성을 부여하기 위하여 오픈스페이스로 조성한다.	D112	
	산책로, 등산로는 자연지형을 최대한 보존하도록 한다.	D113	

2) 경관체크리스트 활용방안

경관체크리스트는 대상별로 경관에 대한 허가기준과 심의기준으로 활용할 수 있으며, 행정담당자, 심의담당자, 사업자 등이 사용할 수 있다. 또한 주민이 사업의 사후관리를 이행하는 기준으로도 활용할 수 있다. 경관체크리스트는 도시계획심의, 경관심의, 건축심의, 건축허가, 설계자문 등의 기준으로 활용될 수 있도록 한다. 경관체크리스트는 사전협의를 통해 미리 제시하며, 이행여부에 따라 허가를 결정하게 된다.

행정담당자는 사업승인 및 시행, 관리에서 검토해야 할 기준으로 경관체크리스트를 활용한다. 심의위원은 각종 심의 및 자문 시 기준으로 사용하며, 일관된 방향성을 제시할 수 있는 기준으로 경관체크리스트를 활용한다. 사업자는 사업계획 수립 후 승인 시 자가 점검 경관체크리스트를 작성하고 사후 관리기준으

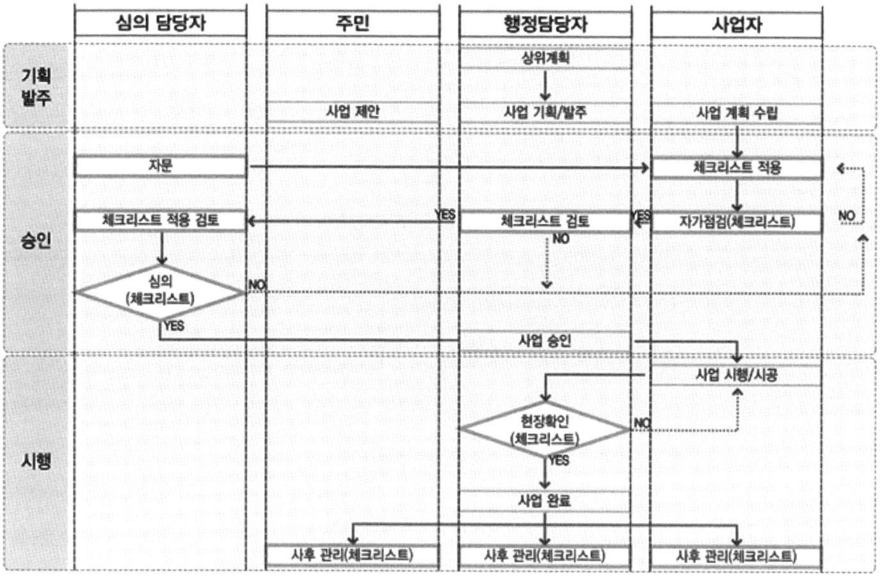

그림 II-101 경관체크리스트 활용방안 예시 (용인시, 2012)

로 경관체크리스트를 활용한다. 주민은 경관협정 등을 통한 경관사업 후 관리를 이행하는 기준으로 경관체크리스트를 활용할 수 있다.

3) 경관체크리스트 적용절차

경관체크리스트는 해당 체크리스트의 확인, 체크리스트의 적용, 체크리스트의 자가 점검, 체크리스트에 의한 심의 등의 절차로 진행한다. 해당 지자체에 건축물을 지으려고 할 때에는 다음과 같은 절차를 거쳐야 한다.

설계자는 심의대상이 포함되어 있는 경관관리단위를 확인하고 경관관리단위가 해당되는 경관가이드라인을 확인한다. 해당되는 경관가이드라인을 계획 또는 설계 등에 반영하도록 하고, 경관체크리스트 항목의 준수여부를 자가 점검하고 작성결과를 건축허가 서류와 함께 제출한다. 경관체크리스트를 통해서 설계자에게는 건축물의 구상 단계부터 주변 경관자원을 다시 한번 고려할 수 있는 기회를 주고, 심의위원에게는 각종 위원회(경관위원회, 건축위원회, 도시계획위원회, 옥외광고물위원회 등) 심의 시 건축주 스스로 작성한 경관체크리스트가 적정하게 적용되었는지를 평가하는 기준으로 활용될 수 있다.

심의 시에는 경관가이드라인의 항목에 대한 미흡한 부분에 대해 서로 의견을 청취한다. 경관체크리스트 항목의 미반영에 대한 의견을 청취하고 가결, 조건부가결, 부결, 재심의 등의 최종합의를 도출한다. 각종 위원회 심의 시 심의대상이 속하는 경관관리단위의 경관가이드라인이 해당 계획에 반영되도록 한다.

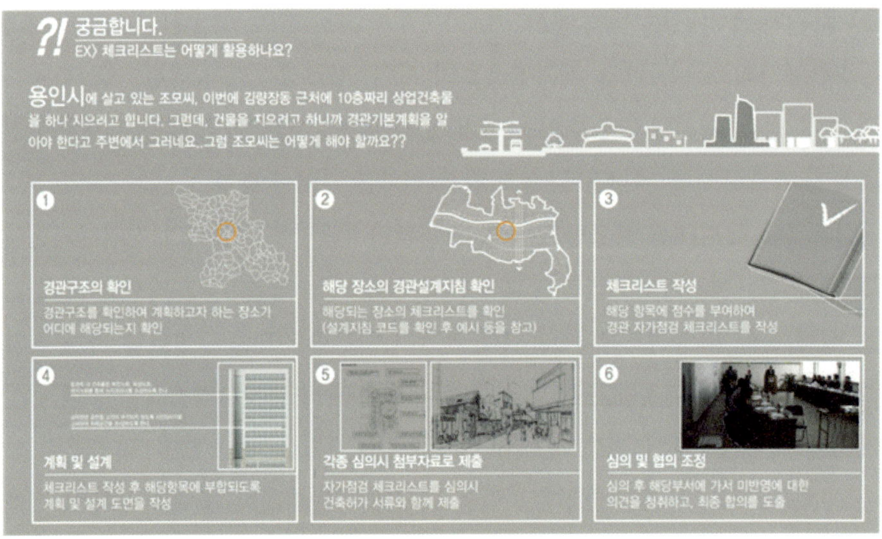

그림 II-102 경관체크리스트 적용절차 예시 (용인시, 2012)

6. 실행계획

6.1 개요

실행계획은 경관계획의 수립내용을 실현하기 위해 필요한 방안을 제시하여 계획의 실효성을 확보하는 것으로, 계획 내용에 부합하는 실행방안을 제시하는 단계이다. 경관계획의 실행수단으로는 관련 제도와 연계, 경관사업의 추진, 경관협정의 추진, 경관행정의 개선, 경관조례의 개정, 향후 추진과제 제안 등이 있으며, 경관계획의 수립내용, 지역의 경관특성, 지자체의 제도특성 등에 따라 필요한 사항을 선택하여 제시한다.

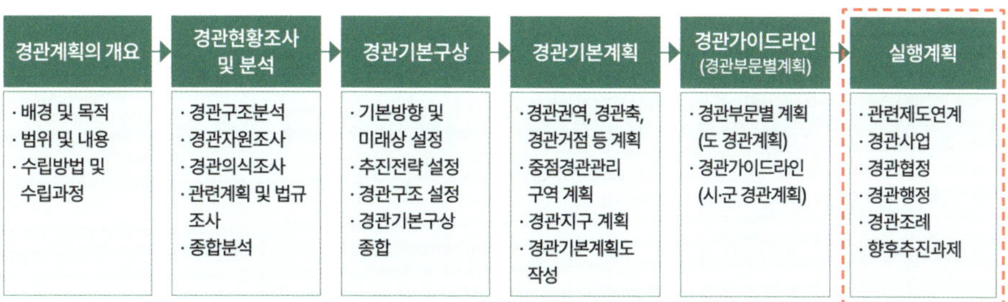

그림 II-103 경관계획 진행과정과 실행계획 단계

경관계획 대상지역이 관할구역의 전체 또는 일부인지, 경관계획 수립내용이 특정경관유형 또는 특정경관요소인지 등에 따라 필요한 수단을 선택해서 적용한다. 다소 어렵겠지만 자연, 역사문화, 도시, 농산어촌 등 경관관련 분야의 법률에 따라 계획·제도 등에 반영 및 연계할 사항을 도출하고 추진방안을 제시한다.

[경관계획수립지침]

7-1-1. 실행계획은 경관계획의 내용을 구체적으로 실행하기 위한 방안을 제시하는 것으로, 경관계획의 내용 및 지역의 경관특성 등에 따라 다음 각 호 중에서 필요한 사항을 선택하여 제시한다.

(1) 경관계획에서 제안된 지역, 지구 및 구역 등의 지정 등에 관한 사항
(2) 경관조례의 제정 및 개정에 관한 사항
(3) 지구단위계획 등 관련 계획에 따른 관리에 관한 사항
(4) 경관사업 추진에 관한 사항 (사업 유형 및 핵심 내용)
(5) 경관협정의 적용 및 운영방안
(6) 경관관리 실행조직 및 행정체계에 관한 사항
(7) 단계별 사업계획 수립
(8) 예산 및 재정계획 수립

7-1-2. 실행계획의 작성을 위해서는 다음 사항들이 함께 검토되어야 한다.

(1) 경관계획대상지역이 관할구역 전체 또는 일부인지, 또는 특정경관유형이나 특정경관요소에 대한 계획인지에 따라 수립지침 제6장 제2절 이후의 실행계획 수립지침 중 해당되거나 필요한 지침을 선택적으로 적용한다.
(2) 도시, 농어촌, 자연, 역사문화 등의 경관 관련 법률에 따른 제도·계획 등에 반영 및 연계할 사항을 도출하고 그 추진방안을 제시한다.

실행수단은 규제 여부에 따라 규제적 실행수단과 유도적 실행수단으로 구분할 수 있으며, 관련 법률에 따라 「국토의 계획 및 이용에 관한 법률(이하, 국계법이라 함)」과 경관법을 활용하는 방안이 있다. 규제적 실행수단에는 관련 제도와 연계(경관지구와 연계, 지구단위계획과 연계), 경관심의의 실행, 경관조례의 개정 등이 있으며, 유도적 실행수단에는 경관사업의 추진, 경관협정의 추진,

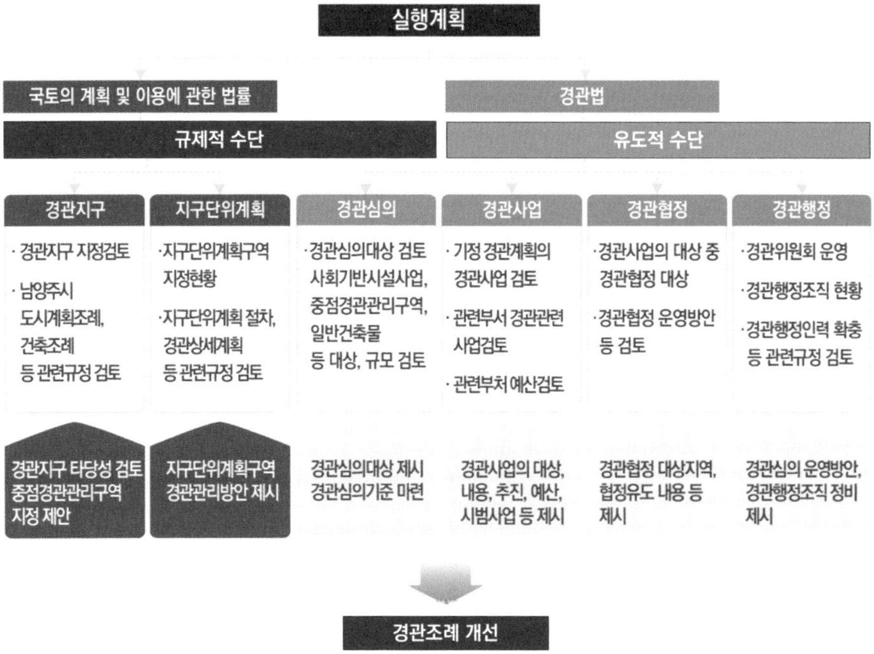

그림 II-104 실행계획의 개요 (남양주시, 2022)

행정조직의 개편 등이 있다. 국계법을 활용하는 경관지구와 연계, 지구단위계획과 연계는 담당부서와 수립시기가 달라서 어려움이 있다. 경관법을 활용하는 경관심의의 실행, 경관사업의 추진, 경관협정의 추진, 행정조직의 개편과 관련된 내용은 필요한 경우 경관조례를 개정할 수도 있다.

추진주체가 공공주도인 경우는 경관사업의 대상이, 민간주도의 경우는 경관협정의 대상이, 사업자의 경우는 경관심의의 대상이 될 수 있다. 실행계획에서는 규제적 실행수단과 유도적 실행수단을 적절히 제시하여 경관계획의 실효성을 높이도록 한다.

6.2 관련 제도 연계방안

1) 관련 제도에 의한 실행

관련 제도와 연계하여 경관계획을 실행하기 위해서는 관련 법령에서 규정하고 있는 경관관련 지역, 지구, 구역 등과의 연계방안을 제안하거나 관련 계획 및 시책과 연계사항을 도출할 수 있고 경관조례에 반영할 사항을 제시할 수 있다.

관련 법령에 따른 지역, 지구, 구역 등은 지정절차와 담당 부서가 서로 다르며, 이들에 대한 경관관리 운영계획을 마련한다고 하더라도 운영여부를 알 수 없다는 점에 한계가 있다. 경관계획 수립지침에서는 관련 제도와 연계한 경관계획 실행방안을 여러 가지로 제안하고 있지만 현실적으로 제약사항이 많고 그나마 국토의 계획 및 이용에 관한 법률과 연계한 경관지구, 지구단위계획 정도가 가능하다. 그러나 경관지구는 지정시기가 경관계획 수립시기와 일치하기 어렵고 경관계획에서는 직접 지정이 불가능하고 지정제안만 가능하다. 지구단위계획은 수립시기가 경관계획 수립시기와 일치하기 어렵고 담당부서가 경관계획과 일치하지 않는 경우가 대부분이다. 결국 경관지구 및 지구단위계획과 연계하는 것도 실효성이 떨어진다. 경관지구나 지구단위계획과 연계하는 것은 강력한 방법이지만 수립시기, 지정절차, 담당부서, 민원문제 등으로 인하여 현실적인 어려움이 많아 적용되지 못하고 있는 실정이다.

그래서 최근에는 경관계획에서 규제적 성격의 관리가 필요한 대상은 경관심의를 통한 경관관리가 가능한 중점경관관리구역을 활용하고 있는 경우가 많다. 2014년 경관법 개정 전에는 규제적 관리를 위한 방법으로 관련 제도와 연계하는 방법에 의존할 수밖에 없었지만 2014년 경관법 개정 이후는 중점경관관리구역 지정, 경관심의 대상 등의 지정 방법이 있다.

2) 경관지구와 연계

경관지구는 「국계법」에 의해 지구지정을 하고, 「경관법」에 의해 지정제안 및 운용계획을 수립하도록 이원적으로 운영되고 있다.

국계법에 따라 경관의 보전·관리·형성을 위하여 경관관리가 필요한 지구를 경관지구로 지정할 수 있으며, 경관지구는 자연경관지구, 시가지경관지구, 특화경관지구로 세분할 수 있고, 도시·군 관리계획결정으로 다시 세분하여 지정하거나 변경할 수 있다. 또한 경관지구 안에서는 시·도 조례로 건축이나 그 밖의 행위의 금지 및 제한에 관한 사항 등을 결정할 수 있다. 타 법과 조례에서 경관적으로 중요한 장소를 경관지구로 관리하고 있음을 의미한다.

경관법에 따라 경관계획에서 경관자원의 보전, 관리, 형성 등을 위하여 경관관리가 필요한 지역을 신규 경관지구로 지정제안을 할 수 있다. 경관계획에서 신규 경관지구의 지정을 제안하기 위해서는 자연경관, 시가지경관, 특화경관의 측면에서 경관자원의 보전, 관리, 형성에 필요한 지역을 추출한 후 범위를 도면에 표시해야 한다. 그러나 경관지구는 경관법에 따라 지정하는 것이 아니기 때문에 신규 경관지구를 지정하는 것은 현실적으로 어려움이 따른다. 경관계획과 도시·군 관리계획을 비슷한 시기에 수립하는 경우에는 상호 연계할 수 있는 가능성이 높을 수 있다. 현재 지정되어 있는 경관지구에 대한 관리는 경관법에 따라 경관계획 수립 시 관리방안을 제안할 수 있다. 경관지구의 관리를 위하여 해당 지자체 조례로 정하는 건축물의 건폐율, 높이, 층수 외에 배치, 형태, 재료, 색채, 외부 공간 등에 대한 관리방향을 제시할 수 있다.

[경관계획수립지침]

7-2-1. 경관계획의 내용을 실행하기 위해 필요한 경우 타 법령에서 규정하고 있는 경관 관련 지역, 지구 및 구역 등을 지정하여 관리하는 방안을 제안한다.

7-2-2. 「국토의 계획 및 이용에 관한 법률」에 따른 경관지구, 미관지구, 고도지구 및 보존지구, 「농어촌정비법」에 따른 마을정비구역, 「임업 및 산촌진흥촉진에 관한 법률」의 산촌진흥구역, 「자연공원법」에 따른 공원자연보존지구 및 공원자연환경지구, 「자연경관보전법」에 따른 생태경관보전지역, 「해양생태계의 보전 및 관리에 관한 법률」의 해양경관보호구역, 「문화예술진흥법」에 따른 문화지구 등 도시, 농산어촌, 자연경관 및 역사문화 경관 관련 법률에서 규정하고 있는 경관 관련 지역, 지구 및 구역 등의 적용 및 연계 관리방안 등을 검토하여 제시한다.

7-2-3. 관련 법률에 따른 경관 관련 지역, 지구 및 구역은 해당 법률의 지정절차에 따라 지구 지정을 위한 행정절차와 담당자를 적시하여 제안하도록 한다.

7-2-4. 제안된 경관 관련 지역, 지구 및 구역의 경관관리는 경관특성이나 관리수단 등을 고려하여 해당 지구에 대한 경관계획을 수립하고 그에 따라 관리하도록 하며, 별도의 지역, 지구 및 구역의 지정 및 관리운영계획서를 마련한다.

7-2-5. 지역, 지구 및 구역 지정을 통한 경관규제는 경관보전 등 공공의 이익을 위해 목적이 달성되는 범위 내에서 개인의 재산권이 최대한 보장될 수 있도록 해야 한다. 또한, 건축의 자유를 유지하면서 도시경관을 확보할 수 있어야 하며, 규제에 따른 개선효과가 직접적이고, 지속적으로 개선을 유도하는 방향이어야 한다.

7-4-1. 지구단위계획 수립 등 도시·군관리계획에 반영할 사항을 제시한다.

(1) 경관계획과 도시계획, 도시개발, 공공시설정비, 역사적 건축물의 보존 등의 도시관리체계간 연계성·정합성을 확보한다.

(2) 지구단위계획은 토지이용을 합리화·구체화하고, 도시 또는 농산어촌의 기능의 증진, 미관의 개선 및 양호한 환경을 확보하기 위해 수립하는 계획이므로 중점경관관리구역 중 지구단위계획을 수립하여 경관을 관리하기 위한 대상을 설정하고, 지구단위계획에 의해 관리할 사항을 제시한다.

(3) 지구단위계획의 경관상세계획 내용과 연계하여 경관협정이나 경관사업 등의 적용 등을 검토하고, 이에 대한 지원 방안을 검토한다.

7-4-2. 농어촌 생활환경정비계획, 자연환경 및 경관보전 시책, 자연경관기본계획, 산림기본계획, 산림경관관리 시책, 고도보전계획 등 관련 법률에서 규정하고 있는 경관 관련 계획 및 시책과의 연계사항을 도출한다.

3) 지구단위계획과 연계

지구단위계획은 「국계법」에 의한 도시·군 관리계획의 한 유형이며, 지구단위계획구역은 도시·군 관리계획의 결정과 동일한 절차를 거쳐 지정된다. '지구단위계획'의 내용에 경관계획이 포함되어 있으며 '지구단위계획 수립지침'에서 일부 지역에 대해서는 경관상세계획을 수립하도록 규정하고 있다. 경관상세계획은 스카이라인, 야경, 색채, 광고물, 가로, 안내물, 랜드마크, 조망점, 유적지, 보전지역, 건축선, 건물의 높이·길이, 창문의 위치·크기, 지붕형상, 기타 공원·녹지조성계획 등을 계획지침으로 작성할 수 있도록 하고 있다. 이는 지구단위계획 구역을 지정하는 것은 어려움이 있지만 지정된 지구단위계획 구역은 지구단위계획 지침으로 관리할 수 있다는 의미다. 이러한 틀에서 경관계획을 지구단위계획과 연계할 수 있는 방법은 다음과 같다.

첫째, 지구단위계획은 강력한 규제수단이고, 지구단위계획의 내용은 법적 규제사항이 되기 때문에 경관계획 내용 중에서 규제가 필요한 사항을 지구단위계획 지침에 반영하면 경관계획 내용을 실현할 수 있다. 즉, 경관계획에서 규제적 수단에 의한 경관관리가 필요한 지역을 지구단위계획구역으로 설정하고, 지구단위계획에 의해 관리할 필요가 있는 사항을 구체적 기준(지구단위계획 지침)으로 제시할 수 있다. 경관적으로 중요한 지역을 지구단위계획구역으로 지정하고 지구단위계획을 수립하기 위해서는 시기적으로 연계되어야 한다.

둘째, 경관계획을 실행하기 위하여 설정한 중점경관관리구역 중 지구단위계획에 의해 경관을 관리하기 위한 지구단위계획 구역 지정 및 관리사항을 제시할 수 있다. 그리고 경관계획에서 제시한 중점경관관리구역의 계획내용을 지구단위계획 수립 시 건축물, 오픈스페이스, 옥외광고물, 공공시설물, 색채 등의 경관관리요소에 대한 지침으로 제시할 수 있다.

셋째, 지구단위계획 구역 지정과 지구단위계획 지침 작성은 경관법으로 진행할 수 없기 때문에 현실적인 어려움이 있다. 하지만 지구단위계획을 통해 경관계획을 실행할 수 있는 방법으로는 지구단위계획의 경관계획이 지자체 경관계획과 정합성을 유지하도록 하고 이를 확인하기 위해 지구단위계획의 경관계획에 대한 경관심의가 필요하다. 그러기 위해서는 지자체 경관조례의 경관심의대상에 지구단위계획이 포함되어 있어야 한다. 지구단위계획에 대한 심의는 도시건축공동위원회에서 하는데 이를 경관위원회와 공동으로 하거나 도시건축공동위원회에 경관위원회 위원이 포함되도록 해서 경관계획과의 정합성 여부를 검토해야 한다. 도시건축공동위원회 심의 시 경관적 검토사항에 대한 제시도 필요하다.

넷째, 지구단위계획 심의 전에 유관부서 협의를 진행하는 과정에서 경관부서를 거치게 되므로, 경관담당자가 지구단위계획에 경관계획 관련사항의 반영여부를 체크할 수 있다. 이때 경관담당자가 사용할 '부서협의단계 경관사항 검토

(4) 지구단위계획구역 지정 제안

- 중점경관관리구역 내 심의 대상 가로는 각 구역의 경관을 대표적으로 보여주는 대상지로서 경관 관리의 필요성이 매우 큼
- 이에 심의 대상 토지를 지구단위계획구역으로 지정 제안함

▮ 원도심 중점경관관리구역 : 중앙로, 서일동로, 삼일로, 북안남5길

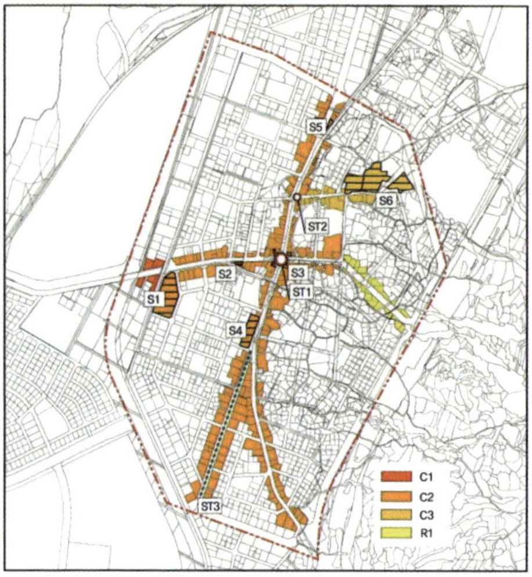

〈 건축물의 용도 및 규모 등에 관한 사항 〉

1) (건축물의 용도, 건폐율, 용적률, 높이 등)

- 건축물의 용도, 건폐율, 용적률, 높이는 〈표00〉 에 따름
- (C1, C2, C3) 1층부의 높이는 4.5m 이상을 권장 함. 단, 벽면선이 지정된 경우에는 반드시 1층부의 높이를 4.5m로 하여야 함
- (R1) 인접 대지의 건축물 평균 층수에 비해 높이가 2개 층 이상 차이 나지 않도록 건축

〈표00〉 상업용지의 건축물의 용도, 최고층수 – 1

구 분		C1 (삼일로 입구)	C2(삼일로, 중앙로, 서일동로)	C3 (북안남5길)	R1(삼일로 주거지역)
건축물 용도	허용 용도	용도지역 허용 용도	용도지역 허용 용도	용도지역 허용 용도	용도지역 허용 용도
	불허 용도	전체 연적 70%이상 숙박업소	전체 연적 70%이상 숙박업소		
최고층수		7층	5층	3층 북안남5길30 제외	5층

〈 건축물의 배치 등에 관한 사항 〉

2) (벽면선 등)

- (C1, C2, C3) 정돈된 상업지역 경관을 위하여 1층 벽면선이 인접대지 건물 벽면 위치와 30% 이상 일치하도록 하며, 인접대지 건물이 1동 이상일 경우 도로에서 더 많이 Set-Back 된 건물을 기준으로 적용

〈 건축물의 형태 및 외관 등에 관한 사항 〉

3) (건축물의 형태 및 외관)

- (C1, C2, C3) 도로 또는 공원변에 면한 해당층 외벽면은 50% 이상을 투시형 벽면으로 하고, 셔터는 투시형 셔터를 설치해야 함. 다만, 건축물의 용도상 부득이 하여 해당 승인권자(또는 허가권자)가 인정한 경우는 그러하지 아니함
- (C1, C2, C3) 가로에 면한 부분의 입면은 연속된 가로경관 연출을 위하여 주변 건축물의 1층 층고 및 건축선, 색채 및 외장재 등을 고려하여 계획하여야 함.
- (C1, C2, C3) 담장 설치는 원칙적으로 불허함.
- (C1, C2, C3) 외벽은 전면과 측면의 구별 없이 모든 면의 마감 수준을 동일하게 하여 일관성 있는 건축물 경관 형성
- (C1, C2, C3) 상업지역 내 가로의 미관 보전을 위하여 건물 1층부에 고정하는 유채색 투시형 캐노피 (폴리카보네이트) 설치 지양하며 불투명 캐노피의 경우 건축물과 대비되는 색상은

그림II-105 지구단위계획 구역지정 제안 (양산시, 2016)

용 체크리스트'를 작성해 두면 지구단위계획 내 경관관련 사항을 검토할 수 있게 된다. 여기에는 해당 지자체 경관계획의 중요 경관자원의 반영 여부, 주요 조망점의 반영 여부, 경관권역·경관축·경관거점 계획의 준수 여부, 경관가이드라인의 준수 여부 등을 제시할 수 있다. 이상적으로는 담당 중앙부처인 국토교통부가 '지구단위계획 경관체크리스트'를 제시하는 것이 바람직하겠지만 현재로서는 지자체 차원에서 경관계획 수립단계에서 작성하는 것이 필요하다.

과천시에서는 건축 인·허가와 관련하여 부서협의 시 옥외광고물과 관련된 건축설계, 광고물 설치 등의 사항을 반영하고 자가 점검을 할 수 있도록 제시하고, 이행 여부에 따라 허가하도록 한 옥외광고물 체크리스트를 작성한 사례가 있다. '부서협의 단계 옥외광고물 체크리스트'는 건축 인·허가 전에 건축 인·허가와 관련된 부서협의 시 옥외광고물 설치와 관련하여 필요한 사항을 검토하고 의견을 제시하도록 하는 것이다.

표 II-10 건축 인·허가시 부서 협의단계 옥외광고물 체크리스트 예시 (과천시, 2021)

구분	☑	검토항목	해당 여부	반영 여부
건축물 설계	☐	① 건축설계 시 건축물 유형별, 광고물 종류별 설치위치 및 외장재를 고려해서 입면을 디자인한다. (벽면이용간판, 돌출간판, 지주이용간판, 차양막, 옥상간판 등)		
	☐	② 건축물은 입체감 있는 입면디자인으로 광고물의 설치 가능면적을 최소화한다		
	☐	③ 간판 설치를 고려한 창호너비, 창호높이 등의 입면을 디자인한다.		
	☐	④ 업소별 광고물의 종류 및 위치를 고려하여 게시시설을 입면에 반영한다.		
	☐	⑤ 게시시설은 업소의 변경을 고려하여 탈부착이 용이하도록 디자인한다		
	☐	⑥ 게시시설(Sign Band, Sign Bar)은 건축물 입면과 일체화하여 디자인한다.		
	☐	⑦ Sign Band는 광고물 면적이 최소화되도록 디자인한다.		
	☐	⑧ 전기배선을 미리 계획하고 노출이 최소화되도록 입면을 디자인한다.		
	☐	⑨ 광고물 체크리스트의 해당항목을 체크하고 입면디자인에 반영한다.		
광고물 종류별	☐	① 차양막은 설치할 경우 접이식으로 입면에 반영하고 색채, 재료를 통일한다.		
	☐	② 연립형 지주이용간판을 설치하는 경우는 실내 또는 실외에 인터렉티브 광고물을 도입힌디.		
건축물 유형별	☐	① 상가주택형의 경우, 저층부는 상업 용도를 고려하여 입면을 디자인한다.		
	☐	② 복합상가형의 경우, 광고물 허용층수를 고려한 마감분리선을 설정하고, 용도간의 건축요소가 정렬되도록 입면을 디자인한다.		
	☐	③ 커튼월의 경우, 광고물 설치 가능여부를 검토하여 입면을 디자인한다.		
분양·임대	☐	① 분양·임대 상가의 경우 광고물에 관한 사항(업소별 광고물 종류별 설치위치 등)을 분양·임대계약서에 명시한다.		
법적 사항	☐	① 옥외광고물법 시행령 제23조제2항에 따른 간판표시계획서를 작성한다.		
	☐	② 건축법 시행규칙 제6조제1항에 따른 간판설치계획서를 작성한다.		

6.3 경관사업

1) 경관사업에 의한 실행

경관계획의 실행수단으로 경관을 보전, 관리 및 형성하기 위해 경관사업으로 추진할 사항을 선정한다. 경관사업은 사업 유형에 따라 경관사업 대상을 발굴하고, 경관사업별 주요 내용을 제시하며, 사업별 개략 사업비를 추출하고, 예산을 확보할 수 있는 사업을 추진하는 주체와 사업을 추진하는 단계를 제시한다. 경관사업 중에서 우선순위와 사업유형에 따라 시범사업으로 선정한다. 경관사업과 관련하여 조례에 반영할 사항을 제시할 수 있다.

지금까지 수립된 경관계획에서 제시한 경관사업의 실행률을 조사해보면 매우 낮은 것으로 평가되고 있다. 이전 지자체 경관계획에서 제시한 경관사업의 수가 많게는 30여 개가 넘는 경우도 있는데, 예산이나 기간 등을 고려하면 경관계획 재정비 기간인 5년 내에 실행하기는 어려울 수 있다. 더구나 경관사업은 사업규모가 크거나 사업내용이 많아 경관부서에서 단독으로 할 수 없거나 경관부서에서 추진하지 못하는 것도 많기 때문이다. 또한 경관사업비 확보에도 어려움이 많다. 경관사업은 경관계획이 수립된 지역 안에서 경관의 보전, 관리, 형성하기 위한 사업이고 관련사업과 연계방안을 마련할 수 있도록 하고 있다. 경관계획에서 경관사업으로 선정하고 경관조례에서 심의대상으로 하면 경관사업 지정과 사업내용을 동시에 해결할 수 있다.

경관사업은 추진방법에 따라 자체사업, 협업사업, 기획사업, 심의사업 등으로 구분할 수 있다. 어떤 사업은 경관부서에서 자체적으로 추진하고, 어떤 사업은 여러 부서가 협력하여 추진하고, 어떤 사업은 사업계획을 작성하여 다른 부서에 전달하고, 어떤 사업은 대상을 정해서 심의를 받도록 할 수 있다. 경관사업은 예산이 많이 필요해서 경관부서에서 모두 수행할 수 없기 때문에 다양한 모색이 필요하다.

[경관계획수립지침]

7-5-1. 경관사업은 관할구역 내 경관을 보전, 관리 및 형성하기 위한 사업으로, 중점경관관리구역의 관리, 중요 경관자원의 보전·활용, 경관위해요소의 정비 등 경관계획의 내용을 실행하기 위해 추진해야 할 경관사업을 제시한다.

7-5-2. 경관사업 선정시 기존에 진행되고 있는 택지개발사업, 농어촌생활환경정비사업, 문화·역사마을가꾸기사업, 경관림 조성관리사업, 사방사업 등 경관법 및 관련 법에서 규정하고 있는 경관 관련 사업의 적용방법 및 연계방안을 함께 제시한다.

7-5-3. 경관사업은 사업의 시급성과 효과성을 고려하되 중점경관관리구역 및 관련 사업을 통해 재정지원을 받을 수 있는 사업을 우선적으로 선정하고, 지방자치단체의 특성에 맞는 경관형성 및 관리를 위한 경관사업 지정 방법 및 절차를 제시한다.

2) 경관사업의 선정

경관사업은 지역의 경관을 향상시키고 경관의식을 높이기 위하여 시행하도록 하고 있으며, 경관사업 선정 시 경관법 및 관련법에서 규정하고 있는 경관 관련 사업과 연계한다. 경관사업은 도시지역 뿐만 아니라 농산어촌지역도 포함하여 추진할 수 있다.

경관사업은 경관법과 지자체 경관조례에서 제시한 경관사업 대상에 의거하여, 경관계획에서 경관의 보전, 관리, 형성할 대상 및 관련 계획에서 경관사업의 대상을 추출한다. 이를 미래상 및 추진전략과 연계하여 경관사업을 유형화하고, 경관사업 유형별로 경관사업 대상을 구분한 후 경관사업별 사업내용을 추출한다. 경관사업의 주요내용은 경관사업별로 해당지역에 대한 경관계획의 내용과 연계하여 정리한다.

경관사업은 미래상 및 추진전략과 연결되면서 경관권역, 경관축, 경관거점, 중점경관관리구역, 경관지구의 계획 내용 중에서 선정한다. 경관사업은 공공주도 사업, 여러 부서가 연결된 사업, 관련계획과 연결된 사업, 타 부서에서 우선 진행하는 사업, 지자체장 공약사업, 예산이 확보된 사업, 예산확보가 용이한 사업 등을 고려하여 선정한다. 예를 들어, 간판정비사업, 진입부 경관형성사업, 유원지 경관정비사업, 항구의 야간경관 형성사업, 폐선부지 경관정비사업, 산업단지 가로경관 개선사

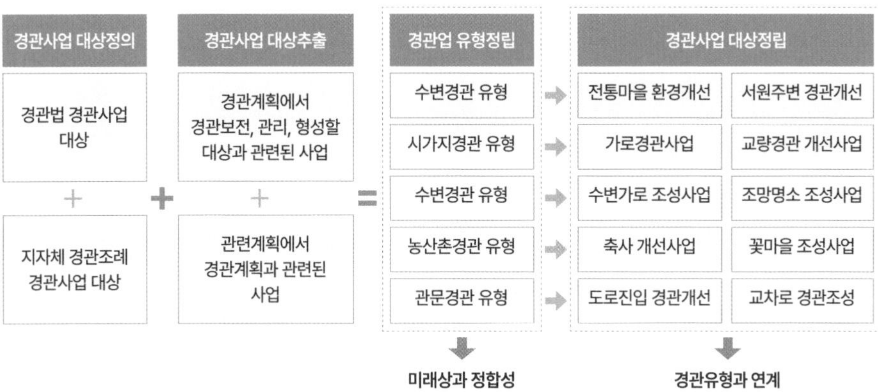

그림II-106 경관사업의 대상 선정과정 예시

경관사업의 선정기준

- 경관사업의 선정은 사업의 시급성과 효과성을 고려하여 선정하고, 남양주시 추진사업과 연계하여 재정 지원을 받을 수 있는 사업으로 선정
- 경관의 보전, 관리, 형성을 위한 전략적 관점에서 중점경관관리구역, 경관관리단위를 중심으로 선정

기본방향	구분	경관사업 선정기준
사업 주체 / 추진 단계 / 경관 전략	사업 이전	• 시급성, 가시성이 높은 사업 • 시민의 요구도가 높은 사업
	사업 시행	• 타 사업과의 연계가 용이한 사업 • 사업 재원확보 및 실현 가능성
	사업 이후	• 도시정체성 형성의 공헌도 • 홍보 및 파급효과가 큰 사업

경관사업의 대상제안

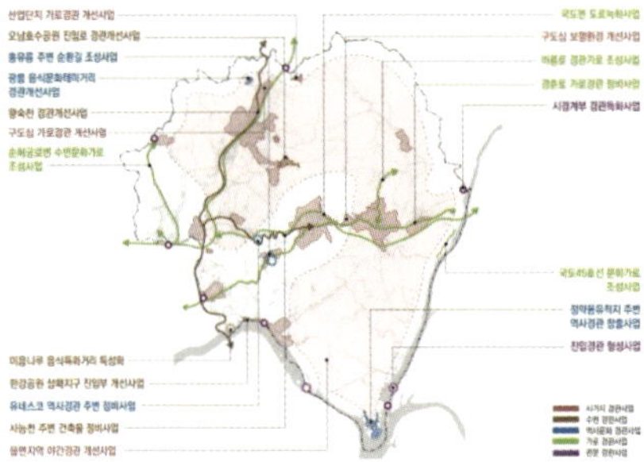

경관사업별 주요내용

- 경관사업의 유형과 주요내용을 제시하며, 중점경관관리구역 경관사업과 중복되지 않도록 조정하여 적용함

구분	사업명	사업내용
시가지	산업단지 가로경관 개선사업	• 산업단지 생태가로 조성을 통한 친환경 단지 조성 • 산업단지 가로환경 개선 및 공공공간 조성
	구도심 보행환경 개선사업	• 구도심의 보행공간 확보, 보행환경 개선 및 노후시설 정비 • 보도포장, 녹지공간, 휴게쉼터 등을 통한 보행쾌적성 향상
	읍면지역 야간경관 개선사업	• 읍면지역에 야간활동의 조도확보를 위한 가로등 설치 • 읍면지역의 거점공간에 조명을 활용한 야간경관 형성
	구도심 가로경관 개선사업	• 경춘내로 60-70에 간판이 아름다운 거리 조성 • 건물 입면개선, 골목 안전환경 개선, 하천변 안전보행로 조성
수변	오남호수공원 진입로 경관개선사업	• 진입로의 보행환경 개선을 위한 가로변 녹화 • 진입부 위치사인 및 공원안내 사인을 통해 시인성 개선
	왕숙천 경관개선사업	• 진입경관개선 및 하천 진입로 개설 및 보행환경 개선 • 수변 친수공간 설치, 보행로 정비, 안내판 설치, 교량경관조명
	사능천 주변 건축물 정비사업	• 사능천과 인접한 건축물 외관 및 옥외광고물 정비 • 건축물 색채개선, 담장설치 등의 경계부 환경개선 유도
	한강공원 삼패지구 진입부 개선사업	• 진입부 인지성을 위한 주변경관을 정비 • 진입로, 편의시설 확충, 가로시설물 개선, 건축물 정비 등
	미음나루 음식특화거리 특성화	• 미음나루 진입을 위한 보행, 차량 이용자 특성 고려 • 음식특화거리 특성을 고려한 보행환경 및 편의시설 설치
역사	광릉 음식문화테마거리 경관개선사업	• 가로변 녹화 및 여유부지를 활용한 커뮤니티 거점마련 • 쾌적한 보행을 위한 친환경 보행로 및 주변 건축물 정비
	정약용유적지 주변 역사경관 창출사업	• 역사이미지를 반영한 주변 건축물 외관디자인 정비 • 도로변에서 건축물의 부속시설 및 가설시설 노출 지양
	유네스코 역사경관 주변 정비사업	• 홍유릉, 사릉 주변의 건축물, 광고물 등 정비 • 보행여건 개선 및 진입도로변 위해시설 관리
	홍유릉 주변 순환길 조성사업	• 이용자의 편의를 위한 보행로 조성 및 공공시설 확충 • 쌈지마당조성, 가로시설물 정비, 위해시설 관리 등
가로	비룡로 경관가로 조성사업	• 수동을 연결하는 가로숲거리 조성을 통한 상징성 확보 • 가로수 식재, 쌈지마당 조성, 진입도로변 위해시설 관리 등
	순화궁로변 수변문화가로 조성사업	• 순화궁로변 특색 있는 가로수 및 꽃길 조성 • 옥외광고물 정비, 안내 사인 개선 등
	국도45호선 문화가로 조성사업	• 보행환경 개선 및 공공갤러리 조성을 통한 관문이미지 형성 • 카페거리와 연계한 건축물 외관 및 옥외광고물 정비
	경춘로 가로경관정비사업	• 가로수 및 녹화를 통한 친환경 가로 연출 • 건축물 외관, 광고물 개선을 통한 조화로운 가로경관 조성
	국도변 도로녹화사업	• 국도별, 구간별 특색 있는 가로수 및 꽃길 조성 • 교차로, IC 녹지대를 활용한 상징성 확보
관문	시경계부 경관특화사업	• 도시이미지를 고려한 상징시설을 설치 • 시 경계부 가로환경 정비를 통한 이미지 제고
	진입경관 형성사업	• 역사 및 역사광장을 활용한 철도이용자의 진입관문 형성 • 진입부 야간경관 연출을 통한 진입관문 형성

그림II-107 경관사업의 대상 및 경관사업별 내용 예시 (남양주시, 2022)

업, 전망공간 개선사업 등을 들 수 있다. 또한 경관사업을 선정할 때 5년 내에 실행이 가능한 범위를 고려해서 선정하는 것이 바람직하다. 이러한 점들을 종합적으로 고려하여 경관사업의 유형과 경관사업의 종류, 경관사업의 주요내용을 제시한다.

경관사업으로 지정된 경우에는 경관심의를 받도록 규정되어 있기 때문에 경관조례에서 경관사업의 대상으로 '경관형성에 영향을 미치는 사업'을 포함하면 경관에 미치는 영향이 큰 사업들을 심의를 통해 관리할 수 있게 된다. 예를 들어, 근대역사문화지구 경관정비사업, 하천 친수공간 조성사업, 국도변 녹화사업 등과 같이 타 부서에서 진행하는 사업도 경관심의를 통해 경관적 검토를 한다면 경관사업으로 확대할 수 있다.

3) 경관사업의 추진주체와 추진단계

경관사업을 추진하기 위해서는 경관사업별 추진주체와 추진단계를 제시해야 한다. 추진주체는 공공, 민관, 민간으로 구분할 수 있고, 추진단계는 장기, 중기, 단기로 구분할 수 있다.

표 II-11 경관사업의 대상 (인천광역시, 2017)

구분	경관사업의 대상
경관법 제 16조 (경관사업의 대상 등)	1. 가로환경의 정비 및 개선을 위한 사업 2. 지역의 녹화(綠化)와 관련된 사업 3. 야간경관의 형성 및 정비를 위한 사업 4. 지역의 역사적·문화적 특성을 지닌 경관을 살리는 사업 5. 농산어촌의 자연경관 및 생활환경을 개선하는 사업 6. 그 밖에 경관의 보전·관리 및 형성을 위한 사업으로서 해당 지방자치단체의 조례로 정하는 사업
인천광역시 경관조례 제9조 (경관사업의 대상)	1. 해안 및 주요 하천변의 경관정비 및 개선을 위한 사업 2. 공공디자인 향상을 위한 사업 (「공공디자인의 진흥에 관한 법률」 재정에 따라 타 사업유형으로 대체 필요) 3. 경관인식을 개선하기 위한 교육·홍보 사업 4. 그 밖에 경관의 보전·관리 및 형성을 위해 시장이 필요하다고 인정하는 사업

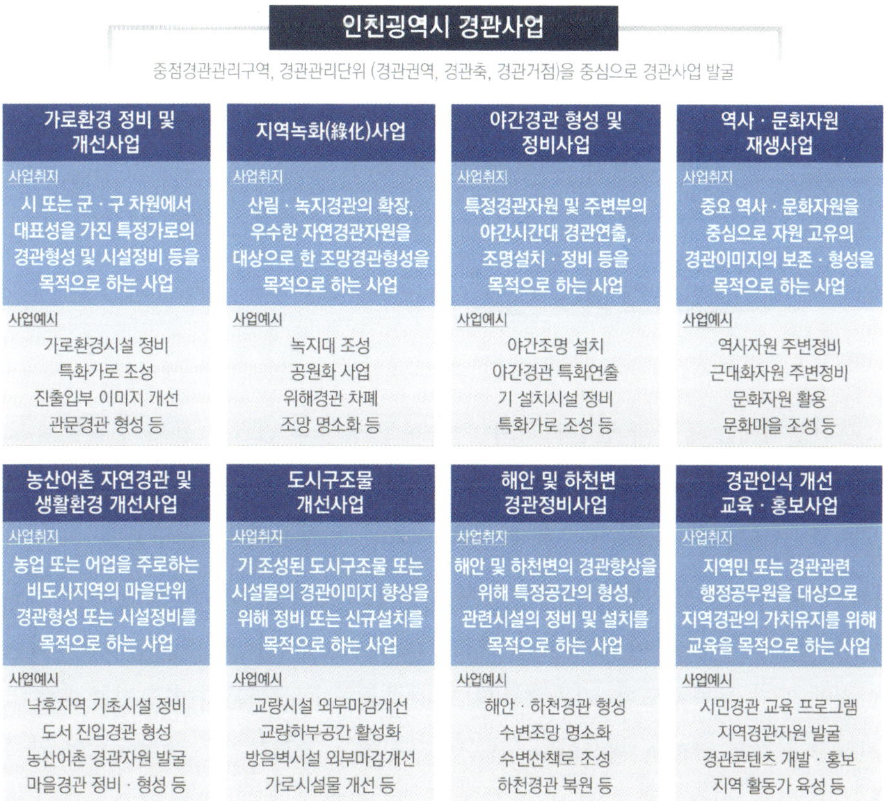

그림II-108 경관사업 대상 및 경관사업 유형 예시 (인천광역시, 2017)

[경관계획수립지침]

7-5-4. 경관사업은 경관계획에 근거하거나 별도의 사업계획을 수립하여 추진할 수 있으며, 사업주체는 공공과 민간을 함께 고려한다.

7-5-5. 경관사업추진협의체의 조직, 운영 및 업무 등에 관하여 필요한 사항을 경관사업 추진 단계별·주체별로 제시하고, 필요시 조례에 반영할 사항을 제시한다. 특히, 공공이 추진하는 경관사업은 관련 사업부서와 경관관리부서가 다를 수 있으므로 부서 간의 협의를 제도화 할 수 있는 방안을 제시한다.

7-8-1. 단계별 계획 수립을 위해서는 대상 사업에 대한 사업 우선순위 평가기준을 마련하도록 하고, 그에 따라 사업을 장기, 중기, 단기 등의 단계를 구분하되, 사업의 단계는 도시·군기본계획, 도시관리계획 등의 기간과 일치시켜 계획의 실효성을 높이도록 조정하고, 구체적인 사업계획은 연차별 집행계획 수준으로 작성사업이 용이하게 추진될 수 있도록 한다.

7-8-2. 경관은 단기간에 조성되거나 일회성 계획으로 이루어 낼 수 없는 속성을 가지고 있으므로 도시비전을 고려하여 장기적인 안목에서 점진적으로 경관을 형성해 나아가야 하며, 그 중에서도 우선순위가 높은 사업으로부터 단계별 점진적인 추진되도록 계획이 제시되어야 한다.

7-8-3. 시각적인 대상을 다루는 계획내용과 더불어 관련된 각종 시민활동에 대한 지원과 다양한 프로그램 등의 비물리적 계획내용도 중요한 사안이므로 이를 단계별 계획에 포함하여 수립해야 한다.

추진주체에는 공공과 민간이 모두 가능하고 공공과 민간이 함께 추진할 수도 있다. 추진주체는 사업을 담당하는 부서에 따라 경관부서, 유관부서, 협력부서 등으로 구분할 수 있고, 예산을 지원하는 기관과 부서에 따라 구분할 수도 있다. 가로공간 등 공공영역에 대한 사업은 공공에서 추진하고, 건축물 등 민간영역에 대한 경관을 관리·형성하기 위한 사업은 민간에서 추진한다. 경관사업의 성격에 따라 공공주도형, 민관협동형, 민간주도형으로 구분하여 추진주체를 명시하고 각각의 역할을 제시한다. 공공이 추진하는 경관사업은 사업부서와 관리부서가 다를 수 있으므로 부서 간 협의를 제도화할 수 있는 방안을 제시해야 한다. 예를 들어, 경관사업 추진협의체를 조직하여 운영할 수 있다.

추진단계를 제시하기 위해서는 대상사업에 대한 사업우선순위 평가기준을 마련하고, 그에 따라 우선순위가 높은 사업부터 단기, 중기, 장기 등의 단계별 추진계획이 제시되어야 한다. 이때 시각적 대상과 더불어 비물리적 계획내용도 단계

경관사업의 추진단계 및 추진주체

- 경관사업은 사업의 추진단계에 따라 단기(2022~2024), 중기(2025~2027), 장기(2028~2030)로 구분하고 추진주체에 따라 공공주도형, 민관협동형, 민간주도형으로 구분함

구분	내용
단기적 경관사업 (경관개선 효과 증진사업)	• 급속한 경관훼손이 예상되거나 시급한 정비가 필요한 사업 • 행정적, 재정적, 제도적 기반이 이미 구축되어 실행을 앞둔 사업
중기적 경관사업 (경관개선 인프라 구축사업)	• 제도적 보완이나 사업추진에 일정기간의 준비과정이 필요한 사업 • 경관협정이나 주민발의 사항 등 계획단계부터 협의가 필요한 사업
장기적 경관사업 (남양주시 경관정체성 확립사업)	• 실행여건의 마련과 주민의식의 성숙이 기반되어야 하는 사업 • 즉각적 사업시행보다 장기적인 관리를 요하는 경관사업

사업명	대상지	추진단계			추진주체		
		단기	중기	장기	공공	민관	민간
산업단지 가로경관 개선사업	진관, 용정, 금곡		●			●	
구도심 보행환경 개선사업	호평, 평내, 청학, 오남			●		●	
읍면지역 야간경관 개선사업	읍면 도시지역			●	●		
구도심 가로경관 개선사업	광릉내로	●				●	
오남호수공원 진입로 경관개선사업	진건오남로	●			●		
왕숙천 경관개선사업	왕숙천	●			●		
사능천 주변 건축물 정비사업	사능천(사릉) 주변		●			●	
한강공원 삼패지구 진입부 개선사업	한강공원 삼패지구			●	●		
미음나루 음식특화거리 특성화	미음나루			●		●	
광릉 음식문화테마거리 경관개선사업	광릉 음식문화테마거리			●		●	
정약용유적지 주변 스토리텔링화 사업	능내역 주변			●	●	●	
유네스코 역사경관 주변 정비사업	홍유릉, 사릉		●		●		
홍유릉 주변 순환길 조성사업	홍유릉로		●			●	
비룡로 경관가로 조성사업	비룡로			●	●		
순화궁로변 수변문화가로 조성사업	순화궁로		●		●	●	
국도45호선 문화가로 조성사업(중점)	국도45호선 금남IC		●			●	
경춘로 가로경관정비사업	경춘로		●		●	●	
국도변 도로녹화사업	국도 6, 45, 46, 47호선			●		●	
시경계부 경관특화사업	국도 경계부		●		●		
진입경관 형성사업	양수대교, 팔당대교		●		●		

그림 II-109 경관사업의 추진단계와 추진주체 구분 예시 (남양주시, 2022)

별 계획에 포함하여 수립한다. 단기, 중기, 장기는 전체 사업기간을 기준으로 추진단계를 구분하는데 전체 기간이 10년 이라면 단기 2년, 중기 3년, 장기 5년으로 구분할 수 있다. 이에 따라 단기사업은 시급한 정비가 필요하거나 홍보효과가 뛰어난 사업, 중기사업은 준비기간이 필요하고 주체가 복잡한 사업, 장기사업은 장기적 관리를 요하거나 대규모 예산이 필요한 사업 등으로 구분할 수 있다.

대규모 예산이 소요되는 경관사업인 경우에는 사업비 조달을 위한 중앙정부 지원, 광역 지자체 지원, 해당 지자체 지원, 개별사업 지원, 관련부서 연계사업, 기타 재원조달방안 등을 지원 가능한 비용을 제시하는 것이 좋다. 국토교통부,

표 II-12 경관사업별 지원사업과 연계사업 예시 (군산시, 2018)

사업명	국도비 지원사업 연계	관련계획 및 사업 연계	사업비 (억원)
근대역사문화지구 경관정비사업	(문화체육관광부 지역전통문화과) 문화도시·문화마을 조성	(군산시 도시재생과) 건축자산 진흥구역 관리계획	20.0
	(행정안전부 생활공간정책과) 간판개선 시범시업		
발산리 유적 탐방로 조성사업	(문화체육관광부 지역전통문화과) 문화도시·문화마을 조성		2.0
은파유원지 경관정비사업	(행정안전부 생활공간정책과) 간판개선 시범시업	(군산시 관광진흥과) 은파관광지 조성계획수립	10.0
경포천 친수공간 조성사업	(전라북도 주택건축과) 도시공간시설경관형성사업		15.0
내항 경관 정비사업	(해양수산부 해양영토과) 해양생태관광 도서개발	(군산시 도시재생과) 도시재생활성화	10.0
산업난시 가로 경관 개선 사업			5.0
창고/빈집을 활용한 디자인 사업	(국토교통부 도시재생과) 도시재생 뉴딜 소규모 재생사업		5.0
	(행정안전부 생활공감정책과) 생활형 지역 공공디자인		
비응항 야간경관 형성사업	(국토교통부 건축문화경관과) 국토경관개선사업		10.0
풍력단지 테마공원 조성사업	(국토교통부 건축문화경관과) 국토경관개선사업		10.0
마을 진입부 경관형성사업	(농림축산식품부 지역개발과) 일반농산어촌개발사업	(군산시 건설과) 농촌중심지활성화 사업	2.0
		(군산시 건설과) 농촌생활환경정비사업 (개정, 옥산, 옥구, 옥서)	

문화체육관광부, 행정안전부 등 중앙정부 및 관련기관의 재정지원 정책을 활용한 재원조달을 검토한다. 타 법령에 따른 관련사업에 대한 재정지원 현황을 파악하고 정기적으로 공모사업을 통해 추진되는 재정지원 사업을 목록화한다. 경관사업과 관련 있는 타 사업예산과 연계시킬 수 있는 방안을 검토한다. 예컨대 가로조성사업의 경우 해당 도로관련 예산과 연계하여 수립할 수 있다. 결국, 상세한 경관사업 계획은 중앙부처와 상위 지자체의 공모사업 신청 시에 근거조항을 마련하는데 도움이 된다.

4) 경관사업비 산정

경관계획은 지자체의 행정구역 전체 또는 일부를 대상으로 하는 기본계획으로, 경관사업은 구체적인 계획을 수립하지 않고 주요 내용을 제시하는 정도이기 때문에 정확한 경관사업비 산정은 불가능하다. 정확한 경관사업비를 산정하기 위해서는 사업별로 실시설계가 완료되어야 하는데, 경관계획에서는 기본방향 정도만 제시하기 때문이다. 따라서 경관사업비는 사업내용과 사업규모에 따라 기준단가를 적용하여 사업비를 산정하게 된다. 이 경우에 보상비 같은 현실적인 비용은 제외된다. 기준단가는 사업특성별 차이가 발생하기 때문에 일괄적인 기준단가의 적용이 불가능하고 사업유형별로 적정한 수준의 기준단가를 추정해야 한다. 따라서 관련자료, 타 지자체 경관계획, 공공기관 기준단가 등을 참고하여 사업유형별 기준단가를 추정하고 사업비를 산정한다. 길이, 면적, 수량 등의 일정 단위를 기준으로 단가를 마련한다. 간편한 방법으로 조달청에서 최근 2-3년에 실행된 관련사업의 사업규모, 사업내용을 참조하여 사업비용을 조사하여 평균단가를 데이터화하여 적용할 수 있다.

[경관계획수립지침] 7-9-1. 사업비 산정

(1) 추진해야 할 핵심 사업은 구체적인 사업목록, 공사내역별 규모 등에 대하여 총량 및 기준 단가를 제시하여 현실적인 사업비 산정이 되도록 하고, 산정된 사업비에 대하여 사전에 감독기관 등이 검토할 수 있도록 한다.

7-9-2. 사업비 확보

(1) 소요예산을 충당하기 위한 체계화된 재정계획을 수립하며, 현실적인 사업비확보가 가능하도록한다.

(2) 재정계획에는 다음의 내용을 구체화하여 포함한다.

① 재원별 사용가능 예산계획 ② 공공, 민간의 재원구분

③ 구체적 예산확보방안 ④ 사업별 집행계획

(3) 경관사업의 재원마련 방안

① 예산 지원계획 ② 개별 사업비용 마련방안(사업자, 수익자 부담)

③ 기타 재원조달방안 제시

7-9-3. 사업비 부담

(1) 사업비 부담은 재정계획에 따라 분담하는 것을 원칙으로 작성한다.

(2) 경관사업과 관련 있는 타 사업의 예산 집행과 연계시킬 수 있는 방안을 검토한다. 예컨대 경관가로조성사업의 경우 해당 도로관련 예산과 연계하여 수립할 수 있다.

(3) 경관사업에 소요되는 사업비는 개별 사업의 특성에 따라 크게 차이가 발생할 수 있고, 구체적 사업비 산출이 어려운 경우에는 관련 자료와 기존 계획보고서상의 집행계획 등을 참고하여 사업비를 추정토록 한다.

(4) 사업비는 조사설계비와 공사비, 기타 부대비용 등으로 구성하되 보상비는 제외한다.

5) 경관사업 시범사업의 선정

경관사업 시범사업은 경관계획을 통한 변화를 제시하여 경관계획의 중요성과 경관계획의 효과성을 시민들에게 전달하는 가장 효과적인 방법이다. 경관사업 시범사업은 경관사업 중에서 시급성, 상징성, 효과성을 고려하여 3-4개 정도의 시범사업을 선정한다. 경관사업은 직접사업, 협업사업, 기획사업, 심의사업 등을 구분하여 제시할 수 있는데 각각의 시범사업을 선정할 수도 있다. 경관사업 시범사업은 경관부서에서 직접 시행하고 예산확보가 가능하고 단기간에 마무리될 수 있는 것을 선정하는 것이 효과적이다. 예를 들어, 조망 명소화 사업은 경관과

관련성이 매우 높고 실행력이 높은 경관사업이다. 선정된 시범사업은 대상, 규모, 현황, 기본방향, 구체적인 사업내용, 사업비, 사업 전과 사업 후의 모습을 비교할 수 있도록 한다. 또한 군산시 경관계획에서 민관협동형, 장기사업, 협업사업으로 제시한 폐선부지 사업은 경관계획 수립 이후에도 꾸준히 추진하고 있다.

강화군 돈대시설 활용 조망 명소화 사업

사업목적

» 강화군 지역 주요 외곽부에 분포해있는 역사자원인 돈대(성곽이나 변방의 요지에 방위를 목적으로 한 조선시대 군사시설)를 주변공간을 조망할 수 있는 공간으로 활용

사업대상 및 내용

» 사업대상 : 마니산 주변 돈대시설 (선수돈대, 장곶돈대, 북일곶돈대, 미루지돈대, 분오리돈대)

» 사업내용
- 돈대시설주변에 각 지점별 주요조망대상 소개 및 휴게를 위한 편의시설 설치
- 중요자원인 돈대시설의 원형을 변형하거나 영역을 침범하지 않는 범위에서 사업시행
- 강화군 전지역의 돈대시설로 확대할 수 있는 스토리 개발

경관사업 예시

예상사업비

단위(억원)

구분	세부내용	사업비
주변부 편의시설 설치	돈대시설별(5개 돈대) 주변부 위해경관 정비, 안내시설 설치	4
	돈대시설별(5개 돈대) 주변부 휴게 및 편의시설 설치	4
조망경관스토리 개발	강화군 전지역 돈대시설 대상(53개) 장소스토리 발굴 · 개발	2
	합계	10

그림 II-110 경관사업 시범사업 사례-조망경관 (인천광역시, 2017)

폐선부지 경관정비사업

구분	내용	위치도
대상지	• 군산시 수송동 미장서로변 폐선부지	
현황	• 철도변으로 산만하게 형성된 노후 건축물과 공지로 인해 불량경관을 형성하고 있음 • 폐선은 독특한 경관을 형성 할 수 있는 잠재력을 지니고 있음에도 불구하고 대부분이 방치	
기본방향	• 옛 철길의 기억과 꿈을 테마로 하는 선형 공원 및 문화공간 조성 • 폐선 부지를 활용한 공원 조성을 통하여 도시미관 및 지역 이미지 개선	
규모	• 연장 = 약 1.5km, 폭 = 약 5m	
성격	• 민관협동형	
추진단계	• 장기사업	
사업비	• 20억원	
사업내용	• 주민 커뮤니티 광장 조성 • 폐선 주변 건축물 외관 개선 • 휴게시설 및 조형물 설치 • 선형 녹지공간 조성	

그림 II-111 경관사업 시범사업 사례-폐선부지 (군산시, 2018)

참고자료

서울시 도시경관 개선사업

경관개선사업은 중앙부처 또는 광역지자체에서 공모사업을 만들고 기초 지자체 또는 자치구에서 공모사업에 지원하는 것이 필요하다. 광역지자체에서 경관개선사업 예산을 확보하여 기초 지자체에서 시행한 사례로 '서울시 도시경관 개선사업 '이 있다.

서울시는 쾌적하고 매력있는 서울 경관 형성에 기여하고자 '도시경관 개선사업'을 추진해오고 있다. 이는 경관법 제16조-제25조 및 시행령 제8조-제17조, 서울시 경관조례 제9조-제14조에 의거하고 있다.

사업내용으로는 가로경관정비 및 개선(예:누구나 편히 이동할 수 있는 보행로 조성), 지역의 녹화와 관련된 사업(예:띠녹지 조성사업), 야간경관 형성정비 사업(예:지역상징 특화거리 조성사업), 기타 도시의 주요 공간 및 시설물 설치관리를 위한 경관사업 등(예:안내사인, 휴게시설, 안전시설, 교통시설, 공개공지 등 개선)이다.

추진방법은 서울시와 자치구 1:1 매칭사업으로 추진하되 사업비 10억원 이내로 한다. 시행방법은 25개 자치구 대상 공모심사 후 선정 자치구별로 추진방향에 부합되도록 사업을 시행(2개년 사업)한다. 사업은 대상지 공모(서울시)-신청서 제출(자치구)-대상지 선정(서울시)-설계(자치구)-공사(자치구)-사후관리(자치구)의 절차로 진행한다.

선정대상은 5개소 내외로 선정지역은 서울시 전체, 기준 사업비는 최대 10억원(개소당), 시행방법은 1차년도 설계, 2차년도 시공으로 한다. 예산은 총 2,500,000,000원 내외로 하되 시의회 예산(안) 최종 심의결과에 따라 조정 가능하도록 한다.

연도별로 보면 2009년-2016년 까지 23개소, 2017년 11개소, 2018년 5

개소, 2019년 5개소, 2020년 10개소, 2021년 6개소, 2022년 5개소로 지금까지 65개소를 추진했다.

대표적인 추진사례로 서초구 음악산책길, 강동구 강풀만화거리, 양천구 포켓쉼터가 있다. 음악산책길(서초구)은 서초구 문화축제인 '야외조각전'을 개최, 상설 플리마켓, 버스킹 공연 등 삶의 터전이 예술이 되고 일상의 공간이 문화가 되는 문화예술거리를 구현하는 효과가 있다. 강풀만화거리(강동구)는 인기 만화작가 캐릭터를 테마로 한 만화특화거리를 조성, 골목상권 활성화로 방문자 및 유동인구 증가로 지역상인들에게 매출상승 등 경제적 효과가 발생하고 있다. 포켓쉼터(양천구)는 녹지조성, CCTV 및 조명설치, 육교계단정비 등으로 주민 휴식공간 제공, 보행환경 개선 및 안심거리 조성을 하고 있다.

서초구 음악산책길(서초구)

강풀만화거리(강동구)

포켓쉼터(양천구)

강동구는 서울시 경관개선사업에 응모하여 2019년에 강풀만화거리 경관개선사업, 2020년 천호대로 경관개선사업, 2021년 진황대로 경관개선사업, 2022년 안심행복 학원거리조성 경관사업에 응모하여 매년 5억의 예산을 지원받아 경관사업팀에서 진행하였고 그 결과 도시경관개선에 크게 기여하고 있다.

6.4 경관협정

1) 경관협정에 의한 실행

경관계획의 실행수단으로 경관협정을 유도할 수 있는 사항을 제안한다. 경관계획의 내용 중에서 경관협정으로 추진해야 할 내용을 제안하는 것이지만 현실적인 어려움이 있다. 경관협정은 민간이 자발적으로 추진하는 것이기에 경관사업 중에서 경관협정을 통해 추진하는 것이 효과적인 사업을 도출하고, 경관협정으로 추진해야 할 범위, 내용을 제안하는 것이 최선이다. 특히 대상지역 안의 토지소유자 등이 경관협정을 적극적으로 추진할 수 있도록 유도 및 지원방안을 제시하는 것이 필요하다.

[경관계획수립지침]

7-6-1. 경관계획의 내용을 실행하기 위해 필요한 경우 경관협정을 제안하고, 대상지역 안의 토지소유자 등이 경관협정을 적극적으로 추진할 수 있도록 유도 및 지원방안을 제시한다.

7-6-2. 주민의 자율적인 경관협정을 유도할 수 있도록 민간제안 내용을 적극적으로 수용할 수 있는 다양한 방안을 검토·제시한다.

7-6-3. 경관법에 따른 경관협정 뿐만 아니라 관련법에 규정하고 있는 녹지보전협정, 경관협약, 경관보전직접지불제, 문화유산보전협약 등 다양한 경관 관련 협약 등의 적용방법 및 연계방안이 검토·제시되어야 한다.

7-6-4. 경관협정을 추진해야 할 대상구역의 명칭, 위치와 범위, 목적 및 내용, 경관협정의 체결 및 실행을 위한 기술, 행정 및 재정적 지원체계를 마련하고, 조례에 반영해야 할 사항들을 제시한다.

2) 경관협정의 대상

경관협정은 토지소유자, 건축물소유자, 지상권자 등(이하 토지소유자 등)이 쾌적한 환경과 아름다운 경관 형성을 위해 전원 합의를 통해 체결할 수 있는 제도이다. 그러나 모든 이해관계자가 합의를 하는 경관협정을 유도하는 것이 어렵기 때문에 경관사업과 연계하기도 한다. 서울시에서 지역의 경관을 개선하기 위하여 경관협정을 하면 경관사업비를 지원해 준 사례가 경관협정사업이었다. 반대로 경관사업 중에서 반드시 협정이 뒷받침되어야 하는 경우도 있다. 간판정비사업이나 가로경관사업 등은 무조건 주민참여를 요청하기 보다는 필요성을 느끼게 한 후 경관협정을 체결하고 경관사업을 유도하는 것이 좋다.

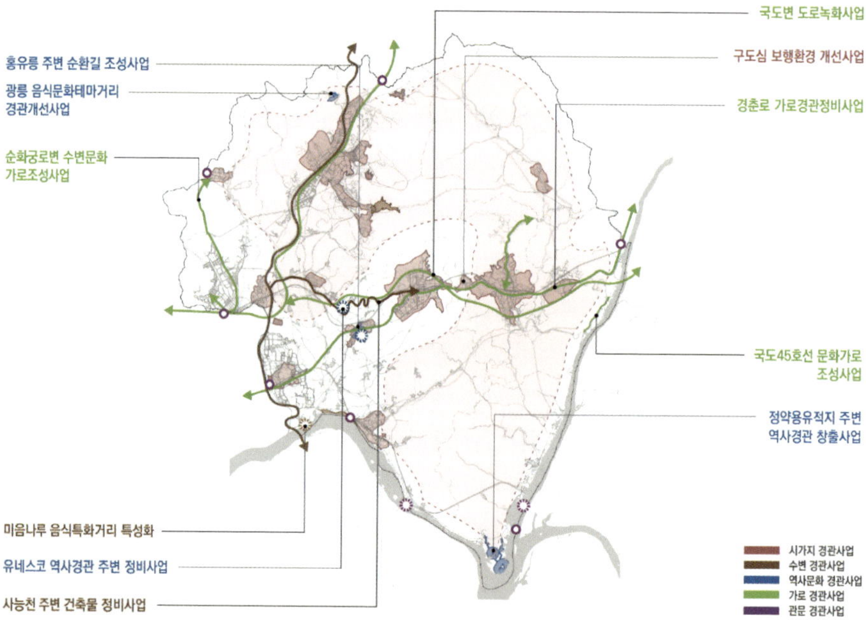

구분	경관사업	경관협정으로 유도
시가지	구도심 보행환경 개선사업	보행환경개선, 부속시설 노출 최소화, 입면정비 등
수변	사능천 주변 건축물 정비사업	가로변 담장정비, 위해시설 제거, 가로변 녹화 등
	미음나루 음식특화거리 특성화	꽃길 조성, 담장에 화단 조성, 광고물 개선 등
역사	광릉 음식문화테마거리 경관개선사업	건축물 입면 관리, 광고물 정비, 갤러리화 등
	정약용유적지 주변 스토리텔링화 사업	건축물의 부속시설 차폐, 위해시설 제거 등
	유네스코 역사경관 주변 정비사업	건축물 외관정비, 광고물 정비, 위해시설 관리 등
	홍유릉 주변 순환길 조성사업	가로변 담장정비, 위해시설 제거, 마을테마공간 조성 등
가로	순화궁로변 수변문화가로 조성사업	불법주차금지, 색채개선, 건축물 지붕개선 등
	국도45호선 문화가로 조성사업	주차장 녹화, 광고물 정비(지주형, 부착형), 가로변 녹화 등
	경춘로 가로경관정비사업	위해시설 차폐, 광고물 정비, 가로변 녹화 등
	국도변 도로녹화사업	지주광고물 정비, 녹지대에 화단 및 꽃길 조성 등

그림 II-112 경관협정의 대상 예시 (남양주시, 2022)

경관계획의 내용 중에서 경관협정으로 추진해야 할 대상과 경관사업 중에서 경관협정으로 추진해야 할 대상을 도출한다. 특히 경관계획의 내용 중에서 '위해시설 제거'와 같은 내용이 제시되어 있는 경우에는 골목길 청소, 방치된 쓰레기 제거 등과 같은 내용으로 주민들이 참여하는 경관협정이 가능할 것이다.

경관협정 대상지 중에서 실효성과 효과성을 높이기 위하여 경관사업과 연계하여 경관협정 시범지역을 선정할 수도 있다. 주민의 참여와 경관개선의 요구도가 높은 지역을 검토하여, 경관사업 추진지역 및 타 공공사업과 연계하여 경관협정으로 시너지 효과를 기대할 수 있는 지역에 경관협정을 우선 선정하는 것이 바람직하다.

경관사업 중에서 경관협정을 제안하고자 하는 후보지를 설정하고, 해당 지역 특성과 주민 활동 등을 검토하여 경관협정 추진 대상지를 선정하고, 그 범위, 목적, 내용 등을 제안한다.

3) 경관협정의 내용

경관협정의 내용으로는 경관법 제19조에 근거하여 건축물의 의장·색채 및 옥외광고물, 공작물 및 건축설비의 위치, 건축물 및 공작물 등의 외부공간, 토지의 보전 및 이용, 역사·문화경관의 관리 및 조성, 그 밖에 녹지, 가로, 수변공간 및 야간조명 등의 관리 및 조성, 경관적으로 가치가 있는 수목이나 구조물 등의 관리 및 조성 등을 포함할 수 있다. 경관협정의 내용은 거창한 것만 가능한 것은 아니다. 주민들이 참여하기 쉬운 것, 주민들이 참여할 수 있는 것, 주민들의 관심을 높일 수 있는 것으로 확대하는 것이 바람직하다.

표 II-13 경관협정 체결사항 예시 (인천광역시, 2017)

구분	고려사항
건축물 의장·색채 및 옥외광고물에 관한 사항	• 건축물의 입면 높이, 2층부 처리, 사선제한, 재질, 색채, 창문 및 출입문의 위치·크기·재질 • 색상, 지붕형태, 옥외광고물의 형태·색상·재질·위치 등
공작물 및 건축설비의 위치에 관한 사항	• 건축설비의 집약화 및 은폐, 건축물과 일체화된 디자인 등
건축물 및 공작물 등의 외부공간에 관한 사항	• 주차장, 대지 내 조경, 녹지조성 등
토지의 보전 및 이용에 관한 사항	• 토지 및 건물의 용도, 건폐율, 용적율, 토지형질변경, 획지의 규모, 합필, 건축한계선 등
역사문화경관의 관리 및 조서에 관한 사항	• 문화재 주변 마을 등 역사문화경관 관리에 필요한 사항을 규정. 단 이들 사항 중 일부는 앞서 언급한 건축물 규정 등과 중복 규정 가능
그 밖에 대통령령이 정하는 사항	• 건축의 용도, 녹지, 가로, 수변공간, 야간조명, 경관적으로 가치가 있는 수목이나 구조물의 관리 및 조성 등 운영에 관한 사항

표 II-14 경관협정의 내용 예시(거북시장 일부) (건축공간연구원, 2020)

항목		주요내용	관련주체
청결한 거리만들기 노력	가판대 설치금지	• 특화거리 형성을 위하여 상업용 가판대 등은 공공공간(차도 및 보도)에 설치를 금지한다	소유자 / 임차인 참여전문가 / 수원시
	불법광고물 금지	• 공공공간(차도 및 보도)에서는 이동식 광고물을 설치하지 않는다 • 건축물 벽면, 창문, 쇼윈도우 등에 불법 광고물을 설치하지 않는다	소유자 / 임차인
	화단 등의 관리	• 협정 체결자는 공공공간에 설치된 화단의 조경식수를 스스로가 분담하여 관리한다	소유자 / 임차인
	쓰레기	• 쓰레기통 및 쓰레기 등은 공공공간(차도 및 보도)에 두지 않는다 • 건축물 외부에 설치되는 쓰레기 집하 및 수거시설 등은 외부에서 직접 보이지 않도록 하거나 미관을 해치지 않도록 가림막이 등으로 차폐한다	소유자 / 임차인
	화분놓기	• 아름답고 쾌적한 거리 형성을 위해 1업소 2개 이상의 화분 또는 간이 화단을 설치한다	소유자 / 임차인
	거리청결 유지	• 깨끗한 거리 형성을 위해 보행공간(보도 등) 협정체결자 스스로가 청결을 유지한다 • 거리 청결 활동은 개인(건축물 소유자 및 점포주)은 매일 1회(오후 3시), 공동체(협정운영회)는 매월 1일, 15일 실시한다 • 겨울철 보행인 및 통과차량의 안전을 위하여 거북시장길(점포앞, 도로, 보도, 공지 등)에 내린 눈은 체결자 스스로가 협동하여 즉시 제거한다	소유자 / 임차인

6.5 경관행정

1) 경관행정에 의한 실행

경관계획 실행수단으로 경관위원회 운영, 경관심의 대상, 행정조직 개편 등과 같은 행정적 관리 방안을 제안할 수도 있다. 경관위원회 운영을 위하여 본위원회, 소위원회, 공동위원회 등을 통해 관리해야 할 사항을 제시하거나, 사회기반시설, 개발사업, 건축물 등의 경관심의(자문)대상 확대방안을 제시할 수 있다. 효과적인 경관행정을 위하여 지방자치단체의 전담 행정조직이나 행정조직 개편 등에 관한 사항을 제시하거나, 조례 제정 또는 개정을 제시하는 것도 경관행정에 의한 실행방안이 될 수 있다.

[경관계획수립지침]

7-7-1. 경관계획의 내용에 따라 경관을 보존, 관리 및 형성하기 위하여 필요한 경우 경관위원회 심의를 비롯, 건축심의, 공동주택심의, 자연경관심의, 산지의 이용 및 보전심의, 농어촌정비심의, 고도보존심의 등 각종 경관 관련 위원회에서 심의·자문을 통해 관리해야 할 사항을 검토·제시한다.

7-10-1. 경관계획의 효과적인 실행을 위해 지방자치단체의 전담 행정조직이나 경관추진협의체의 설립 및 운영과 실행방법 등에 관한 사항을 제시해야 한다.

2) 경관위원회의 운영

지역의 경관을 보전, 관리, 형성하기 위하여 경관관련 전문가에 의한 경관위원회를 설치하고 운영한다. 경관위원회는 심의대상과 자문대상에 따라 본위원회와 소위원회를 구분하여 운영할 수 있고 본위원회나 소위원회에서 심의(자문)할 대상, 규모, 내용 등을 제시한다. 경관위원회는 70명 이내에서 풀(pool) 형태로 운영할 수 있으며 이를 조례에 반영한다.

경관위원회는 지자체 여건을 고려하여 해당 지자체의 도시계획위원회, 건축위원회, 기타 경관관련위원회가 그 역할을 대신할 수 있으나, 이 경우 경관관

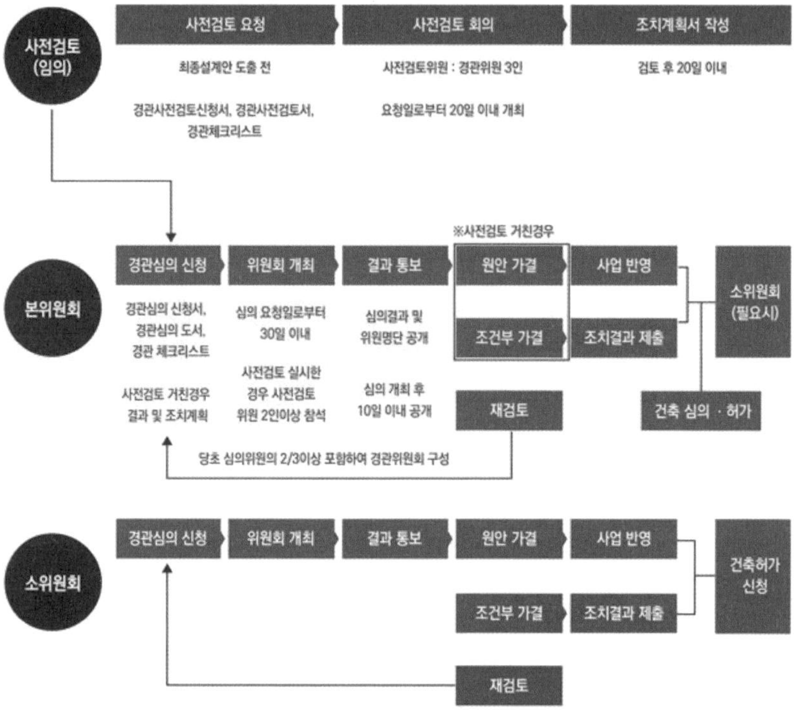

그림 II-113 경관심의 및 경관위원회 운영 사례 (남양주시, 2022)

련 전문가를 해당 위원회에 일정 수 이상 참여할 수 있도록 하는 내용을 제시하고 이를 조례에 반영하여야 한다. 시·도지사 또는 시장·군수는 건축 등 경관 관련 사항의 심의(자문)가 필요한 경우 대통령령이 정하는 바에 따라 다른 법률에 의해 설치된 경관과 관련된 위원회와 경관위원회가 공동으로 하는 심의를 거칠 수 있도록 공동위원회를 구성할 수 있고 이를 조례에 제시해야 한다.

또한 경관심의의 합리화를 위하여 경관심의의 종류와 운영절차를 제시한다. 경관심의는 사전검토제도와 경관위원회(본위원회, 소위원회)를 운영할 수 있으며 각각의 절차를 마련한다. 경관심의를 받기 전에 사업시행자는 경관계획을 충분히 검토하고 경관체크리스트의 자가진단 후 사전협의를 이행한다. 경관관련위원회의 심의를 득한 경우 중복심의를 방지하여 과도한 규제가 되지 않도록 한다. 이에 관한 내용을 조례에 반영한다.

해당 지자체에서 경관심의를 받기 위해 홈페이지를 검색하거나 담당부서에

문의해보면 경관심의 운영절차가 명확하지 않거나 투명하게 정리되어 있지 않은 경우가 많다. 경관계획 재정비 시에는 경관계획의 실행계획 내실화를 위한 노력도 필요하다. 그러기 위해서는 심의도서 작성내용에 대한 제시도 필요하며, 경관위원회의 심의대상, 자문대상, 개최시기, 개최간격, 소요기간, 제출도서, 제출부수 등을 제시해줄 필요가 있다.

많은 지자체에서 건축위원회는 오랜 기간 동안 운영해 오고 있어서 심의도서, 심의절차, 심의내용 등의 절차와 내용이 안정화 되었다고 볼 수 있으나, 경관심의는 아직 안정적인 운영이 어려운 지자체도 많이 있는 실정이다. 경관계획을 통해서 모든 것을 할 수는 없지만 경관심의를 위한 준비도서에 담겨야 할 목차 정도는 제시할 필요가 있다고 본다. 경관심의도서를 보면 원경, 중경, 근경에 대한 시뮬레이션이 심의도서의 상당부분을 차지하기도 하는데, 경관계획 내용을 보여주는 것이 아니라 단순히 시각적인 효과로 시뮬레이션을 제시하는 경우가 많다. 향후 심의도서 작성방법에 대한 연구를 통하여 심의대상별 작성내용을 구체적으로 제시하는 것도 필요하다.

3) 경관심의 및 자문

경관심의 및 자문은 많은 예산을 들이지 않고 행정지도를 통해 경관을 향상시킬 수 있는 방안이다. 특히 경관형성에 영향을 미치는 타 부서 사업을 심의하는 경우도 경관사업의 효과를 볼 수 있기 때문에 경관형성에 필요한 대상을 경관심의대상으로 선정하는 것이 필요하다.

경관심의 및 자문에 대해서는 '「경관법」 제5장 사회기반시설 사업 등의 경관심의'와 '「경관법」 제6장 경관위원회'에 따라 사회기반시설, 개발사업, 건축물, 경관위원회 심의대상을 정할 수 있다. 사회기반시설, 개발사업, 건축물은 지자체 조례로 위임한 범위 내에서 허가권자에 따라 경관심의대상을 설정하고 경관위원회 심의대상은 지자체의 경관정책에 따라 경관심의대상을 설정할 수 있다. 면적이 넓거나 대상이 분산되어 있는 경우와 같이 중점경관관리구역으로 설정하기 어려운 지역의 건축물, 구조물 등도 경관심의를 통해 관리할 수 있다.

표 II-15 경관심의 대상과 경관자문 대상의 선정

구분	경관자문대상	경관심의대상
경관법	1. 경관계획 2. 경관사업의 계획 3. 경관조례의 제정 및 개정 4. 지자체 조례로 정하는 사항	第12조 경관계획의 수립 또는 변경 第13조에 따른 경관계획의 승인 第16조에 따른 경관사업 시행의 승인 第21조에 따른 경관협정의 인가 第26조에 따른 사회기반시설 사업의 경관 심의 第27조에 따른 개발사업의 경관 심의 第28조에 따른 건축물의 경관 심의 그 밖에 사항 1. 비용 등을 지원받는 경관협정 2. 다른 법령에서 심의로 규정한 사항 3. 지자체 조례로 정하는 사항
경관조례	경관형성을 위한 사업 그 밖의 사항	사회기반시설 사업 - 도로, 철도시설, 도시철도시설, 하천시설, 기타 사회기반 시설사업 건축물 - 경관지구 내, 중점경관관리구역 내, 공공건축물, 기타 건축물 그 밖의 사항 - 공동주택 색채, 타부서 사업, 그 밖의 사항

한편 공공디자인위원회 심의대상과 구별되도록 해야 하는데, 공공디자인위원회가 별도로 구성되어 있지 않은 경우에는 사회기반시설 사업, 경관위원회 심의(자문) 등에 공공디자인 심의대상을 포함시킬 수 있다. 경관계획을 통해 경관관리가 필요한 사회기반시설, 개발사업, 건축물, 경관사업, 경관협정, 기타 등을 경관 심의나 자문의 대상으로 설정할 수 있다.

경관심의 대상의 범위는 도시특성 및 시기특성에 따라 지자체의 경관행정인력과 예상되는 경관심의건수 등을 고려하여 설정하여야 한다. 사회기반시설 사업, 개발사업, 건축물 등에 대한 최근 5년 동안의 사업 건수와 인허가 건수를 파악하고 이 중에서 경관심의 가능건수를 고려하여 경관심의 대상의 범위를 설정하는 것이 합리적이다.

'사회기반시설 사업'은 사회기반시설 및 사회기반시설 사업 중에서 관리하고자 하는 대상을 선정할 수 있다. 도로, 철도시설, 도시철도시설, 하천시설 등이 해당된다. 하지만 사회기반시설 사업 중 지자체에서 관리하는 것은 도로, 하천이 대부분이 될 것이기 때문에 해당 지자체에서 시행하는 도로, 하천 등의 건설

규모와 건설건수를 고려하여 심의대상 규모를 설정한다. '사회기반시설 사업'은 유사위원회에서 경관을 검토하면 경관심의를 면제해 줄 수 있다. 예를 들어, 토목 관련 위원회에서 별도로 경관을 검토하도록 하고 경관위원회에서 면제해 주는 방향으로 할 수도 있다.

반면에 '개발사업'은 법에서 정한 심의대상에 대해 심의주체별로 심의가 진행된다. 즉, 지자체 조례로 개발사업의 종류와 규모 등을 따로 정할 내용은 없다.

'건축물'은 경관지구의 건축물, 중점경관관리구역의 건축물, 지방자치단체·공공기관·지방공기업이 건축하는 건축물, 그 밖에 경관관리를 위하여 필요한 건축물을 선정할 수 있다. 그 밖에 건축물은 다양한 기준에 의해 선정할 수 있다. 위치별로는 도로변 건축물, 철도변 건축물, 하천변 건축물 등이 있을 수 있고, 규모별로는 일정 규모(층수, 면적 등) 이상의 건축물 등이 있을 수 있고, 유형별로는 노외주차장, 공장건축물, 유동건축물, 대규모 창고 등이 있을 수 있다. 건축물은 건축인허가 부서에서 최근 5년 동안의 인허가 건수를 고려하여 심의대상 규모를 설정하는 것이 바람직하다.

경관지구나 중점경관관리구역 내 건축물은 조례로 경관심의 대상을 지정할 수 있다. 일반적으로 경관지구는 해당 구역별 주된 층수나 높이를 고려하여 설정하고, 면적이 중요할 경우에는 '연면적 1,000㎡ 이상' 등으로 범위를 설정할 수 있다. 예를 들어, 중점경관관리구역은 전체 건축물을 관리할 필요가 있고 이를 심의대상으로 설정할 필요가 있지만 심의건수를 고려하여 심의대상 규모를 설정한다. 공공건축물은 시민의 일상생활에 미치는 영향이 크고 타 심의기구가 없으므로 전체를 경관심의를 통해 관리하여 경관향상이 필요하다. 일반건축물은 경관계획을 수립하면서 경관관리가 필요하지만 중점경관관리구역으로 설정이 어려운 넓은 면적에 걸쳐 건축물에 대한 관리가 필요할 때 설정할 수 있다. 특히 지자체 조례로 정할 수 있는 경관심의대상 건축물은 지자체마다 차이가 있을 수 있고 지금도 지자체마다 차이가 크다.

'경관위원회의 심의대상'은 사회기반시설 사업에 해당하지 않으면서 경관적으로 관리가 필요한 대상을 선정할 수 있다. 경관형성에 영향을 미치는 타 부서

표 II-16 경관심의 대상 예시 (군산시, 2018)

구분	경관심의 대상	비고
법령, 조례에서 위임한 사항	• 경관계획에서 제시한 심의사항 • 경관사업의 승인 및 경관협정의 인가 • 경관형성에 영향을 미치는 사업 • 공동주택의 색채경관계획 • 다른 조례에서 제시한 심의사항 • 그 밖에 시장이 요청하는 사항	
사회기반 시설	• 어항시설로 총사업비 50억원 이상인 사업 • 도시공원으로 총사업비 10억원 이상인 사업 • 도로로 총사업비 20억원 이상인 사업 • 하천으로 총사업비 10억원 이상인 사업 • 공공시설물 10억원 이상/5억원 이상 • 그밖에 시장이 요청하는 사회기반시설 사업	
건축물	• 경관지구의 건축물 - 자연경관지구(2층 이상 또는 바닥면적 합계 300m² 이상) - 시가지경관지구(3층 이상 또는 바닥면적 합계 1,000m² 이상) • 중점경관관리구역의 건축물 - 내항 (2층 이상 또는 바닥면적 합계 500m² 이상) - 비응항 (5층 이상 또는 바닥면적 합계 1,500m² 이상) - 은파유원지(2층 이상 또는 바닥면적 합계 500m² 이상) - 군산시청 (5층 이상 또는 바닥면적 합계 1,500m² 이상) - 군산역 (5층 이상 또는 바닥면적 합계 1,500m² 이상) - 근대역사문화지구(2층 이상 또는 바닥면적 합계 500m² 이상) • 공공건축물 (3층 이상 또는 바닥면적 합계 1,000m² 이상) • 신시도, 야미도, 무녀도, 선유도, 장자도 내 건축물 (3층 이상 또는 바닥면적 합계 1,000m² 이상) • 도시지역 내 경포천 경계선으로부터 30m 이내의 건축물 (5층 이상 또는 바닥면적 합계 1,500m² 이상) • 16층 이상의 공동주택의 신축(주상복합아파트 포함) • 7층 이상 또는 바닥면적 합계 5,000m² 이상인 건축물 • 농업·어업용 시설 중 가공, 유통, 판매 및 유사시설	

표 II-17 경관자문 대상 예시 (군산시, 2018)

구분	경관자문 대상	비고
자문	• 경관형성을 위해 추진하는 사업 중 자문 • 다른 조례에서 제시한 자문사항 • 그 밖에 시장이 요청하는 사항	

사업, 야간경관 형성 및 정비 사업, 공동주택의 색채경관계획, 옥외철탑을 설치하는 골프 연습장, 태양광시설 등에 관한 사항 등이 있다. 지자체 조례로 정할 수 있는 심의대상은 차이가 있을 수 있다.

군산시는 2018년 수립된 경관계획을 반영하여 경관심의를 포함한 경관조례를 2019년 8월에 개정하였다. 경관조례의 개정 전후에 진행된 경관심의 건수는 2018년 8건, 2019년 15건, 2020년 31건, 2021년 42건, 2022년 34건이었다. 경관심의 건수의 90% 이상이 건축물이며, 가장 많은 것은 오피스텔이다. 경관심의를 받는다고 해서 한 번에 나아질 수는 없으나 경관심의를 통해서 조금씩 나아지고 있다고 한다. 경관심의 횟수는 한 달에 한 번 개최된다.

경관심의대상이 많다고 좋은 것은 아니다. 수도권의 어느 지자체에서는 1년에 약 1,000건 가량을 심의한 적이 있었다. 1년을 50주로 계산하고 1주에 1번 위원회를 개최한다고 가정했을 때 1주에 20건을 심의해야 하는 양이다. 1주에 한 번 심의가 열린다면 하루에 20건을 심의하게 되고 심의시간을 4시간으로 했을 때 1건에 10-15분 정도가 걸린다. 심의건수가 많으면 실질적인 심의가 되지 않기 때문에 심의가 유명무실해질 수 있다. 적절한 수량을 고려하여 심의대상을 정하는 것이 중요하고 행정인력 1명이 심의를 전담할 때 가능한 건수를 고려하여 계산해야 한다.

4) 경관행정 조직개선

경관행정의 조직개선을 위해서는 해당 지자체의 경관행정 조직의 위상 및 현황을 조사한다. 해당 지자체의 홈페이지에서 조직도를 검색하여 경관행정 조직의 구성 및 운영 상의 문제점을 파악한다. 문제점을 토대로 그 원인이 경관행정 조직에 있다고 판단될 경우, 이를 개선하기 위한 주요 방향을 설정한다. 경관행정 조직 개편방향에 따라 지향하고자 하는 경관행정 조직 개편(안)을 구체적으로 제시한다.

현행 경관행정 조직은 대부분의 지자체에서 '도시경관과'로 독립된 형태로 있는 것이 아니라 도시계획과, 건축과 등에 '경관팀', '디자인팀'으로 운영되고 있어 종합적인 도시경관의 형성과 관리를 위한 부서 간 역할조정 및 능동적 협조체계 구성에 한계가 있다. 경관팀장이나 디자인팀장을 행정직이 수행하는 경우에도 많은 어려움이 발생할 수 있다. 경관업무는 경관 특성을 이해하고 미적 요소를 개발하고 도시 미관을 관리할 필요가 있기 때문에 '경관'과 '디자인' 등의 전공자를 중심으로 구성된 부서나 팀을 구성할 필요가 있다. 경관은 전문성과 지속성이 필요한 분야이나 행정직이 순환보직 되면서 업무를 처리하게 되면 전문성과 지속성이 떨어진다. 많은 지자체에서 도시경관 및 공공디자인 업무를 담당하는 인력이 부족하여 경관업무 수행에 어려움을 호소하고 있다.

경관담당조직의 유형으로는 경관전담조직의 운영과 경관전담인력의 운영이 있다. 경관전담조직 운영은 도시경관과, 경관디자인팀 등 경관업무를 담당하는 조직을 구성하여 운영하는 유형이다. 경관전담인력 운영은 도시, 건축 등 관련 부서 내에 경관전담인력을 채용하여 경관업무를 담당하도록 하는 유형이다. 경관업무를 수행하기 위해서는 '도시경관과'나 '경관을 담당하는 팀'의 형태가 되어야 하고, 도시경관과 내에 경관기획팀, 공공디자인팀, 경관사업팀, 옥외광고물팀 등으로 운영하는 것이 바람직하며 각 역할은 다음과 같다.

· 경관기획팀: 경관업무 총괄, 경관기획, 경관계획 수립, 경관조례 개정, 경관위원회 운영 등
· 공공디자인팀: 공공디자인 진흥계획, 공공디자인 조례운영, 공공디자인 시책개발 등
· 경관사업팀: 경관사업구상, 경관사업추진, 경관협정지원, 공공사업과 연계방안 모색 등
· 옥외광고물팀: 간판개선사업 기획, 광고물 가이드라인 제정, 간판개선사업 계획 등

지자체 규모, 상황 등에 따라 경관행정 조직은 상당한 차이가 있다. 현재 도시경관과가 도시국 주무과의 위상을 가지고 있는 지자체로 서울시 강동구가 있다. 또한 2019년부터 민간전문가 제도로서 부단체장급의 '도시경관총괄기획가'를 위촉하였다. '민간전문가'는 지역의 공간정책 및 전략수립에 대한 자문 제시, 주요사업에 대한 총괄조정 등 지역의 건축, 도시, 디자인의 경쟁력 강화와 관련한 의견을 제시하는 전문가로서, 「건축기본법」의 민간전문가 참여규정에 의거하여 마련한다. 장소의 가치를 향상시키는 일과 좋은 공간환경 디자인을 만드는 일을 목표로 지역의 건축·도시디자인 정책의 수립과 관련 공간환경의 사업을 조율하

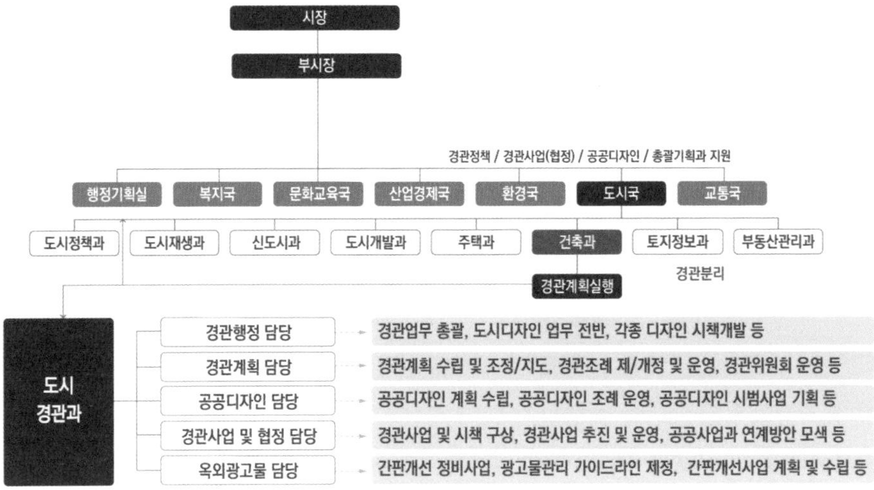

그림 II-114 경관행정의 조직개선 제안 (남양주시, 2022)

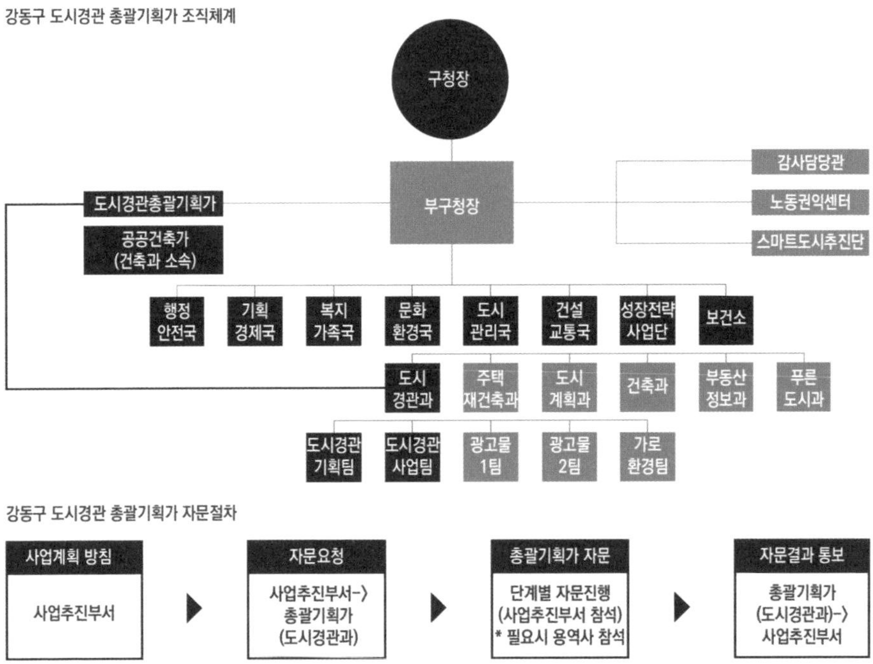

그림 II-115 서울시 강동구 경관조직체계(2019-2020년) 사례 (서울시 강동구, 2020)

고 연계하는 총괄기획가, 총괄계획가, 총괄건축가, 공공건축가 등으로 불린다.

6.6 경관조례

1) 경관조례에 의한 실행

경관관리를 위하여 관련 제도와 연계, 경관심의의 실행, 경관사업의 추진, 경관협정의 추진, 경관위원회의 운영 등과 관련된 내용 중에서 경관법의 규정에 맞도록 경관조례의 구성과 내용을 신설하거나 조정하는 방안을 제시하여 제정 또는 개정을 한다. 경관계획의 내용을 실행하기 위해 경관권역, 경관요소, 경관지구, 중점경관관리구역 등과 관련하여 경관조례에 반영할 규제적 사항, 유도적 사항을 제시한다.

[경관계획수립지침]

7-3-1. 경관관리를 위한 경관계획, 경관사업, 경관협정, 경관위원회 등에 대해 경관법의 규정에 맞도록 경관조례의 구성과 내용을 신설하거나 조정하도록 방안을 제시한다.

7-3-2. 경관지구·미관지구·중점경관관리구역의 관리 등 경관계획의 내용을 실행하기 위해 경관조례에 반영할 규제사항, 지방자치단체의 유도·지원에 관한 사항 등을 제시한다.

7-3-3. 중요 경관자원의 보존 및 활용을 위한 관리 및 지원계획 중 경관조례 및 타 법령에 따른 경관 관련 조례에 반영할 사항을 제시한다.

7-3-4. 도시계획조례 등 타 법령에 따른 경관 관련 조례와의 경관조례와의 관계를 고려하여 서로 보완되도록 하며, 경관조례 외에 타 법령에 따른 경관 관련 조례에 반영해야 할 사항을 제안한다.

2) 경관조례의 규정

① 경관조례로 위임한 사항

경관조례는 경관법령 위임사항에 해당 지자체의 경관계획 및 경관정체성을 담아 작성한다. 우선 「경관법」, 「경관법 시행령」에서 위임한 사항을 규정하기 위해

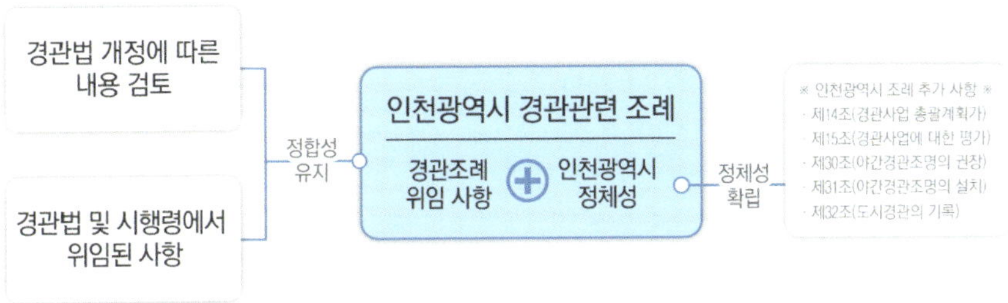

경관법(2016.01.06 기준)	경관법 시행령(2017.02.28 기준)	인천광역시 경관조례(2016.11.14 기준)	비고
	제2조 경관계획의 수립에 관한 제안의 처리절차	제6조 (경관계획 수립 제안서의 처리절차)	
제9조 경관계획의 내용		제7조 (경관계획의 내용)	
제11조 공청회 및 지방의회의 의견청취		제8조 (경관계획의 수립을 위한 공청회)	
제16조 경관사업의 대상 등		제9조 (경관사업의 대상)	
	제8조 경관사업 사업계획서 등	제10조 (경관사업계획서) 제11조 (경관사업 심의 시 고려사항)	
	제9조 경관사업추진협의체의 조직 등	제12조 (경관사업추진협의체의 조직 및 운영)	
		제13조 (경관사업에 대한 재정지원)	관련 법 조항 있음
		제14조 (경관사업총괄계획가)	추가
		제15조 (경관사업에 대한 평가)	추가
	제10조 경관협정 체결자의 범위	제16조 (경관협정 체결자의 범위)	
	제11조 경관협정의 내용	제17조 (경관협정의 내용)	
제19조 경관협정의 체결		제18조 (경관협정서 작성)	
	제12조 경관협정운영회의 설립신고	제19조 (경관협정운영회 설립신고)	
	제16조 경관협정의 승계자	제20조 (경관협정의 승계자)	
		제21조 (경관협정에 관한 평가)	
	제17조 경관협정 지원대상 사업계획서	제22조 (경관협정 지원 대상 사업계획서)	
제26조 사회기반시설 사업의 경관 심의	제18조 사회기반시설 사업의 경관심의 대상 등	제23조 (사회기반시설 사업의 경관심의 대상 및 규모)	
제28조 건축물의 경관심의		제24조 (건축물의 경관심의 대상)	
	제22조 경관과 관련된 위원회		
	제23조 공동위원회의 구성 및 운영	제25조 (공동위원회의 구성 및 운영)	
	제24조 경관위원회의 심의대상	제26조 (경관위원회의 심의대상)	
제30조 경관위원회의 기능		제27조 (경관위원회의 자문대상)	
		제28조 (경관위원회의 운영 등)	추가
	제26조 경관위원회의 운영 등	제29조 (소위원회 구성 및 운영 등)	
		제30조 (야간경관조명의 권장)	추가
		제31조 (야간경관조명의 설치)	추가
		제32조 (도시경관의 기록)	추가

※ 하늘색 음영표시 : 인천광역시 경관조례 추가내용

그림 II-116 경관조례 항목도출 사례 (인천광역시, 2017)

경관조례를 제정 또는 개정한다. 그림 II-116과 같이 경관법과 경관법 시행령에서 경관조례로 위임한 사항을 토대로 경관조례에 포함시킬 수 있는 항목과 내용을 정리한다. 위임된 내용의 대부분은 절차 상의 내용이고 사회기반시설 사업의 경관심의, 건축물의 경관심의, 경관위원회 심의대상 등에서 지자체별로 특징이 있을 수

표 II-18 경관조례 제정안과 개정안의 심의대상 비교 (군산시, 2018)

위임사항	군산시 경관조례(최초수립 2014)	군산시 경관조례(개정안 2018)
경관법 제26조 (사회기반 시설 사업의 경관심의)	**제25조(사회기반시설 사업의 경관심의 대상 및 규모)** 1. 「어촌 · 어항법」에 따른 어항시설로 총사업비 100억원 이상인 사업 2. 「도시공원 및 녹지 등에 관한 법률」에 따른 도시공원으로 총사업비 50억원 이상인 사업 5. 군산시 경관조례 [별표 1]에 해당하는 공공시설물 6. 그밖에 시장이 필요하다고 인정하여 요청하는 사회기반시설 사업	1. 「어촌 · 어항법」에 따른 어항시설로 총사업비 50억원 이상인 사업 2. 「도시공원 및 녹지 등에 관한 법률」에 따른 도시공원으로 총사업비 10억원 이상인 사업 3. 도로로 총사업비 20억원 이상인 사업 4. 하천으로 총사업비 10억원 이상인 사업
경관법 제28조 (건축물의 경관심의)	**제26조(건축물의 경관심의 대상)** 1. 경관지구의 건축물로 군산시 경관조례 [별표 1]에 해당하는 건축물 2. 중점경관관리구역의 건축물 3. 법 제28조제1항제3호에 따른 공공건축물로 군산시 경관조례 [별표 1]에 해당하는 건축물 9. 그밖에 시장이 경관조성에 필요하다고 인정하여 요청하는 건축물	1. 경관지구의 건축물(※기준 미만은 담당부서와 협의) 가. 자연(2층 이상 또는 바닥면적 합계 300m² 이상) 나. 시가지(3층 이상 또는 바닥면적 합계 1,000m² 이상) 2. 중점경관관리구역의 건축물 가. 내항, 은파유원지, 근대역사문화지구 (2층 이상 또는 바닥면적 합계 500m² 이상) 나. 비응항, 군산시청, 군산역 (5층 이상 또는 바닥면적 합계 1,500m² 이상) 4. 신시도, 야미도, 무녀도, 선유도, 장자도 내 건축물로 3층 이상 또는 바닥면적 합계 1,000m² 이상 5. 도시지역 내 경포천 경계선으로부터 30m 이내의 건축물로 5층 이상 또는 바닥면적 합계 1,500m² 이상 6. 「건축법」제11조에 따른 건축물로 16층 이상의 공동주택의 신축(주상복합아파트를 포함한다.) 7. 7층 이상 또는 바닥면적 합계 5,000m² 이상인 건축물 8. 농업·어업용 시설 중 가공, 유통, 판매 및 유사시설
경관법 시행령 제24조 (경관 위원회의 심의 대상) 심의대상	**제31조(경관위원회의 심의 대상)** 1. 법 제6조에 따라 수립하는 경관계획에서 경관위원회의 심의를 받도록 한 사항 2. 경관사업의 승인 및 경관협정의 인가를 할 때 경관위원회의 심의를 받도록 한 사항 3. 조례 제25조에 따른 사회기반시설 사업의 경관 심의 4. 조례 제26조에 따른 건축물의 경관 심의 5. 다른 조례에서 경관위원회의 심의를 받도록 규정한 사항 8. 그 밖에 경관의 보전 · 관리 및 형성에 관한 사항으로서 시장이 요청하는 사항	6. 경관형성에 영향을 미치는 사업(공사비 1억원 이상) 7. 공동주택의 색채경관계획에 관한 사항
자문대상		· 경관형성을 위해 추진하는 사업 중 자문 · 다른 조례에서 제시한 자문사항 · 그 밖에 시장이 요청하는 사항

있다. 즉, 지자체 경관조례는 경관심의에 집중되어 있다고 해도 과언이 아니다.

② 경관조례로 규정할 사항

법령에서 위임한 내용 외에도 경관계획 내용을 실현하기 위해 필요한 사항을 경관조례에 포함시킬 수 있다. 경관법에서 위임한 사항에 대해 규정하고 있지 않거나 경관법과 상충되는 규정이 있을 경우에는 경관조례의 개정안을 제안한다. 경관조례 주요 내용은 총칙, 경관기본계획, 경관사업, 경관협정, 경관위원회 등 경관법 상의 주요 내용 등을 담고 있으나 지자체 고유의 경관조례 마련도 중요하다. 지자체 상황에 맞도록 경관심의에 대한 내용을 차별화할 수 있으며, 경관위원회는 구성과 운영에 따라 다를 수 있다.

경관계획을 처음 수립하는 경우와 재정비를 하는 경우의 경관조례는 달라져야 한다. 최초 경관계획 수립 시에는 경관조례를 어떻게 만들지를 고민하고, 경관계획 재정비 시에는 변경된 경관계획의 실행을 위해 경관조례를 개정할 사항을 도출한다. 심의대상은 신중히 보아야 한다. 추가적으로 경관기록화 사업, 경관상, 야간경관 등의 내용을 삽입하는 지자체도 있다.

6.7 향후 추진과제 제안

경관계획 수립이 완료된 후에 추진이 필요하고 예산이 필요한 것을 제안하여 경관계획 완료 후 본 예산 또는 추경 예산 등에서 예산을 확보할 수 있도록 한다. 향후 추진과제로 제안할 수 있는 것에는 계획수립 관련, 계몽 및 홍보 관련, 경관행정 관련 등을 들 수 있다. 계획수립 관련 과제로는 경관자원의 조사 및 관리체계 구축, 특정경관계획 수립(도서지역, 역사·문화지역 등), 중점경관관리구역별 경관상세계획 등을 들 수 있다. 계몽 및 홍보 관련 과제로는 경관교육(시민, 행정가, 건축가 등), 홍보·포럼 등을 들 수 있다. 경관행정 관련 과제로는 시민 경관발굴단 운영, 경관기록화 사업 등을 들 수 있다.

당진시 경관자원 조사

자원명	신리성지		CODE	합덕-005-H		우수경관
경관유형	자연경관	농어촌경관	시가지경관	도시기반시설	역사문화경관	항·포구경관	무형경관

경관자원 가치판단	경관 우수성	독특성(고유성)	인문역사성	활용가능성	계
	1 2 3 **4** 5	1 2 **3** 4 5	1 2 **3** 4 5	1 2 3 **4** 5	14/20

경관자원 대표사진

※ **조사일시** : 2018년 10월 12일 (11시10분 ~ 11시37분) / **날씨** : 맑음

좌표			
좌표	위도 : 36.762096	주소	충청남도 당진시 합덕읍 평야6로 135 신리성지
	경도 : 126.771835	자원형태	점 / 선 / 면 / 무형

관련/인접 경관자원

버그내순례길(합덕-001-H), 신리 다블뤼주교 유적지(합덕-012-H), 신리무명순교자의 묘(합덕-015-H), 삽교천(합덕읍)(합덕-006-N)

자원관련 문헌정보

- 신리는 삽교천 상류에 위치한 마을로 조선시대에는 밀물 때 배가 드나들었던 곳
- 부지 내 신리 다블뤼주교 유적지는 제5대 조선교구장 다블뤼 안토니오 주교가 거주하던 주교관은 초기 천주교 탄압의 역사를 보여주는 곳으로 1866년 한국 천주교회사를 위한 비망기를 집필한 곳
- 2006년 현대식으로 지은 신리성지성당 주변으로 2014년 성 다블뤼 주교 기념관과 순교자 기념공원 완공
- 2017년 순교미술관(설계: 김원)을 개관하고 순교기록화 18점을 전시
- 신리성지에서 합덕성당을 거쳐 솔뫼성지로 이어지는 버그내순례길이 조성됨
- 버그내순례길을 따라 2.4km 떨어진 곳에는 천주교 박해로 순교한 무명순교자의 묘 46기 묘역이 위치

※ 출처: 당진시 문화관광 홈페이지, 당진시 미래문화유산 구축 사업 자료집(2013)

현장 조사자 의견

[경관우수성] 및 [독특성(고유성)]
- 신리성지는 건축물뿐만 아니라 외부공간에 조경시설, 휴게시설, 주차시설 등 다양한 시설로 구성됨
- 전체적으로 조용한 마을의 분위기와 잘 조화되는 경관을 형성하고 있음
- 농경지와 마을 사이로 우뚝 솟은 신리성지는 삽교천, 국도32호선 등에서도 조망 가능
- 현재 공사 중인 서해선 철도에서 약 500m 떨어진 곳에 위치하여 철도 준공 후에도 경관관리가 지속적으로 필요
- 종교적 특징이 있는 신리성지의 전체적인 분위기와 경관을 위해 서해선 철도와 조화를 이룰 수 있는 방안이 요구

[인문역사성]
- 신리성지 부지 내 신리 다블뤼주교 유적지가 있으며, 버그내순례길을 구성하는 주요 경관자원으로서 천주교 관련 인문역사 내용을 내포
- 버그내순례길의 끝 지점에 해당한 장소로 의미가 높음

[활용가능성]
- 버그내순례길, 신리 다블뤼주교 유적지와 함께 역사문화적, 경관적 활용 가능성이 매우 높음

그림 II-117 경관자원의 조사 및 관리체계 구축 사례 (당진시, 2019)

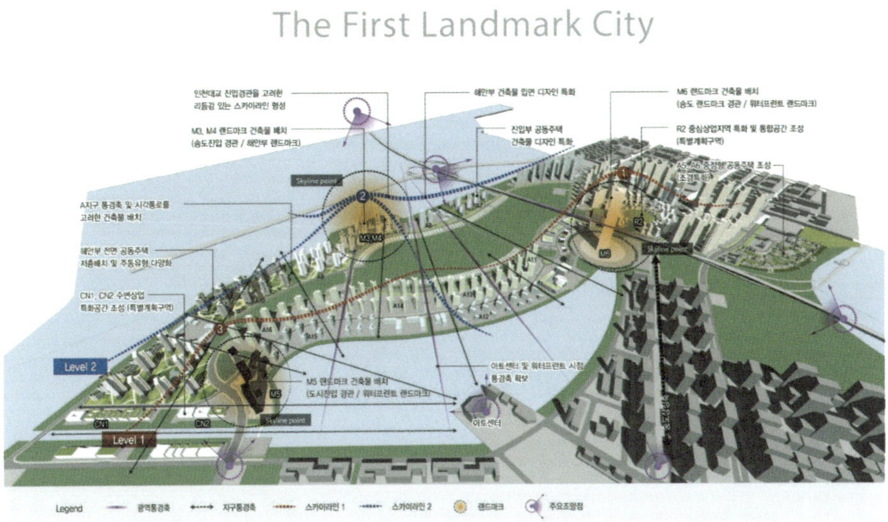

그림 II-118 송도랜드마크시티 경관상세계획 사례 (인천경제자유구역청, 2020)

제3장 - 부록

사진: 주신하

1. 경관계획 승인과정

1.1 개요

지자체에서 경관계획을 수립하기 위해서는 행정준비 단계(발주기관), 계획수립 단계(수행기관), 행정실행 단계(발주기관)를 거친다. 행정준비 단계는 지자체에서 경관계획 용역을 발주하는 단계이고, 계획수립 단계는 용역사에서 경관

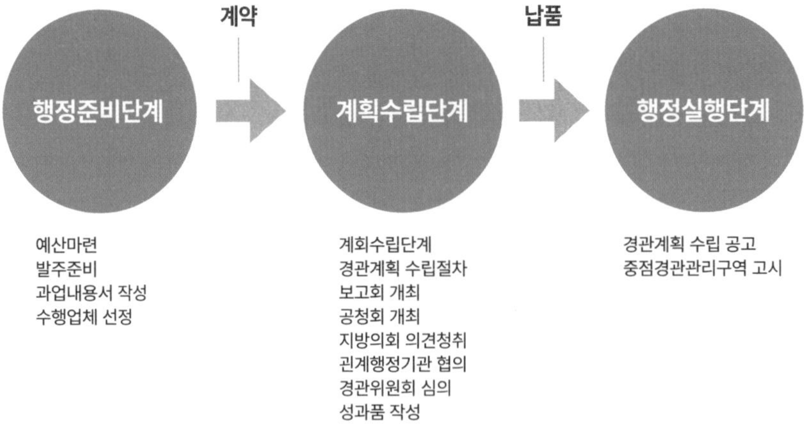

그림 III-1 경관계획 승인과정

계획을 수립하는 단계이며, 행정실행 단계는 지자체에서 수립된 경관계획을 이행하는 단계이다.

행정준비 단계에서는 경관계획 수립을 위한 예산마련, 과업내용서 작성, 입찰준비, 수행업체선정 등을 결정하고 발주한다. 계획수립 단계에서는 경관계획(안)을 수립하고 경관계획(안)에 대해 관계자들에게 의견을 청취하며 경관계획(안)의 심의를 거쳐 경관계획을 확정한다. 행정실행 단계에서는 경관계획에 대한 수립 공고와 경관계획에 중점경관관리구역이 포함된 경우에는 중점경관관리구역 고시를 한다.

1.2 행정준비 단계 (발주기관)

경관계획 수립을 위한 용역을 발주하기 위하여 지자체 경관담당부서는 예산마련, 과업내용서 작성, 입찰준비, 수행업체선정 등을 결정한다.

1) 예산확보

경관계획은 경관법 제7조에 따라 시·도지사, 인구 10만 명을 초과하는 시·군에서는 의무적으로 수립해야 하고 경관법 제15조에 따라 경관계획 수립 5년마다 재정비하도록 하고 있다. 이에 해당하는 지자체는 우선 경관계획 수립에 필요한 예산을 확보해야 한다. 최근 경관계획에 대한 용역비는 면적과 인구 등에 따라 다르고 과업내용에 따라 다를 수 있지만 평균적으로 광역 지자체는 5억 원 정도, 기초 지자체는 3억 원 정도이다. 물론 최초 계획과 재정비 계획은 용역비가 다를 수 있지만, 재정비 계획이라고 하더라도 용역비가 너무 적으면 업체 선정에 문제가 발생할 수도 있다. 최초 계획이 부실하면 재정비 계획이라고 하더라도 최초 계획에 준하여 수립해야 하기 때문에 충분한 예산마련이 필요하다. 용역비를 산정할 때 기준이 되는 것은 국토부 표준품셈(엔지니어링 단가기준)에 따르도록 하고 있으나 이 기준에 따른 용역비는 너무 큰 금액이 산정되는 경향이 있어서 현실성이 떨어진다.. 따라서 현재 진행되는 타 지자체 수준과 과업내용을 고려하여 결정하는 것이 좋다. 요즘은 용역기간은 1년에서 1년 반 사이로 진행하고 있으며 용역비용은 평균 3~4억 원 정도이다.

2) 과업내용서 작성

① 과업기간

경관계획 과업기간은 계약일로부터 종료일까지 360일이 대부분이고 가끔 360일+180일이 있기도 하다. 그러나 경관계획 수립을 위해서는 봄, 여름, 가을, 겨울의 경관현황을 조사해야 하기 때문에 경관계획(안)을 수립하는 기간만 적어도 1년이 필요하다. 경관계획(안) 수립 이후에는 경관계획 승인을 위한 각종 절차를 이행해야 한다. 공청회, 지방의회 의견청취, 관계 행정기관 협의, 경관위원회 심의, 경관계획 확정(최종보고) 등으로 여기에 소요되는 기간은 약 5-7개월이 된다. 결국 경관계획(안) 수립기간과 경관계획(안) 승인기간을 합하면 적어도 1년 6개월이 필요하다는 결론이다. 과업기간을 360일로 결정한 경우에는 중간에 용역중지를 하고 승인절차를 이행하게 되는데 이것은 잘못된 관행이라고 볼 수 있다. 이런 의미에서 경관계획 수립기간은 1년 6개월이 적정하다고 본다.

② 과업범위

경관계획은 경관계획수립지침에서 도 경관계획, 시·군 경관계획, 특정경관계획으로 구분하고 있으며, 순서를 명시하지 않았지만 도 경관계획과 시·군 경관계획을 수립한 후에 특정경관계획을 수립하는 것이 바람직하다. 즉, 시기적으로 도 경관계획과 시·군 경관계획과 특정경관계획을 동시에 발주하는 것은 바람직하지 않다. 야간경관계획, 색채경관계획 등의 특정경관계획은 요즘은 수립하지 않는 경우가 많지만 상세한 관리를 위해서는 필요하다. 또한 도 경관계획과 시·군 경관계획의 내용은 경관현황조사 및 분석, 경관기본구상, 경관기본계획, 경관가이드라인, 실행계획으로 제시하고 있어서 이것을 기반으로 지자체 특성에 맞게 설정하면 된다. 아직 법으로 규정하고 있지는 않지만 경관계획 수립 이전에 경관자원조사를 별도로 하게 되면 내실 있는 경관자원조사와 경관계획수립에 유리하다.

③ 과업내용서

과업내용서는 행정담당자가 작성해야 하는데 전문적 지식이 많이 필요하고 시간이 많이 소요된다. 일반적으로 경관계획수립지침을 참고로 작성하며 해당 지자체에서 필요한 사항을 고려하여 작성해야 한다. 타 지자체의 과업내용서를 참고하는 것은 좋지만 그대로 베끼면서 발생하는 문제점도 적지 않다. 현행 법제도와 맞지 않는 내용을 그대로 넣는다거나, 타 지자체와 지역 상황이 다름에도 불구하고 그대로 넣는 사례도 있다. 심한 경우에는 타 지자체명이 들어가게 되거나, 내륙지역인데 어촌경관, 해안경관의 자원조사를 요구하는 경우도 있다.

특히 경관계획수립지침이 몇 차례 개정이 있었는데 개정 전의 내용과 개정 후의 내용을 혼합하여 작성하면서 문제가 발생하기도 하므로 주의해야 한다. 예를 들어 '경관중점관리구역'이라는 용어는 현재 '중점경관관리구역'으로 변경되었는데 과거 용어를 그대로 사용하는 경우도 있다. 또한 관련 법제도의 변화도 반영해야 하는데, 가장 흔하게 범하는 실수 중의 하나는 내용적으로 없어진 미관지구 등이 삽입되는 경우가 있다.

성과품은 최종보고서, 요약보고서(가이드라인 포함), 도면집, 자료집이 필요하다. 최근에는 전자문서를 많이 보기 때문에 보고서 부수를 많이 필요로 하지 않고 50부 미만으로도 충분하다. 보고서 케이스를 요구하는 경우도 있는데 오히려 보기에 불편하고 결국 버려질 수 있으므로 바람직하지 않다. 또한 경관계획수립지침(8-1-1 공통사항)에서 저장매체로 CD를 언급하고 있어서 최종 성과품으로 최근에는 거의 사용하지 않은 CD로 제출하도록 요구하는 경우가 있으나, 발주자와 과업수행자가 협의하여 USB 메모리나 하드디스크 등으로 대체하는 것이 바람직하다.

참고로 최근에는 수직적 관계를 나타내는 '과업지시서'라는 명칭보다 '과업내용서'라는 명칭을 사용하는 경향이 늘어가고 있다. 이는 과업수행자와 행정담당자의 관계를 수평적으로 인식한다는 의미이므로 바람직한 변화이다.

3) 입찰준비

① 입찰방법

경관계획은 전문성이 요구되는 계획이고 다양한 분야의 전문가들이 참여해서 수립해야 한다. 따라서 발주방식에 있어서 참가 자격을 제한할 수 있는 장치가 필요하다. 최근에는 일반경쟁입찰(협상에 의한 계약)에 의해 제안서 공모가 일반적으로 적용되고 있지만 예전에는 투찰방식으로 발주한 결과 '전기업체'에서 낙찰 받아 경관계획을 수행한 사례도 있었다. 그 결과 경관에 대한 전문성 부족으로 경관계획 수립과정에서 어려움이 많았고 이는 경관계획 내용의 부실로 이어졌다. 제안서 공모가 입찰 시에 행정적으로 준비해야 할 사항이 많기는 하지만 경관계획 수립과정에서는 경관분야 전문가에 의해 진행되기 때문에 결과물이 안정적이라고 할 수 있다.

② 입찰시기

비슷한 시기에 많은 공모가 나오면 참여업체가 적을 수 있다. 경관계획을 수행할 업체를 제안서 공모로 선정하기 위해서는 많은 업체가 참여할 수 있는 시기가 좋다. 지자체에서 행정처리를 하다 보면 짧게는 1개월부터 길게는 수개월이 소요되기도 한다. 그런데 여러 지자체에서 제안서 공모를 비슷한 시기에 진행하는 경우에 참여업체의 수가 적을 수도 있다. 따라서 주변 지자체의 공모 현황을 잘 살펴보는 것도 필요하다. 제안서를 작성하기 위해서는 일반적으로 최소 2주에서부터 한 달까지 기간이 필요하다. 좋은 업체를 뽑기 위해서는 제안서 공모가 적은 시기에 공모를 진행하는 것도 필요하다. 특히 경관계획이 마무리되는 시기인 10월부터 12월까지는 기존 용역을 마무리하는 기간으로 업체들이 가장 바쁜 시기이기 때문에 이때는 피하는 것이 좋을 수 있다.

③ 입찰자격

입찰에 참가할 수 있는 자격으로는 전문분야, 수행실적, 수행인원, 수행경력 등을 기준으로 평가한다. 경관학과 또는 경관관련 자격증이 없기 때문에 경관계획을 수립할 수 있는 전문분야는 도시계획, 조경, 건축, 산업디자인, 학술단체 등이 참가할 수 있도록 하고 있다. 단, 조명이나 색채 등의 전공만으로는 참여가 어렵다. 경관계획은 인문학적 사고를 필요로 하기 때문에 '엔지니어링 업체' 조건이 우선되어서도 안 되고 '엔지니어링 업체' 조건이 반드시 필요한 것도 아니다.

실적제한을 높게 설정하는 것도 바람직하지 않을 수 있다. 많은 실적을 요구하게 되면 상대적으로 실적이 많은 '엔지니어링 업체'에 유리하게 되어 실제로 소규모 경관관련 전문 회사들이 공모에 참여하지 못하게 된다. 실적이 중요하다면 금액보다 몇 건을 수행했느냐는 경험이 중요하다고 본다.

또한 실적이 많은 엔지니어링 업체가 수주를 한 경우에도 직접 수행하지 않고 하도급을 하는 사례도 많다. 엔지니어링 업체에서 하도급을 받으면 참여업체로 인정을 못 받게 되고, 하도급 실적은 원발주청에서 인정하기 어렵다. 따라서 하도급이라도 실제 계획을 수립한 업체의 실적을 인정해 주는 제도적 보완도 필요하다고 본다.

4) 수행업체 선정

제안서 평가를 위해서는 심사위원을 모집해야 하는데, 일반적으로 평가에 필요한 위원의 3배수를 모집해야 한다. 평가위원에 응모하는 분 중에는 경관법령, 경관계획수립지침, 경관심의운영지침 등과 같은 경관계획과 관련된 사항을 모르는 경우도 꽤 있다. 어쩌면 대부분일 수도 있다. 그러다 보면 평가내용 중에 경관계획과 관련이 없는 질문을 하거나 경관계획을 수행하기에 적정한 업체를 선정하지 못할 수도 있다. 그래서 평가위원 모집을 위해서는 한국경관학회, 한국도시설계학회 등과 같은 관련 학회에 요청을 하거나 지자체 경관위원 중에서 선정하는 방법이 좋다. 한 사람이 과도하게 많은 평가에 참여하는 경우도 있고, 경관과 거의 관련이 없는 분야의 위원이 신청하기도 하는데 이를 가려낼 수 있어야 한다.

1.3 계획수립 단계(수행기관)

1) 경관계획 수립절차

경관계획 수립절차는 경관계획(안) 수립, 공청회 개최, 지방의회 의견청취, 관계 행정기관 협의, 경관계획 심의, 경관계획 확정, 성과품 작성의 순서로 진행된다. 이것은 경관계획을 직접 확정하는 경우와 경관계획을 상위 지자체가 승인하는 경우에 따라 약간 차이가 있다. 경관계획을 상위 지자체가 승인하는 경우의 상위지자체는 특별시, 광역시가 되고, 행정시장·구청장등·경제자유구역청장이 수립하는 경관계획은 이들 상위 지자체의 경관심의를 득해야 한다. 구체적인 절차는 다음과 같다.

경관계획을 직접 확정하는 경우는 경관계획(안)수립(착수보고, 중간보고 포함)→공청회 개최→지방의회 의견청취→관계 행정기관 협의→경관계획(안) 심의→경관계획 확정(최종보고)의 절차를 거친다(그림 III-2 참조). 경관계획을 상위 지자체가 승인하는 경우는 경관계획(안)수립(착수보고, 중간보고)→공청회 개최→지방의회 의견청취→관계 행정기관 협의→경관계획(안) 검토(해당 지자체 자문)→경관계획(안) 심의(상위 지자체 심의)→경관계획 확정(최종보고)의 절차를 거친다(그림 III-3 참조).

경관계획 수립절차에서 경관계획(안) 수립을 제외한 행정절차 이행에 소요되는 시간을 대략적으로 계산해 보면 다음과 같다. 중간보고 이후에 공청회 개최 1개월, 지방의회 의견청취 1개월, 관계 행정기관 협의 1개월, 경관계획 심의 1개월, 경관계획 확정(최종보고) 1개월 정도는 필요하다. 이것을 더하면 공청회 개최부터 최종보고까지 절차이행에 필요한 시간이 최소 5개월 정도가 된다. 여기에 의회 의견청취는 의회 회기를 고려해야 하기 때문에 2개월 이상이 소요될 수 있고, 경관위원회 심의에서 광역 지자체 심의를 득해야 하는 경우는 2개월이 추가로 소요될 수 있어서 전체적으로 7개월 정도가 소요된다. 즉, 행정절차를 이행하기 위해서는 경관계획 수립에 필요한 기간에 평균적으로 6개월 정도는 추가로 필요하다.

만약 과업기간이 1년이라면 6개월 동안 공청회 개최 이전까지의 절차를 완

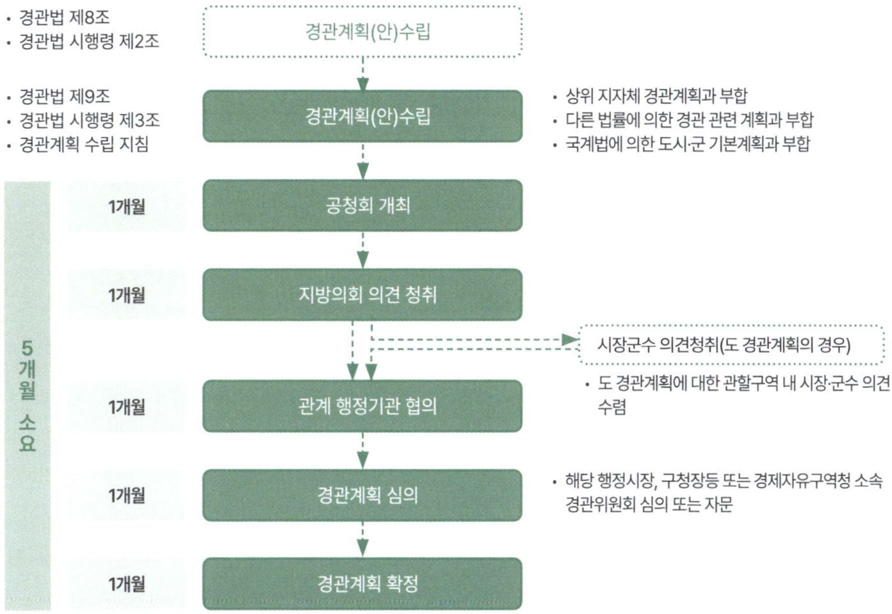

그림 III-2 경관계획 수립기간 (직접 확정하는 경우)

그림 III-3 경관계획 수립기간 (상위 지자체가 승인하는 경우)

료해야 한다. 중간보고 시까지 경관계획(안)을 수립해야만 공청회 개최부터 경관심의를 거쳐 경관계획 확정까지의 일정이 가능하다는 것을 의미한다. 이것은 경관계획을 직접 확정하는 경우이고, 경관계획을 상위 지자체가 승인하는 경우는 1개월 정도가 더 소요될 수 있다.

2) 보고회 개최

경관계획(안)을 수립하면서 다양한 분야의 의견수렴을 위하여 보고회를 거친다. 보고회는 기본적으로 착수보고, 중간보고, 최종보고를 가지게 되며, 추가로 자문회의, 수시협의, 서면보고 등을 요청하기도 한다. 보고회에 대해서는 과업내용서에 명시된 사항을 파악해야 한다. 지자체마다 종류, 시기, 횟수 등에 대한 특약사항이 있는 경우도 있다. 경관계획은 해당 지자체장이 수립하는 종합계획이기 때문에 기본적인 보고회에는 지자체장이 반드시 참석하여 방향과 의견을 제시해야 한다.

① 착수보고

착수보고는 과업내용서에 착수일로부터 일정 기간 이내에 하도록 규정되어 있고 기한을 반드시 지켜야 한다. 경관계획은 대부분 제안서 공모로 수행기관을 선정하기 때문에 사전에 어느 정도의 경관현황이 파악되어 있다. 따라서 착수보고 시에는 제안서를 그대로 또는 일부 보완하여 발표하고 자문 받고자 하는 내용을 자세하게 명시하는 것이 좋다.

경관계획은 중간보고 시까지 전체적인 구조와 중요한 내용이 결정되어야 하기 때문에 착수보고를 개최할 때 해당 지자체장을 비롯하여 경관계획과 관련 있는 부서에서 참석해야 한다. 참석자들로부터 해당 지자체의 현안과 방향, 주요지역, 관련 계획 등에 대한 의견을 들어야 한다. 착수보고회에 전문가를 포함할 수 있으나 보고회 시간이 보통 2시간을 넘지 않기 때문에 제한된 시간에 내용발표와 관련 부서의 의견을 청취하기에도 짧은 시간이어서 전문가 자문은 따로 받을 것을 권장한다. 전문가 자문회의와 함께 착수보고회를 개최하는 경우는 관련 부서에서 의견을 제시하지 않게 될 수 있는데, 이후 중간보고 시 착수보고에서 논의된 방향과 다른 의견을 제시할 경우에는 오히려 전체 방향이 흔들릴 수 있기 때문이다.

착수보고를 개최할 때는 전체를 녹음하고 이를 자세히 녹취하여 해당 부서에서 어떤 의견을 제시하였는지 정확한 내용을 파악하는 것이 바람직하다. 녹음을 할 경우에는 참석자들에게 미리 회의내용 녹음에 대한 사항을 알려야 한다. 착수보고회의 모습을 사진촬영하고 이를 자료집에 수록해야 한다. 지자체에 따라서는 사진자료를 제출해야 하는 경우도 있다.

착수보고회 참석자별로 의견을 정리하고 의견별로 조치계획을 작성하여 이에 대한 반영 여부를 결정한다. 착수보고 이후에는 필요한 자료를 정리해서 경관담당부서에 요청해야 한다. 예를 들어, 정확한 지도(수치지형도, 연속주제도 등), 관련계획, 관련사업 등이 해당된다. 경관계획은 정확하게 작성되어야 하고 최신 자료를 반영해야 하며 중점경관관리구역과 같이 민감한 사항을 결정할 때에는 정확한 지번과 경계를 사용해야 하기 때문이다.

② 자문회의

착수보고 개최 후에 경관관련 전문가의 자문을 받도록 한다. 해당 지자체의 경관위원회 위원과 외부 경관분야 전문가를 중심으로 자문위원회를 구성하여 지속적인 자문을 받는 것이 필요하다. 자문을 받는 이유는 다양한 분야의 의견을 수렴하거나 경관에 대한 전문성, 최신경향 등을 파악하기 위해서이다.

자문회의는 자문 받고자 하는 내용에 따라 시기를 결정할 수 있다. 착수보고 후에 바로 할 수도 있고 착수보고와 중간보고 사이에 할 수도 있다. 경관현황조사 후에 경관유형별 문제점, 설문조사의 방향, 미래상 설정방향 등을 자문 받을 수도 있다.

자문회의 시에는 자문 받고자 하는 사항을 미리 설명하는 것이 필요하다. 그래야 자문위원들이 지자체가 추구하고자 하는 방향과 연계하여 자문할 수 있기 때문이다. 자문에 효과적인 사항으로는 선정기준, 최신 이론, 근거자료 등이 있을 수 있다.

자문회의를 개최할 때는 전체를 녹음하고 이를 자세히 녹취하여 자문위원의 자문의견에 대한 정확한 내용을 파악하는 것이 바람직하다. 자문회의 모습을 사진촬영하고 이를 자료집에 수록해야 한다. 지자체에 따라서는 자문비 지출에 대한 증빙으로 사진자료를 제출해야 하는 경우도 있다. 자문회의에서 위원별로 의견을 정리하고 의견별로 조치계획을 마련하며 반영여부를 결정한다.

③ 중간보고

중간보고는 일반적으로 과업내용서에 기간을 명시하지 않는 경우가 많으나, 전체 일정에서 언제 하는 것이 좋은지는 용역수행자가 결정해서 과업수행계획서를 통해 제출해야 한다. 하지만 중간보고 후에 공청회 개최 → 지방의회 의견청취 → 관계 행정기관 협의 → 경관위원회 심의 → 경관계획 확정(최종보고)까지의 소요시간을 고려하면 착수일로부터 6개월 이전에 중간보고를 완료해야 한다. 특히 용역기간이 10개월과 같이 짧은 경우는 4개월 이내에 경관계획(안)을 수립해야 한다.

중간보고는 보통 1번 하지만 간혹 2번 이상을 요구하는 지자체도 있다. 개최 회수에 대해서는 과업내용서에 명시되어 있으니 미리 확인해야 한다. 2번 이상 하는 경우는 보고내용에 따라 전반부에 할 수도 있고 후반부에 할 수도 있다. 보고횟수를 지키지 않아 용역비 정산 시 감액 받는 경우도 있으니 주의가 필요하다. 발주처 입장에서도 중간보고를 많이 한다고 좋은 결과가 나오는 것은 아니다. 자문회의도 있기 때문에 중간보고 보다는 자문회의를 활용하는 것을 권장한다.

중간보고 시에는 경관계획(안)의 내용이 대부분 결정되어야 하고 보고서도 어느 정도 작성되어 있어야 한다. 중간보고 이후에 공청회 개최→지방의회 의견청취→관계 행정기관 협의가 거의 동시에 진행되는데 이 과정에서 보고서를 함께 요구하는 경우도 있기 때문이다.

중간보고회에는 해당 지자체장을 비롯하여 경관계획과 관련 있는 부서에서 참석할 수 있도록 해야 한다. 경관계획(안)에 지자체장의 의견, 관련 부서의 의견 등의 반영 여부를 결정해야 하기 때문이다.

중간보고를 개최할 때는 전체를 녹음하고 이를 자세히 녹취하여 해당 부서에서 어떤 의견을 제시하였는지 정확한 내용을 파악하여야 한다. 또 중간보고회의 모습을 사진촬영하고 이를 자료집에 수록해야 한다. 지자체에 따라서는 사진자료를 제출해야 하는 경우도 있다.

중간보고에서 제출된 의견을 정리하고 의견별로 조치계획을 마련하고 반영여부를 결정한다. 중간보고 이후에 필요한 자료가 있을 경우는 정리해서 경관담당부서에 요청하도록 한다. 예를 들어 최근 완료한 관련계획, 관련사업 등이 해당된다.

④ 최종보고

최종보고 역시 일반적으로 과업내용서에서 기간을 명시하지 않는 경우가 많으나, 전체 일정에서 언제 하는 것이 좋은지는 용역자가 결정해서 과업수행계획서에 포함되어 있어야 한다. 전체 일정상으로는 용역 완료 2주일 이전까지는 완료되어야 한다.

절차적인 측면에서 최종보고를 경관심의 전에 할 것인지, 경관심의 후에 할 것인지를 정할 수 있다. 경관심의가 끝나면 경관계획 내용을 변경할 수 없기 때문에 경관심의 전에 마지막 의견을 반영하기 위한 것일 수도 있고, 경관심의를 완료한 내용의 결과보고 형식을 취할 수 있다.

최종보고회에는 지자체장을 비롯하여 경관계획과 관련 있는 부서, 경관위원회 위원이 참석할 수 있으며, 이때 경관계획의 전체적인 방향과 내용을 인지할 수 있도록 한다.

최종보고를 경관심의 이전에 개최할 때는 전체를 녹음하고 이를 자세히 녹취하여 해당 부서에서 어떤 의견을 제시하였는지 정확한 내용을 파악하여야 한다. 최종보고회의 모습을 사진촬영하고 이를 자료집에 수록해야 한다. 지자체에 따라서는 사진자료를 제출해야 하는 경우도 있다. 최종보고에서 제출된 의견을 정리하고 의견별로 조치계획을 마련하고 반영 여부를 결정한다.

⑤ 수시협의와 서면보고

경관계획 발주부서의 담당자와 수시로 협의한다. 수시협의를 통하여 해당 지자체의 방향을 파악하고 경관계획의 활용방향에 따른 내용도 파악해야 한다.

수시협의는 1달에 한 번 정도는 실시해야 진행내용을 파악하여 이견을 좁힐 수 있고 최근 민원을 파악할 수도 있다.

수시협의 시에는 전체를 녹음하고 이를 자세히 녹취하여 어떤 의견을 제시하였는지 정확한 내용을 파악해야 한다. 단, 사전에 담당자에게 회의내용에 대한 녹음 시행을 설명해야 한다. 수시협의의 모습을 사진촬영하고 이를 자료집에 수록할 수 있다. 지자체에 따라서는 사진자료를 제출해야 하는 경우도 있다. 수시협의에서 도출된 의견을 정리하고 반영사항을 결정한다.

서면보고에 대해서는 보통 과업내용서에 명기되어 있다. 주간보고, 월간보고 등이 있지만 주간보고 보다는 월간보고를 하되 수시협의와 연계해서 1달 동안 수행한 내용을 설명하는 것이 좋다. 과업수행 기간이 짧은 과업의 경우 제 시간에 과업을 완료하기 위해 주간보고를 하는 경우가 있다. 그러나 경관계획은 1년 또는 1년 반이 소요되기 때문에 서류작성에 시간을 소모하는 일이 없어야 한다.

3) 공청회 개최

경관계획(안) 중간보고를 개최하고 전체 구조나 계획내용이 바뀌지 않는다면, 중간보고 후에 바로 공청회를 개최하도록 한다. 공청회 개최와 관련하여 경관법과 경관법 시행령에 기재된 내용은 다음과 같다.

경관법 제11조에 따라 시·도지사 등은 경관계획을 수립하거나 변경하려는 경우에는 미리 공청회를 개최하여 주민 및 관계 전문가 등의 의견을 들어야 하며, 공청회에서 제시된 의견이 타당하다고 인정할 때에는 경관계획에 반영하여야 한다. 경관법 시행령 제5조에 따라 시·도지사 등은 공청회를 개최하려면 공청회의 개최목적, 개최예정 일시 및 장소, 수립하거나 변경하려는 경관계획의 개요, 그 밖에 공청회 개최에 필요한 사항을 일간신문, 인터넷 홈페이지 또는 방송 등에 공청회 개최예정일 14일 전까지 1회 이상 공고해야 한다. 공청회는 시·도지사 등이 지명하는 사람이 주재한다.

공청회를 개최하기 위해서는 개최날짜, 개최장소 등을 결정한 후 공청회에 참석할 토론자를 결정하고, 이에 대한 내용을 포함하여 개최일 14일 전까지 공고

해야 하기 때문에 공청회 개최에 필요한 기간은 최소 1개월 정도 소요된다. 토론자는 5인 정도로 구성하고, 토론자 추천은 한국경관학회 등과 같이 공신력 있는 학술단체의 도움을 받고, 공고는 일반적으로 일간신문, 시보, 게시판 및 홈페이지에 공고한다. 공고계획에 공고문을 첨부하고. 코로나와 같은 상황에서는 코로나로 인한 참석제한, 준수사항 등을 함께 공고한다.

공청회 개최계획을 공문으로 작성하여 관련부서, 관련단체, 관련기관 등에 협조요청을 한다. 예를 들어, 남양주시의 경우 경기도지사, 경기도 31개 시·군에 발송하고, 공청회 토론자에게도 참석 요청 공문을 발송한다.

공청회 개최장소에는 공청회용 경관계획(안) 자료, 현수막(걸이용, 배너용), 토론자 명패(전문가용), 참석자 명단, 온도계, 시민명단, 의견서 등을 준비한다 (그림 III-4 참조). 코로나19 상황처럼 대면으로 공청회를 진행하기 어려운 경우에는 유튜브 온라인 생중계로 하기도 한다. 이때에는 현장참석자를 제한해야 하기 때문에 사전참석신청서를 받아 인원을 파악하고 많은 경우에는 참석자를 제한한다. 유튜브 온라인 생중계로 진행하는 경우에는 별도의 장비가 마련되어야 한다.

공청회에서는 가급적 많은 주민의견을 받는 것이 목적이므로 주민이 직접 의견을 제시할 수 있는 분위기를 만들어 주는 것이 필요하다. 공청회장에서 직접 발언기회를 주민에게 주는 것이 가

그림 III-4 공청회 개최 모습 사진 (서울특별시 강동구)

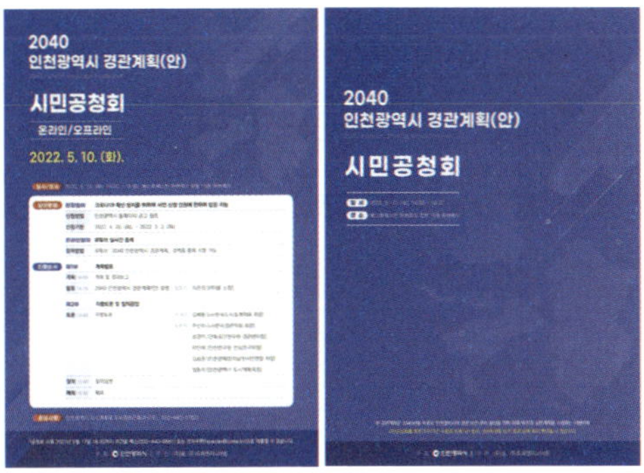

그림 III-5 공청회 포스터와 자료집 예시 (인천광역시)

장 바람직한데 대중 앞에서 말하는 것을 꺼리는 주민들도 있기 때문에 공청회 자료에 주민의견서를 첨부하고 행사 후에 의견서를 받는 방법도 사용할 수 있다. 물론 공청회 이후 일정 기간 동안 홈페이지를 통해 의견을 받을 수도 있다. 주민들의 의견 제시가 더 필요하다면 추가적으로 주민의견 제출기간을 연장하여 의견을 받을 수도 있다.

공청회를 개최할 때는 전체를 녹음하고 이를 자세히 녹취하여 전문가, 주민, 담당자 등이 어떤 의견을 제시하였는지 정확한 내용을 파악하여야 한다. 공청회의 모습을 사진촬영하고 이를 자료집에 수록해야 한다. 지자체에 따라서는 사진자료를 제출해야 하는 경우도 있다. 공청회에서 제출된 의견을 정리하고 의견별로 조치계획을 마련하고 반영여부를 결정한다. 개인적인 의견을 제출하는 경우의 반영여부는 신중해야 한다.

4) 지방의회 의견청취

공청회 개최 후에 주민들의 요구를 첨부하여 지방의회 의견청취를 한다. 지방의회 의견청취 시에는 경관계획(안)이 필요하다. 지방의회 의견청취는 최소 1개월이 필요하다. 그러나 의회는 회기가 정해져 있어서 열릴 때가 있고 열리지 않을 때가 있어서 소요시간을 예측할 수 없다. 따라서 의회회기를 사전에 파악해서 일정을 고려해야 한다. 여기에 의견 제출기간 30일을 고려하면 지방의회 의견청취도 최소 30일이 소요된다. 공청회 개최 또는 이전부터 의회 회기를 점검해야 한다.

경관법 제11조에 시·도지사 등은 경관계획을 수립하거나 변경하려는 경우에는 해당 지방의회의 의견을 들어야 한다. 행정시 및 경제자유구역청의 경우에는 행정시 및 경제자유구역청이 소속한 지방자치단체 의회의 의견을 들어야 한다. 이 경우 지방의회는 특별한 사유가 없으면 30일 이내에 의견을 제시하여야 하며, 그 기한 내에 의견을 제출하지 아니하면 의견이 없는 것으로 본다.

지방의회에서 설명은 담당 공무원이 한다. 경관계획 수립업체는 배석할 수 있으나 설명은 할 수 없다. 필요한 서류는 경관계획(안) 보고서, 경관계획(안) 설명자료, 경관계획 수립관련 요약자료, 공청회의 주민의견 등이 있다.

5) 관계 행정기관 협의

지방의회 의견청취가 끝나면 관계 행정기관 협의를 한다. 관계 행정기관에는 중앙부처, 광역 지자체, 기초 지자체, 해당 지자체 관련부서 등이 있다. 경관법에서 관계 행정기관의 범위에 대한 구체적인 규정이 없어서 애매하지만 통용되는 기준은 있다. 경관법에서 규정하고 있는 관계 행정기관 협의에 관한 조항을 보면 다음과 같다.

경관법 제12조에 "시·도지사 또는 시장·군수는 경관계획을 수립하거나 변경하는 경우에는 환경부장관 등 관계 행정기관의 장과 미리 협의한 후 제29조제1항에 따라 해당 시·도지사 또는 시장·군수 소속으로 설치하는 경관위원회의 심의를 거쳐야 한다. 협의를 요청받은 관계 행정기관의 장은 특별한 사유가 없으면 그 요청을 받은 날부터 30일 이내에 의견을 제출하여야 하며, 그 기간 내에 의견을 제출하지 아니하면 협의가 이루어진 것으로 본다. 시·도지사 또는 시장·군수는 경관계획을 수립하거나 변경하였을 경우에는 관계 행정기관의 장에게 관계 서류를 보내야 하며"라고 규정하고 있다.

즉, 경관법에 명확히 규정하고 있는 관계 행정기관은 환경부이고, 환경부, 국토부 등과 서면협의를 한다. 필수사항은 환경부이고 국토부는 보내면 된다. 이때 국토부는 한곳으로 가지만 환경부는 일원화되어 있지 않다. 환경부는 해당 지자체가 소속된 환경유역청으로 보내면 한국환경정책평가연구원으로도 발송할 것을 요청받는 경우도 있다. 관계 행정기관 협의 시에는 공문과 함께 경관계획 보고서를 발송한다. 이것은 30일 이내에 하도록 하고 있고 의견을 제출하지 않으면 의견이 없는 것으로 간주하고 있어서 소요시간은 30일이다.

특·광역시의 구·군을 제외한 기초 지자체의 경우에는 해당 광역 지자체에도 보내어 협의를 해야 한다. 예를 들어, 화성시는 경관계획(안)을 경기도에 보내야 한다.

또한 해당 지자체 내에서도 관련 실과에 협의를 보내는데 이때에도 공문과 함께 보내도록 한다. 필요한 서류는 경관계획(안) 보고서, 경관계획(안) 설명자료 등이다.

6) 경관위원회 심의

경관위원회 심의는 자체적으로 하는 경우에는 수시소집이 가능하지만 기초 지자체가 광역 지자체에 의뢰하는 경우에는 시간이 더 걸릴 수 있다. 경관위원회 심의는 최소 1개월에서 2개월이 소요된다. 만약 재심의를 받게 되면 시간은 더 소요될 수 있다. 경관법에서 규정하고 있는 경관위원회 심의에 관한 조항을 보면 다음과 같다.

경관법 제7조에 행정시장, 구청장등 또는 경제자유구역청장은 법 제13조제1항에 따라 경관계획의 승인을 받으려면 경관계획안에 다음 각 호의 서류를 첨부하여 관할 시·도지사에게 제출하여야 한다. 법 제10조에 따른 기초조사 결과, 법 제11조제1항에 따른 공청회 개최 결과, 법 제11조제3항에 따른 해당 지방의회의 의견, 법 제29조제1항에 따라 행정시장, 구청장등 또는 경제자유구역청장 소속으로 설치하는 경관위원회의 심의(법 제29조제3항에 따라 다른 법률에 따라 설치된 경관과 관련된 위원회와 공동으로 하는 심의를 포함한다) 또는 자문을 거친 경우에는 그 결과를 제출한다.

경관법 제13조에 행정시장, 구청장등 또는 경제자유구역청장은 제7조제2항에 따라 경관계획을 수립하거나 변경하려면 대통령령으로 정하는 바에 따라 관할 시·도지사의 승인을 받아야 한다. 시·도지사는 제1항에 따라 경관계획을 승인하려면 환경부장관 등 관계 행정기관의 장과 미리 협의한 후 제29조제1항에 따라 해당 시·도지사 소속으로 설치하는 경관위원회의 심의를 거쳐야 한다. 시·도지사는 경관계획을 승인하면 관계 행정기관의 장 및 해당 행정시장, 구청장등 또는 경제자유구역청장에게 관계 서류를 보내야 한다.

7) 보고서 작성 등

① 보고서 작성

성과품인 보고서와 도면 등을 작성하기 전에 과업내용서 상의 성과품 납품목록을 확인한다. 지자체마다 과업마다 요구하는 성과품의 종류, 규격, 부수, 색도 등이 다를 수 있기 때문이다.

보고서는 최종보고서, 요약보고서로 구분하고 있다. 최종보고서에는 모든 내용을 포함하여 작성하고 요약보고서에는 경관체크리스트 등 활용성을 중심으로 작성하는 것이 좋다. 요약보고서는 별도로 작성하는 경우와 최종보고서에 요약본으로 포함하여 작성하도록 하는 경우가 있다. 가이드라인 및 매뉴얼을 별도로 작성하도록 요구하는 경우가 있는데 필요한 사항은 아니라고 판단된다.

요즘은 종이로 된 보고서를 많이 보지 않는다. 예전에는 200부씩 제출하기도 했으나 최근 간행물의 전산화 추세에 따라 전자문서를 활용하는 경우가 많기 때문에 제출부수를 줄이는 추세이다. 담당부서에서 비치할 부수, 경관계획과 밀접한 관련이 있는 부서에 1부씩 배포하고, 경관위원회 위원, 지방의회 의원 등 배포를 고려하여 제출부수를 정하도록 한다. 제출부수가 많아도 보관 장소가 마땅치 않아 폐기될 수 있다. 심지어 성과품 납품목록에 없음에도 불구하고 최종보고서, 요약보고서를 한 번에 담을 수 있는 케이스를 요구하는 경우도 있으나, 오히려 케이스에 담겨진 보고서는 활용도가 더 떨어지기 때문에 바람직하지 않다.

경관계획은 경관계획의 개요, 경관현황조사 및 분석, 경관기본구상, 경관기본계획, 경관가이드라인, 실행계획을 담고 있다. 따라서 경관계획 보고서는 경관계획의 개요, 경관현황조사 및 분석, 경관기본구상, 경관기본계획, 경관가이드라인, 실행계획 순으로 작성되어야 한다. 언제부터인지 알 수 없지만 가이드라인과 매뉴얼을 별도로 작성하면서 최종보고서에서 가이드라인을 빼서 작성하는 경우가 많은데 옳다고 볼 수 없다. 경관계획 수립내용 중에서 가장 많이 활용되는 것이 가이드라인이기 때문에 가이드라인을 활용서처럼 작성하는 것이 타당할 수 있다. 최종보고서에는 경관계획의 전체 내용을 담고 별도로 활용성이 높은 경관가이드라인은 요약보고서 형태로 작성하는 것이 좋다. 즉, 경관가이드라인에는 경관가이드라인의 개요, 경관가이드라인의 활용방안, 경관가이드라인의 유형별 내용, 경관체크리스트가 담겨야 한다. 요약보고서는 최종보고서를 요약하는 형태로 작성하면 된다.

보고서는 내용이 많은 것이 중요한 것이 아니라 모두가 알아야 할 것을 간단하게 작성해야 한다. 경관계획 수립과정에서 검토된 내용이나 추가자료, 상세

데이터 중에서 보고서에 담기지 않은 검토내용은 자료집에 담는다. 행정담당자 중에는 분량이 많아야 하고 빠지지 않아야 하며, 과도한 보고서 디자인을 요구하는 경우가 있는데, 보고서는 간단하고 이해하기 쉽고 사용하기 쉽게 작성되는 것이 바람직하다. 주민, 설계자, 행정가, 전문가 등이 보기 때문에 모든 사용자를 고려해서 작성되어야 한다.

보고서는 지자체 홈페이지에서 누구나 쉽게 볼 수 있게 공개되어야 한다. 홈페이지에 최종보고서, 요약보고서를 업로드 해야 하므로 용량도 고려해야 한다. 최종보고서는 공공기록물 관리에 관한 법률 제22조(간행물의 관리)에 따라 계약서상의 보고서 제출일 이전에 국가기록원에서 발간번호를 부여받아, 발간번호가 기입된 전자파일을 등록하여야 한다. 발간번호는 “정부간행물의 발간등록과 보존관리에 관한 세부사항을 정하여 간행물을 체계적으로 수집·보존함으로써 정부의 정책수행 결과를 신속하게 알리고 행정자료로 적극 활용”하기 위함이다.

[경관계획수립지침] 8-1-1. 공통사항

(1) 용지규격은 A4(210mm×297mm)로 하고, 인쇄는 양면으로 한다.
(2) 계획서의 표지에는 계획수립연도, 최종목표년도 및 해당 지자체명을 표시하여 지자체별 자율적으로 작성한다.
(3) 계획서는 계획내용을 함축적으로 표현하도록 한다.
(4) 계획서의 내용은 가급적 도표와 그림을 삽입하여 홍보효과를 높일 수 있도록 작성한다.
(5) 경관조사자료 등은 별도의 책자와 CD로 작성, 제출한다.

② 도면 작성

도면은 경관현황도, 경관자원분포도(시설현황도), 경관기본구상도, 경관기본계획도, 중점경관관리구역 경관계획도와 경관지침도 등을 작성한다. 이 중에서 경관현황도, 경관자원분포도(시설현황도), 경관기본구상도, 경관기본계획도는 1/5,000-1/25,000 수준으로 작성하고, 중점경관관리구역 경관계획도와 경관지침도는 1/5,000 수준, 특정경관계획의 경관지침도는 이보다 상세한 1/1,000 정도 수준으로 작성한다. 다만, 도면 축척기준은 절대적인 것은 아니고 대상지

그림 III-6 발간등록번호 기입 예시 (남양주시, 2022)

상황에 따라 변경은 가능하다.

도면은 최종보고서에 포함되고 도면집을 별도로 제출한다. 별도로 제출하는 도면집은 A3로 인쇄하지만 컴퓨터 화면에서 확대했을 때 보일 수 있도록 작성한다. 도면집은 A3 크기를 접어서 A4 크기의 책자로 제출할 수 있다. 도면집 보관의 편의성을 위해 A4 크기로 작성할 수도 있다. 각 도면별 작성내용은 다음과 같다.

경관현황도는 경관자원과 경관유형별 경관특성을 표시한다. 경관자원분포도는 경관자원과 중요 경관자원을 추출하여 작성한다. 경관기본구상도는 중요 경관자원, 경관권역, 경관축, 경관거점, 중점경관관리구역 등의 계획대상과 범위를 표시한다. 경관기본계획도는 경관권역계획도, 경관축계획도, 경관거점계획도, 중점경관관리구역계획도, 경관지구계획도 등을 구체적으로 파악할 수 있도록 표기하고, 각각 작성할 수 있다. 경관지침도는 특정경관지침도 또는 중점경관관리구역 경관지침도로 작성한다.

[경관계획수립지침] 8-2-1. 경관기본구상도

(1) 경관기본구상도는 경관계획대상지역의 전반적인 경관골격에 대한 구상으로 양호한 경관을 보전, 관리 및 형성 등의 방향을 설정한 도면이다.

(2) 경관기본구상, 중요경관자원, 경관권역, 경관축, 경관거점 등의 계획대상과 범위를 표시한다.

(3) 경관기본구상도는 계획대상을 모두 포함하도록 하며, 계획대상과 범위를 명확하게 구분하여야 하고, 범례를 통하여 도면의 이해가 쉽도록 작성한다.

(4) 경관기본구상도는 계획대상지역의 규모에 따라 계획의 내용을 표현하기에 적당한 축적 수준을 선택하여 작성한다.

8-2-2. 경관계획도

(1) 경관계획도는 향후 경관의 보존, 관리 및 형성의 방향 설정을 위해 계획대상의 규모 및 특성에 따라 보전·관리 및 형성의 대상과 목표를 제시하는 도면이다.

(2) 경관권역, 경관축, 경관거점, 중점경관관리구역, 경관지구 등을 구체적으로 파악할 수 있도록 표기하고, 필요시 범례를 추가하여 이해가 쉽도록 작성한다.

(3) 경관계획도는 계획대상지역의 규모에 따라 계획의 내용을 표현하기에 적당한 축적 수준을 선택하여 작성한다.

8-2-3. 경관지침도

(1) 경관지침도란 시·군 경관계획에서 제시한 경관보전·관리 및 형성 측면에서 경관관리가 필요한 대상에 대한 경관 지침사항을 표현하는 도면이다.

(2) 경관권역, 경관축, 경관거점, 중점경관관리구역, 경관지구와 관련된 계획내용 및 가이드라인을 파악할 수 있도록 표기하고 필요시 범례를 추가하여 이해가 쉽도록 경관지침도를 작성한다.

(3) 지침의 내용을 충분히 표시할 수 있는 수준의 축척을 사용하여 작성한다.

(4) 지역의 지정 범위가 넓어 계획의 내용을 상세하게 기술할 필요가 있다고 판단되는 경우에는 별도의 세부 도면을 작성하여야 한다.

(5) 규제가 필요한 경우 규제요소와 규제지역 등을 표시한 도면을 작성하여야 한다.

③ 성과품 제출

성과품에 대해서는 과업내용서에 명시된 항목에 따라 제출한다. 발주기관에서는 과업내용서의 성과품 목록에 없는 내용을 요구해서는 안 된다. 필요한 성과품이 있으면 발주하기 전에 충분히 검토해서 성과품 납품목록에 포함시켜야 한다.

성과품은 보고서, 도면, 기타로 구분되는데 과업내용서에 규격과 부수를 명확히 제시한다. 보고서는 최종보고서(요약본 포함), 요약보고서(경관체크리스트 등)를 제출한다. 도면은 각각의 스케일에 맞게 작성하여 도면집을 제작하고 제출부수에 따라 제출한다. 기타사항에는 현황사진, CG, 조사 자료집 등이 있다. 과업내용서에 KLIS 등재를 위한 중점경관관리구역 도면(원점 좌표 포함된)이 포함된 경우는 이를 제출한다. 조사자료집에는 관련 참고문헌, 국내외 연구자료, 산출근거, 의식조사, 공청회, 협의, 심의, 보고 등의 결과 및 조치사항을 제출한다.

표 III-1 남양주시 경관계획 과업내용서 중 성과품 납품 목록 (남양주시, 2020)

성과구분	표준 성과도서			비고
	구분	규격	제출부수	
보고서	○ 남양주 경관계획 최종보고서(요약본 포함)	A4	100부	컬러 (별책)
	○ 가이드라인 및 매뉴얼	A4	100부	
도면	○ 남양주시 경관 현황도 ○ 남양주시 경관 자원분포도(시설현황도)	1/5,000내지 1/25,000	도면집 3부 별도 추가	컬러
	○ 남양주시 기본경관구상도 ○ 남양주시 경관계획도	1/5,000내지 1/25,000		
	○ 경관설계지침도(특정경관설계지침도)	1/5,000 (1/1,000)		
기타	○ 모든 성과품은 전산처리(USB) 납품 (경관계획보고서, 도면, 현황사진, 컴퓨터 시뮬레이션 등)		2식 (USB 2부)	
	○ 조사자료집 · 관련 참고문헌 및 국내.외 연구자료 · 기초조사결과 및 계획 수립을 위한 산출근거에 관한 자료집 · 기타자료(경관의식조사, 공청회, 협의.심의결과 등)	A4	2식 (USB 2부)	(별책)

1.4 행정실행 단계(발주기관)

경관계획이 확정되면 해당 지자체의 장은 수립된 경관계획을 공고한다. 경관계획에 중점경관관리구역이 설정되어있는 경우에는 이를 고시해야 한다.

1) 경관계획 수립 공고

경관계획을 수립(변경)한 시·도지사 또는 시장·군수는 경관법 제12조제3항에 따라 그 내용을 해당 지방자치단체의 공보에 공고하고, 관계 서류를 30일 이상 주민이 열람할 수 있도록 하여야 한다. 경관계획을 수립(변경)한 행정시장, 구청장등 또는 경제자유구역청장은 시·도지사가 경관계획을 승인하면 그 내용을 해당 지방자치단체의 공보(행정시 및 경제자유구역청의 경우에는 행정시 및 경제자유구역청이 소속한 시·도의 공보)에 공고하고, 관계 서류를 30일 이상 주민이 열람할 수 있도록 하여야 한다.

경관계획 수립 공고문에는 관계 법령, 열람 사항, 열람 개요, 열람 기간, 열람 장소 등이 담겨있어야 한다(그림 III-7 참조). 열람 장소에 경관계획 보고서를 비치해야 하며, 홈페이지에서도 다운로드를 받을 수 있도록 탑재되어 있어야 한다.

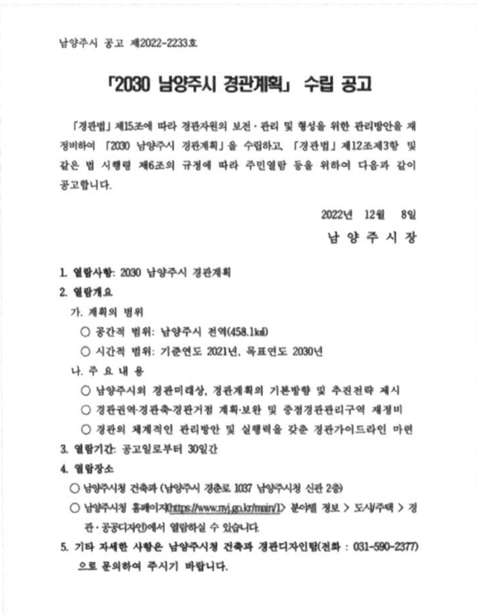
남양주시 공고 제2022-2233호

「2030 남양주시 경관계획」 수립 공고

「경관법」 제15조에 따라 경관자원의 보전·관리 및 형성을 위한 관리방안을 재정비하여 「2030 남양주시 경관계획」을 수립하고, 「경관법」 제12조제3항 및 같은 법 시행령 제6조의 규정에 따라 주민열람 등을 위하여 다음과 같이 공고합니다.

2022년 12월 8일

남 양 주 시 장

1. 열람사항: 2030 남양주시 경관계획
2. 열람개요
   가. 계획의 범위
   ○ 공간적 범위: 남양주시 전역(458.1㎢)
   ○ 시간적 범위: 기준연도 2021년, 목표연도 2030년
   나. 주 요 내 용
   ○ 남양주시의 경관미래상, 경관계획의 기본방향 및 추진전략 제시
   ○ 경관권역·경관축·경관거점 계획·보완 및 중점경관관리구역 재정비
   ○ 경관의 체계적인 관리방안 및 실행력을 갖춘 경관가이드라인 마련
3. 열람기간: 공고일로부터 30일간
4. 열람장소
   ○ 남양주시청 건축과 (남양주시 경춘로 1037 남양주시청 신관 2층)
   ○ 남양주시청 홈페이지(https://www.nyj.go.kr/main/1> 분야별 정보 > 도시/주택 > 경관·공공디자인)에서 열람하실 수 있습니다.
5. 기타 자세한 사항은 남양주시청 건축과 경관디자인팀(전화 : 031-590-2377)으로 문의하여 주시기 바랍니다.

그림 III-7 경관계획 수립 공고 사례 (남양주시 홈페이지)

2) 중점경관관리구역 고시

해당 지자체에서는 경관법 제9조제1항제4호에 따른 중점경관관리구역을 토지이용규제기본법 제8조 및 같은 법 시행령 제7조 규정에 따라 지형도면을 고시해야 한다. 중점경관관리

구역 지정 및 지형도면 고시를 위해서는 고시문과 지형도면을 작성해야 한다.

중점경관관리구역 지정고시를 위한 고시문에는 중점경관관리구역의 지정(변경)목적, 지정(변경)조서(구역명, 위치, 면적 등), 지정(변경)사유(구역명, 면적, 사유 등), 관계도면 등에 대한 사항이 담겨있어야 한다. 관계도서는 토지이용규제정보서비스 'http://luris.molit.go.kr'에서 열람 가능하도록 하고, 해당 지자체의 담당부서에 비치하여 일반인 및 이해관계인에게 보여주어야 한다(그림 III-8 참조).

화성시 고시 제2022-763호

「화성시 경관계획」 재정비 수립에 따른

중점경관관리구역 지정 및 지형도면 고시

「경관법」 제15조에 따라 재정비한 "화성시 경관계획"과 관련하여 같은 법 제9조제1항제4호에 따라 화성시 중점경관관리구역을 지정하고, 「토지이용규제기본법」 제8조 및 같은 법 시행령 제7조 규정에 따라 지형도면을 고시합니다.

2022년 10월 21일

화 성 시 장

1. 지정목적

「화성시 경관계획」에 따라 경관 가치가 높은 지역 및 경관 저해가 우려되는 지역의 경관을 보다 중점적으로 보전, 관리, 형성하기 위함

2. 중점경관관리구역 지정 조서

구역명	위치	면적(㎢)	비고
합계		6.62	
전곡항로 중점경관관리구역	서신면 전곡리 일원	2.05	권역계 변경
융·건릉 일대 중점경관관리구역	기안동, 배양동, 안녕동 일원	2.62	권역계 변경
궁평유원지 일대 중점경관관리구역	서신면 백미리, 궁평리 일원	1.95	신규 설정

3. 지형도면 고시도 : 도면게재 생략(열람장소에 비치)

가. 열람장소 : 화성시청 도시디자인과(화성시 남양읍 시청로 159)

※평일 근무시간에 한하며, 주말 및 법정공휴일은 열람할 수 없습니다.

나. 부동산종합공부시스템(KRAS)에서 열람 가능

4. 기타 자세한 사항은 화성시 도시디자인과(☎031-5189-2383)로 문의하여 주시기 바랍니다.

그림 III-8 중점경관관리구역 고시 예시 (화성시 홈페이지)

중점경관관리구역 지형도면 고시를 위해서는 중점경관관리구역 총괄도와 중점경관관리구역별 도면을 작성하여야 한다. 중점경관관리구역별 도면은 원점좌표가 포함된 1/5,000의 축적으로 작성하며, 필지별로 중점경관관리구역 포함여부를 확인할 수 있도록 작성한다(그림 III-9 참조). 중점경관관리구역 지형도면 고시 후에 토지이용규제확인원에 등재된 중점경관관리구역은 <그림 III-10>과 같이 표현된다.

경관계획을 수립하여 확정되더라도 중점경관관리구역을 고시하지 않으면 중점경관관리구역의 법적 효력은 없다. 경관계획 내용에는 중점경관관리구역계획이 있으나 중점경관관리구역 고시를 하지 않은 경우에는 중점경관관리구역으로 볼 수 없으며 경관계획에서 제시한 중점경관관리구역 경관계획 및 경관가이드라인 내용을 적용할 수 없다.

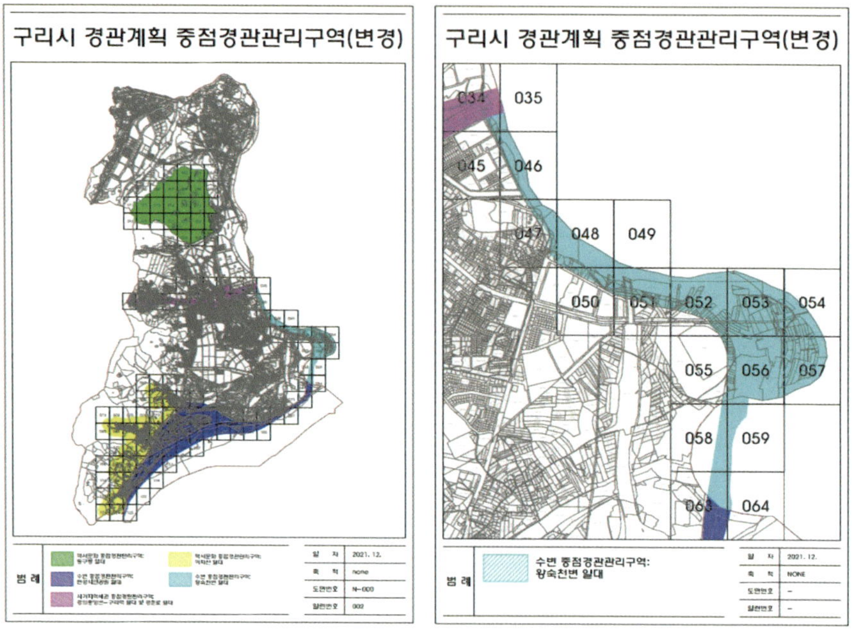

그림 Ⅲ-9 중점경관관리구역 고시를 위한 지형도면 작성 (구리시, 2021)

소재지	전라북도 군산시 비응도동 일반 86-1		
지목	대	면적	643.2 ㎡
개별공시지가 (㎡당)	670,800원 (2020/01) 연도별 보기		
지역지구등 지정여부	「국토의 계획 및 이용에 관한 법률」에 따른 지역 · 지구등	도시지역 , 일반상업지역 , 기타용지(판매시설) , 제1종지구단위계획구역 , 소로1류(폭 10M~12M)(접합) , 중로2류	
	다른 법령 등에 따른 지역 · 지구등	가축사육제한구역(모든축종 사육제한)<가축분뇨의 관리 및 이용에 관한 법률>	
「토지이용규제 기본법 시행령」 제9조제4항 각 호에 해당되는 사항		중점경관관리구역	

확인도면

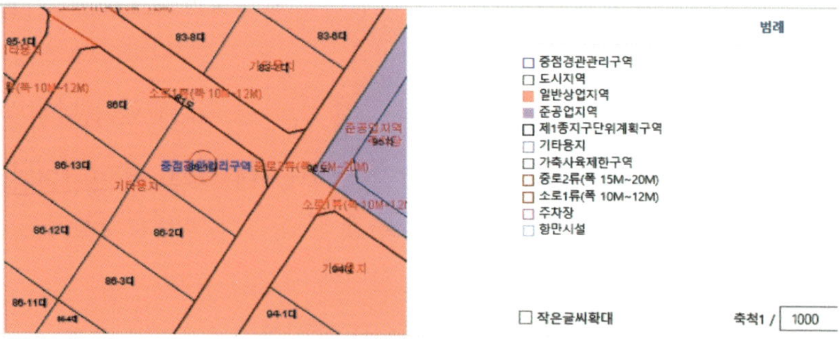

그림 Ⅲ-10 토지이용규제확인원에 등재된 중점경관관리구역 예시

2. 경관자원조사

2.1 개요

현재 경관자원조사는 경관계획을 진행하면서 경관현황조사의 한 단계로 진행되고 있다. 그러나 경관자원조사 결과는 경관계획뿐만 아니라 관광, 역사문화, 지역홍보 등 매우 다양한 분야에서 참고할 수 있는 잠재력이 높은 자료이다. 그러나 경관계획의 일부로 진행되어 경관계획 보고서 내에만 있는 현재 상태로는 다른 부서나 시민들이 참고하기 어려워 그 활용도가 매우 낮을 수 밖에 없다. 경관자원에 대한 지속적인 발굴과 관리를 위한 독자적인 체계의 필요성이 점점 증가하고 있는 상황에서 장기적으로는 경관계획과 분리하여 별도의 경관자원조사를 진행하고 자료로 구축하는 것이 바람직할 것이다. 그렇게 된다면 경관자원조사 결과는 경관계획, 경관심의, 경관사업, 경관협정 등 경관관련 분야뿐만 아니라, 인접 분야인 도시계획, 관광관련 계획 등에서도 활용될 수 있을 것이다. 또한 경관자원조사 결과를 경관계획에서 분리하게 되면 보다 면밀한 경관자원조사가 진행될 수 있으며, 동시에 경관계획도 내실있게 작성할 수 있을 것으로 기대된다.

앞서 경관자원조사의 근거로 경관법 제10조(경관계획의 수립 또는 변경을 위

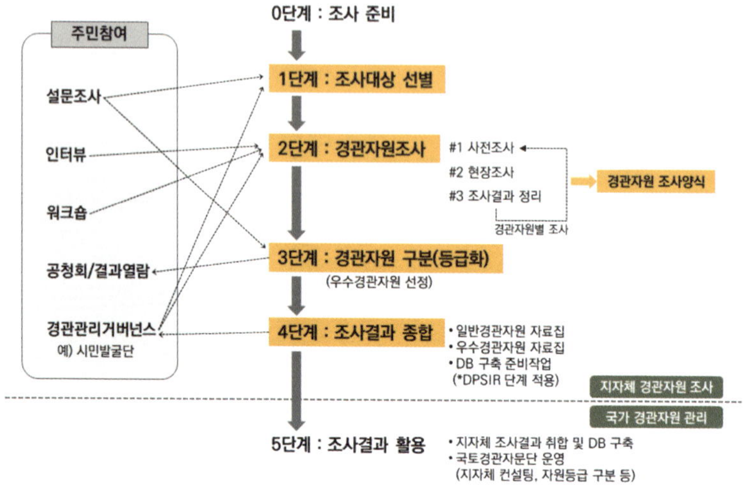

그림 III-11 경관자원조사 진행 단계 (한국경관학회, 2022)

한 기초조사) 내용을 소개한 바 있는데, 이 조항을 근거로 2019년 충청남도 당진시에서는 경관계획 수립에 앞서 경관자원조사를 별도로 진행하여 많은 관심을 받은 바 있다. 경관계획에 이어 다양한 경관사업에서 우수경관자원을 활용한 사례들이 나타나고 있다.

경관자원조사를 계획과 분리하여 별도로 진행하는 것이 바람직하다는 제안은 계속 제기되고 있어서 향후 법 개정에 반영될 수 있을 것으로 기대한다. 이번 절에서는 당진시의 경관자원조사 사례와 최근 경관자원조사 관련 연구(한국경관학회, 2022)를 소개하면서 별도의 경관자원조사가 어떻게 진행될 수 있는지에 대해서 살펴보고자 한다.

2.2 경관자원 조사 과정

경관자원조사체계 구축을 위한 기존 연구들에서 경관자원조사 단계를 제시하고 있는데(국토교통부, 2018; 김다영, 2019; 신윤지 등, 2020; 한국경관학회, 2022), 단계 구분의 수나 세분한 정도의 차이는 있으나 전반적인 흐름은 유사한 경향을 보이고 있다. 이중 일반 지자체에서 경관자원조사를 전제로 진행된 한국경관학회

(2022)의 연구가 가장 단순한 단계구성을 보이고 있는데, 조사대상 선별, 경관자원조사, 경관자원 구분, 조사결과 종합 등의 4개 단계로 구분하고 있다. 여기에 사전에 조사준비 단계와 조사 이후 활용단계를 포함하면 전체 6개 단계를 제시하고 있다. 이 절에서는 주요 단계인 4개 단계를 중심으로 설명하고자 한다.

1) 조사대상 선별

가장 첫 단계는 경관자원이 될 만한 대상을 선별하는 일이다. 이를 위해서 우선 경관과 관련된 자료들을 모두 모은 후, 이를 분석하여 세부적으로 경관적 측면에서 조사가 필요한 경관자원을 목록화하는 과정을 진행하게 된다. 기존 계획이나 경관관련 정책은 물론이고, 지역의 역사, 문화, 관광 관련 자료들을 다방면으로 최대한 수집하는 것이 중요하다. 경관계획, 도시계획, 건축정책기본계획, 문화재기본계획, 농산어촌계획 등 최대한 경관과 관련이 있는 자료들을 수집한다. 자료 수집은 최대한 많이 하는 것이 바람직하다.

이후 현장조사나 경관자원 관리를 위해서 수집된 자료 중에서 경관과 관련성이 높은 자료를 선별하는 과정도 진행해야 한다. 자료 수집에 있어 출처가 분명하며 공식적인 자료를 이용해야 한다. 같은 대상에 대해 여러 개의 명칭이 있는 경우도 있는데, 향후 지속적인 경관자원관리를 위해서는 명칭 정리도 매우 중요한 과정이다. 세부적인 내용은 표 III-2의 내용을 참고한다.

표 III-2 조사대상 선정 내용 및 기준 (한국경관학회, 2022)

성과구분	표준 성과도서
step1 관련 자료 및 계획 수립	- 경관자원조사를 시작하기 위해 기존 관련 자료를 수집하는 과정 - 경관계획과 같은 경관 관련 계획 외에도 관광, 역사문화, 농어촌, 경제 등 최대한 다양한 자료를 수집함
step2 분석대상 자료선정	- 현장조사를 위해 수집한 자료들 중 경관 관련성이 높은 자료를 선별하는 과정 - 유사한 내용이 중복된 자료나 위계적 관계가 있는 계획들을 선별하여 이후 자료 중복 검토 과정에서 왜곡이 생기지 않도록 함
step3 조사대상 경관자원 도출	- 분석대상에 포함된 여러 가지 자원들 중 경관적으로 중요한 대상을 선별하는 과정 - 자원의 명칭이 다르거나 유형/성격/위치 등이 유사할 대상을 통합함 - 조사대상 경관자원은 행정단위 별(읍, 면, 동)로 구분하여 정리함 - 경관자원에 대한 지역주민의 의견을 반영하기 위해 설문조사 및 주민워크숍을 진행하여 의견을 반영함

2) 현장조사 진행

2단계 경관자원조사 단계는 1단계에서 도출된 경관자원들을 직접 답사하면서 조사를 진행하게 된다. 현장조사에서는 가급적 주관적 영향을 줄이기 위해서 조사의 객관성을 유지하려는 노력이 중요하다. 경관자원 조사양식을 활용하는 것도 이러한 노력의 일환이다.

현장조사 단계에서는 구체적인 조사를 진행하고, 이를 비교·종합하여 지역의 경관자원의 특성과 가치를 판단하는 단계이다. 가장 많은 시간이 소요되는 경관자원 조사의 핵심 과정이라고 할 수 있다. 조사는 조사의 효율성과 정확성을 높이기 위해 <표 III-3>과 같이 '사전조사-현장조사-사후평가' 등의 3단계로 구분하여 진행된다.

표 III-3 경관자원 조사 과정 (한국경관학회, 2022)

수행단계	단계별 경관자원조사 세부내용
step1 사전조사 단계	- 도출된 경관자원(문헌조사대상)의 위치와 관련 내용을 파악하는 과정 - 기초 경관자원 조사양식을 사용하여 관련 내용을 미리 정리함(문헌 조사 및 위치 파악) - 원활한 현장조사를 위해 경관자원의 위치, 주요 조망점, 관련 도면 등을 수집하고 현장조사 계획 작성 (현장 시뮬레이션)
step2 현장조사 단계	- 현장조사 브리핑 : 조사 당일 계획, 루트, 조사내용 등을 조사원들과 공유 - 현장 촬영 : 현장 방문과 카메라, 드론을 활용한 현장 기록 - 현장 평가 : 기초경관자원 조사양식 작성 및 보완, 현장 평가 점수 산정, 조사자 간 비교 - 마무리 단계 : 당일 현장조사에 대한 전반적인 리뷰, 보완사항 등 공유
step3 사후평가 단계	- 현장조사 시 조사한 내용을 종합하여 정리 - 일반경관자원 조사양식 취합 및 정리 (여러 조사자 의견 종합) - 사진/영상 취합 및 정리

현장에 나가기 전에 경관자원에 대한 기초조사를 진행하는 사전조사, 직접 현장에서 경관자원에 대한 조사를 하는 현장조사, 조사 이후에 현장에서 수집된 자료를 토대로 최종적인 종합과 평가를 하는 사후평가의 순서로 조사가 진행된다. 이때 조사자 간의 주관적인 판단을 줄이고, 조사결과를 체계적으로 정리하기 위해서 표준화된 경관자원 조사양식을 활용하는 것이 바람직하다. <그림 III-12>는 경관자원조사양식 사례이다.

별첨1) 경관자원 조사양식

자원명		CODE	(최종등급)
조사자	*소속, 이름 표기 / /		
조사일시	202 년 월 일(시 분 - 시 분)	날씨	□맑음 □흐림 □비 또는 눈 기타

경관자원 기능	□조망대상 □조망지점	경관자원 유형	자연경관 / 산림경관 / 농산어촌경관 / 시가지경관 / 도시기반시설 / 역사문화경관 / 무형경관 / 기타 / 지자체 구분	자원형태	점 / 선 / 면

경관자원 대표사진	*음영부분은 사전조사 시 작성
경관자원 대표위치	위도 : / 경도 : — 주소
관련/인접 경관자원	
자원관련 문헌정보	(지형특성) *출처 표기 (토지이용) (생태환경 및 보호구역) (역사문화환경) (기타)

guide. 1. 도면에 조망점을 표시할 것(필요시 조망각, 가시권역 표시)
2. 도면에 주요 시점지점을 표시할 것(랜드마크, 위협요소, 관리필요 대상 등 포함)
3. 기타 조사에 필요한 사항
4. 필요한 경우 인접지역을 포함한 광역 도면을 준비할 것(가시권분석 결과 포함)

조망점#1

현장 스케치	
주요 경관요소	*주요 랜드마크 무인 우세요소 서술 (현장스케치에 표시)
조망점 위치	위도 : / 경도 : — 조망거리: □근경 □중경 □원경 조망대상까지 약( )m — 조망방식: □파노라마 □비스타

경관요소				경관특성			
산봉우리	능선	구릉지	초지	수직의	수평의	자연적인	인공적인
급경사/절벽	계곡	평야	농경지	직선적인	곡선적인	편안한	불안한
습지	하천	저수지	바다	부드러운	거친	흥미로운	지루한
숲/산림	수목	도로	철도	단조로운	복잡한	친근한	낯선
시가지	건축물	마을	교량	위요된	열린	차분한	번잡한
조형물	랜드마크	역사자원	공장	*기타특성 추가기입			
*기타요소 추가기입							

위협요소 (요인)	*현재 경관을 훼손하고 있는 요소, 또는 훼손 우려가 있는 상황 등 서술
변화 수용력	변화에 취약한 □□□□□ 수용력 높은 — 개선 가능성: 개선 쉬움 □□□□□ 개선 어려움

종합의견

경관자원 가치판단	경관우수성/시각성	*외형, 가시성, 통경성, 다양성, 주변요소 등에 대한 의견
	독특성/고유성	*독특성(형태, 기능), 차별성, 상징성 등에 대한 의견
	인문역사성	*역사적 사실, 관련 스토리, 희소성, 주변과의 관계 등에 대한 의견
	자연성	*산림, 지형, 식생, 생태, 농산어촌, 수경관 등에 대한 의견
	활용가능성	*유지, 관리, 이용성, 접근성, 관련 계획 등에 관한 의견

경관자원 평가	경관우수성/시각성	독특성/고유성	인문역사성	자연성	활용가능성	계
	1 2 3 4 5	1 2 3 4 5	1 2 3 4 5	1 2 3 4 5	1 2 3 4 5	/25

종합의견 서술	*경관자원에 대한 종합적인 의견 서술 (훼손우려, 관리방향 등 포함)

가치판단 작성 참고어휘

구 분	표 현
경관우수성 /시각성	수직의-수평의, 경사진-완만한, 직선적인-곡선적인, 광활한-친근한, 큰-작은, 넓은-좁은, 조화로운-부조화스러운, 어울리는-이색한, 정돈된-어수선한, 정리된-무작위인, 규칙적인-불규칙적인, 정형적-비정형적, 시야확보-경관위협요소, 시각적 우수-시각적 불량, 통일된-분열된, 간섭된, 혼란의, 다양한-획일적인, 복잡한-단순한, 자연적인-인공적인, 랜드마크, 자연생태, 풍경, 파노라마
독특성 /고유성	자연환경(생태), 건축물, 수목, 교량, 계단식 농지, 구릉지 등 자연형태, 조형물, 지역성, 야간경관, 전망대 토지이용, 기능적 활용, 랜드마크, 이색적인 건축양식, 생활양식, 상징적 의미, 이미지
인문역사성	역사자원, 역사적 스토리, 유래, 설화, 역사적 콘텐츠, 상업시설, 정보이용, 콘텐츠, 문화, 체육, 예술, 휴식, 커뮤니티, 마을, 산책, 문화 활동, 감성(풍경, 예술), 시설이용, 체험, 상징, 상업, 자연 생태, 주거지, 공업지, 역사문화시설
자연성	구릉지, 산지, 산맥, 평야, 골짜기, 저지대, 고원, 능선, 급경사, 절벽, 혼효림, 과수원, 초지, 주변식생, 녹지축, 습지, 늪지대, 생물, 농지(논, 밭, 목초지, 과수원, 텃밭), 농업시설(비닐하우스, 농수로, 유리온실, 축사), 해안(해변, 양식장), 산촌, 정원, 조경시설물, 피고라, 조형물, 조경수, 수경요소, 배경식재, 연못, 수변 식생대, 하천, 저수지, 호수, 계울, 수로, 갑기슭, 범람원
활용가능성	대상지 내·외부 관리, 수목 및 시설물, 주변 상업시설, 토지이용관리, 조망관리, 수목, 시설물, 편의시설, 휴게공간, 주차장, 상업시설, 보행 공간, 시설이용, 체험프로그램, 지역자체 조망대상 활용, 랜드마크, 콘텐츠, 경관축, 주거지, 상업지, 자연생태, 역사문화, 축제, 역사문화, 교육, 즐길거리, 양호-불량, 보존/정비/활용/조성, 경관위협 요소 관리, 주변자원 연계, 상징성 부여, 소음방지, 관광자원 활용, 생태성 보존
기타	평온한-부산한, 안정적인-불안정한, 번잡한-고요한, 동적인-정적인, 지루한-재미있는, 침체된-활기있는, 시끄러운-조용한, 분주한-한가로운, 전통적인-현대적인, 인상적인-인상적이지 않은, 불쾌한-상쾌한, 운치있는-운치없는, 인공적인-자연적인, 소박한-화려한, 허전한-빽빽한, 한적한-혼잡스러운, 편안한-불안한, 세련된-조잡한, 밝은-어두운, 독특한-평범한, 녹음이 많은-녹음이 적은, 주변과 조화로운, 무르른, 상쾌한

그림 III-12 경관자원 조사양식 (한국경관학회, 2022)

3) 경관자원 등급 구분

3단계는 중요도가 높은 경관자원을 향후 지속적이고 효율적으로 관리하기 위해 경관자원을 등급화하고, 우수 경관자원에 대해 심층 조사하는 단계이다. 2단계 현장조사에서 취합된 정보를 종합하여 각 경관자원에 대한 등급을 부여한다. 등급은 경관자원의 경관우수성, 고유성, 인문역사성, 자연성, 활용가능성 등의 기준으로 점수를 부여하고 이를 합산하여 종합적으로 판단한다. 등급평가는 전문가의 현장평가, 시민 및 공무원 설문조사 등을 종합하여 최종적인 등급을 구분한다. 우수하다고 판단된 대상은 우수경관자원으로 구분하여 집중적으로 관리, 활용하도록 한다.

4) 우수경관자원 심층조사

우수경관자원으로 구분된 대상은 향후 집중적인 관리와 활용을 위해 심층조사를 진행한다. 우수경관자원은 구성요소, 조망점, 배경요소 등으로 구분하고 향후 경관계획에서 참고할 수 있도록 관리방안이나 관리구역을 제시한다. 심층조사 역시 사전, 현장, 사후의 3단계로 나누어 진행하는 것이 효과적이다.

우수경관으로 선정된 경관자원에 대한 집중적으로 관리하며, 종합적이고 체

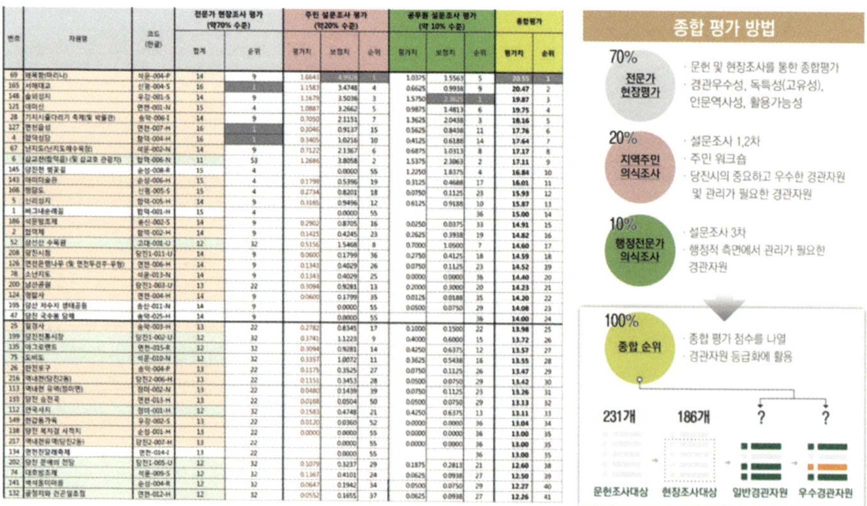

그림 III-13 경관자원 등급화 예시: 전문가, 시민, 행정의 의견을 종합하여 최종 판단한다.
(당진시 경관자원조사(2019) 내용을 재구성함)

계적인 관리를 위해 인접한 경관자원들과 통합하여 관리하는 것이 좋다. 우수경관자원은 향후 지자체에서 집중관리가 필요한 대상일 경우가 많으므로 심층조사에서는 관리대상이나 관리방안을 염두해 두고 조사를 진행하는 것이 바람직하다. 구성요소와 조망점을 중심으로 관리방안을 제시하거나 필요한 경관사업이나 경관협정 등을 제시할 수도 있다.

5) 조사결과 종합 및 결과물 작성

마지막 단계는 조사된 경관자원의 결과물을 다양한 용도로 활용할 수 있도록 자료집으로 정리하는 일이다. 최종 결과물은 향후 경관자원 DB를 구축할 때 기초 자료로도 활용할 수 있을 것이다.

최종 결과물은 일반경관자원, 우수경관자원에 대한 내용으로 구분하여 자료집 형태로 작성하는 것이 효율적이다. 일반경관자원 자료집은 경관자원 유형, 경관자원 조사 내역, 지역 경관자원 특성, 경관자원 분포, 위치 정보 등과 같은 경관

그림 III-14 우수경관자원 심층조사 예시: 당진시 면천읍성 (당진시, 2019)

자원별 조사 내용과 지자체 하위 행정단위인 읍, 면, 동별로 조사 내역, 지역 경관의 특성, 경관자원 조사양식으로 작성한 경관자원별 조사결과 등을 모두 포함하는 것이 좋다. 우수경관자원 자료집은 심층조사 결과를 중심으로 작성한다.

최종적인 결과물은 다른 행정부서에서도 활용할 수 있도록 자세한 분석 내용을 제시하고 자료집으로 작성하고 향후 GIS나 위치정보 등을 포함하여 시민들도 접근이 가능하도록 다양한 형식(예, kmz 파일)으로 자료를 제공하는 것이 바람직하다.

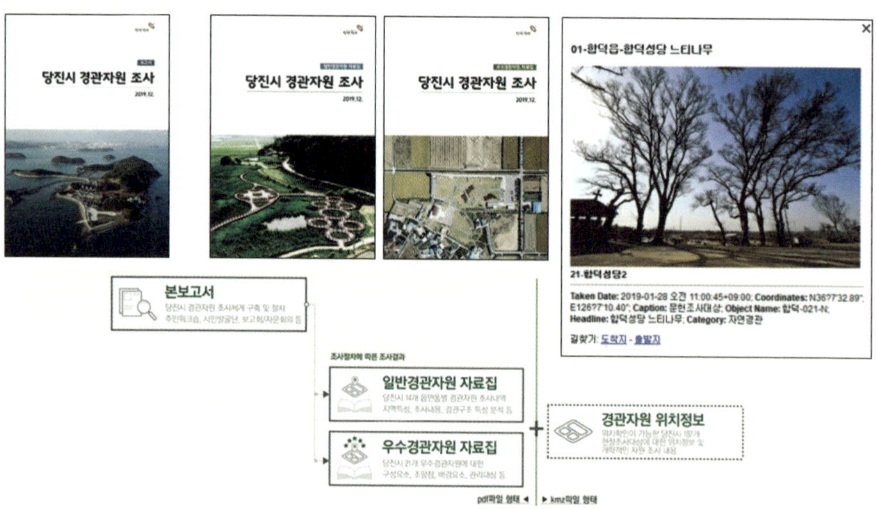

그림 III-15 경관자원조사 결과 종합 예시 (당진시, 2019)

참고문헌